照片版 照片版權：HTO, WIKIMEDIA COMMON

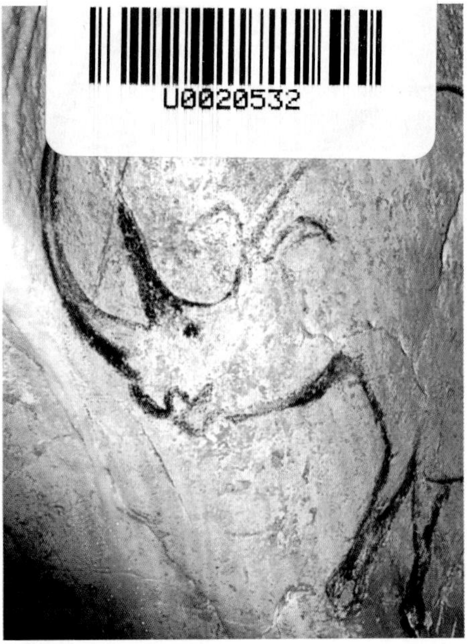

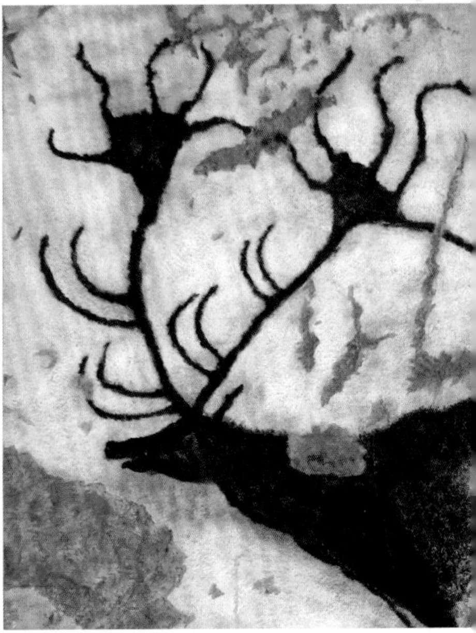

最早的人類繪畫——可能三萬年前就出現了——描繪長有終極武器的動物。
法國東南部肖唯岩洞（Chauvet Cave）的毛犀（左圖）和拉斯科岩洞（Lascaux Cave）的大角鹿（右圖）。

照片版權：作

麋鹿要為了牠們的武器付出昂貴代價。正在長角的雄鹿每天能量需求增加一倍，而且會從體內骨骼釋出礦物質供應給鹿角。

許多動物，像是圖中這隻螽斯，是靠擬態來躲避掠食者的捕食。擬葉螽斯甚至在行走時還會前後搖擺，模仿樹葉在風中擺動的樣子。

片版權：GEOFF GALLICE, WIKIMEDIA COMMONS

特戰隊的狙擊手也靠擬態隱身。每次出任務時，都會依當地環境來選用特製服裝。在多數狀況中，精挑細選的背景模擬不見得很有用，因此士兵的制服僅是中度擬態的通用彩色圖案，以應付不同的環境。

照片版權：NICOLAS BENROTH, WIKIMEDIA COMMONS

動物會展示各式各樣的武器，包含棘刺和甲殼。

片版權：GEOFF GALLICE, WIKIMEDIA COMMONS

照片版權：GEOFF GALLICE, WIKIMEDIA COMMONS

照片版權：作者

貓科動物是動作靈巧的掠食者，其武器，也就是牙齒的尺寸大小中等，反映捕殺大型獵物時，敏捷性與速度之間的選汰平衡。

照片版權：KEITH WILLIAMS, WIKIMEDIA COMMONS

照片版權：DUMAS, WIKIMEDIA COMMONS

照片版權：SILKE BARON, WIKIMEDIA COMMONS

在埋伏型掠食者身上，動物武器所歷經的選汰和其他類型掠食者很不一樣。他們不需要奔跑、游泳或是快速飛行才能捉到獵物，只要能夠快速地伸出利爪就足夠。因此，牠們可能擁有大型武器。上圖是螳蛉，下圖是雀尾螳螂蝦。

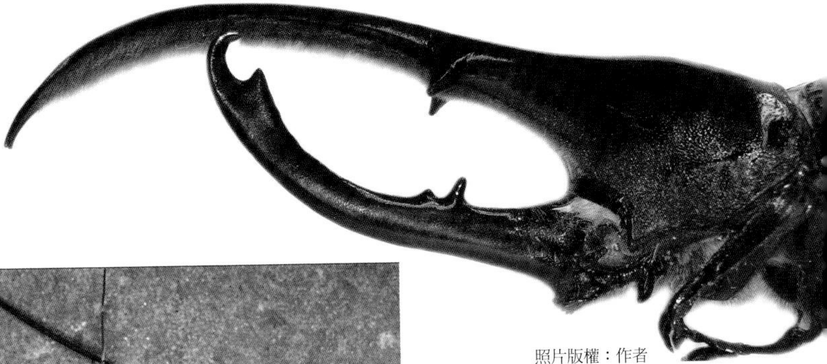

照片版權：作者

最極端的動物武器都出現在雄性動物身上，用於和競爭對手搶奪雌性。上圖是獨角仙的角，下圖為天牛的前肢。

照片版權：作者

糞金龜的角形態各異，本頁全都是「隧道型」的，會使用武器來爭奪有雌性糞金龜的隧道。

照片版權：UDO SCHMIDT, WIKIMEDIA COMMONS

照片版權：UDO SCHMIDT, WIKIMEDIA COMMONS

照片版權：作者

照片版權：作者

照片版權：作者

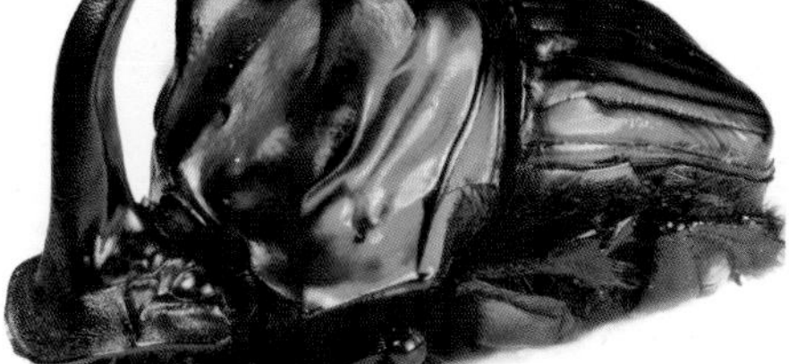

照片版權：作者

照片版權：JLEBER, WIKIMEDIA COMMONS

照片版權：HAYDEN, WIKIMEDIA COMMONS

當雄性在不受限制的空間裡打鬥，比方說空中，或大混戰，敏捷度就比武器大小來得重要。
上圖：殺蟬泥蜂，左圖：馬蹄蟹。

照片版權：GERALD WILKINS

許多雄性動物，比如蠅類，會為具經濟防禦性的定點區域戰鬥，像是雌性所在的地方。
右圖：雄性柄眼蠅在懸吊小氣根上防衛其他蠅類靠近雌性。
下圖：雄性鹿角蠅在爭取可產卵的洞穴。

照片版權：DENSEY CLYNE

照片版權：IGOR SIWANOWICZ

軍備競賽的基本要件是對決。當兩隻雄性一對一單挑，天擇通常會青睞武器較大者，這促使動物武器往終極尺寸演化。上圖是鍬形蟲，下圖是白尾鹿。

照片版權：IGOR SIWANOWICZ

照片版權：JOHN CHRISTIAN SCHETKY, *THE FURIOUS ACTION BETWEEN H. M. S. MARS AND THE FRENCH '74 HERCULE OFF BEAST on 21st APRIL 1798*, WIKIMEDIA COMMONS

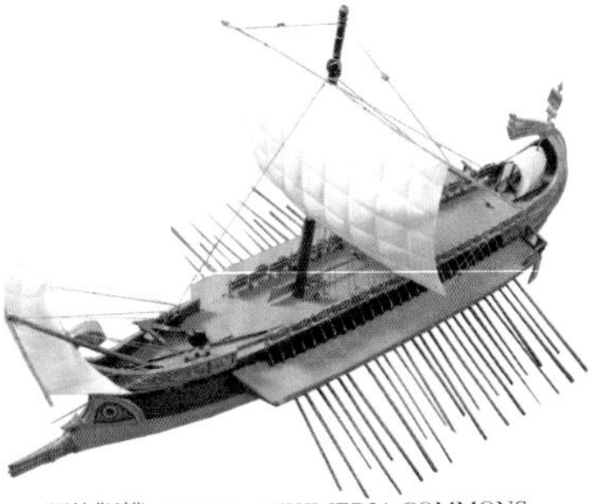

照片版權：RAMA, WIKIMEDIA COMMONS

戰艦就跟動物一樣，通常也是一對一的對決，這狀況便會引發軍備競賽。上圖：在「五列槳座戰船」加上破城錘後，就刺激古地中海戰艦不斷增大。左圖：在船舷安裝大炮，也在帆船戰艦產生了相同的效果。

照片版權：MARK BRIDGER, SHUTTERSTOCK

照片版權：ERWIN AND BAUER, WIKIMEDIA COMMONS

黇鹿與駝鹿要為戰鬥付出高昂代價，長出鹿角以及應付發情期戰鬥所需的耐力和精力，都讓牠們很容易受重傷，而且可能併發感染、耗盡儲備能量。上圖：四分之三的雄性黇鹿在捍衛地盤的戰鬥中死去，而有九成雄性黇鹿終其一生都未能與雌性交配。右圖：雄性駝鹿在長角時，需要的能量是平常兩倍，有三分之一因為戰鬥所造成中的傷勢而死去。

照片版權：JOHAN SWANEPOEL, SHUTTERSTOCK

為了接近雌性而展開的爭鬥非常危險，經常造成嚴重傷勢，甚至死亡。
上圖：爭鬥中的劍羚。下圖：兩隻雄性麋鹿爭鬥後，因角纏繞在一起重傷而亡。

照片版權：ERICK GREENE

照片版權：GEOFF GALLICE, WIKIMEDIA COMMONS

上圖：雄性招潮蟹所揮動的武器，在所有動物中是和身體比例相距最大的。
下圖：因為戰鬥非常危險，雄性通常會在開戰之前先比武器大小或是以互推的方式來評估對手。

照片版權：ANDREA WESTMORELAND, WIKIMEDIA COMMONS

照片版權：THOMAS WHITCOMBE, *A CROWDED FLAGSHIP OF AN ADMIRAL OF THE BLUE PASSING MOUNT EDGECOMBE AS SHE CLOSES INTO OF PORT AT PLYMOUTH*, WIKIMEDIA COMMONS

船也具有嚇阻作用。上圖：大航海時代最昂貴、最強大的武器是大型艦隊，僅有最富裕的國家才有能力打造，有了這些戰艦就能夠稱霸全世界。下圖：今日，尼米茲級航空母艦也具有同樣威力。

照片版權：OFFICIAL NAVY PAGE, US NAVY, WIKIMEDIA COMMONS

照片版權：SMITHONIAN TROPICAL RESEARCH INSTITUTE

照片版權：作者

尋找躲藏的雄性糞金龜。左圖：可用「昆蟲農場」來觀察隧道中的糞金龜行為。小型無角的雄性有時會偷偷摸摸地潛入地下隧道，牠們會在一旁挖隧道，避開守在主道口的雄性糞金龜。

右圖：雄性糞金龜在一隧道中，雌性糞金龜在隧道右下方。

照片版權：GEOFF GALLICE, WIKIMEDIA COMMONS

非洲軍蟻以量取勝，其中兵蟻具有大頭和強力的下顎，但行動力較弱，必須跟著大批工蟻一起搜集及獵捕食物。

上圖：白蟻兵蟻的頭部比所有行軍蟻的兵蟻頭都來得大，部分原因是牠們不需要像其他螞蟻一樣長途奔波。他們多守在隧道出入口，咬住任何闖入者。

下圖：白蟻靠著類似堡壘的巢穴來防禦外人入侵。將出入口限制在少數幾個通道，如此只需幾隻白蟻兵蟻就能化解軍蟻的數量優勢，迫使軍蟻兵蟻和白蟻的兵蟻兩兩對決，提高勝算。

照片版權：RACHELLE, SHUTTERSTOCK

城堡也會部署重兵在狹窄的出入口。就跟白蟻巢中的窄道一樣，能夠削弱敵軍的數量優勢。

照片版權：FULUVIUSBSAS, WIKIMEDIA COMMONS

右圖：堡壘等級隨著日益進步的武器而隨之提升。早期結構都是四四方方的城牆與突出的塔樓，讓守軍火力沿著城牆發出，但是城牆角落很容易被敵軍射出的炮彈破壞。下圖：晚期城堡改成圓形塔樓，能夠偏移敵方火力。即便是直接命中，這些塔樓也不易倒塌。

照片版權：ANTONY McCALLUM, WIKIMEDIA COMMONS

照片版權：GEBRUIKER, WIKIMEDIA COMMONS

上圖：大炮能夠摧毀最壯觀的城堡，擊碎塔樓，打破城牆，直到另一種新型態的防禦型堡壘出現為止。星形堡壘建物低平，靠著廣闊地形來降低大炮所帶來的衝擊，而且城牆延伸出的夾角能使從任何方向飛來的炮彈偏離。下圖：炸藥的出現終結了堡壘，就連星形堡壘也不例外。從二次世界大戰起，最安全的藏身處，就是四散在地底深處的碉堡。像是在冷戰期間美國所修建的科羅拉多州夏延山地底的北美防空司令總部。

照片版權：U.S.A.F., WIKIMEDIA COMMONS

照片版權：PAULUS HECTOR MAIR, *De ARTE ATHLETICA II*, WIKIMEDIA COMMONS

中世紀騎士會和對手兩兩對決。上圖：最普遍的戰鬥形式是巡迴賽，有整理好的場地和嚴格的比賽規定，這些條件有利於全副武裝並且訓練有素的貴族參賽者。下圖：即便是在戰場上，兩軍相交時，通常還是兩兩對決而非車輪戰。

照片版權：JOHN GILBERT, *THE MORNIG AT AGINCOURT*, WIKIMEDIA COMMONS

動物的武器

從糞金龜、劍齒虎到人類，看物種戰鬥的演化與命運

Animal Weapons

The Evolution of Battle

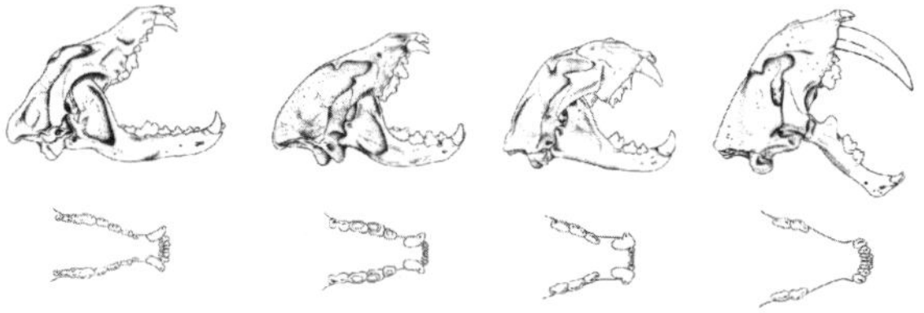

作者—道格拉斯・艾姆蘭
Douglas J. Emlen

繪者—大衛・塔斯
David J. Tuss

譯者—王惟芬

臉譜書房 FS0053X

動物的武器
從糞金龜、劍齒虎到人類，看物種戰鬥的演化與命運
Animal Weapons: The Evolution of Battle

作　　者　道格拉斯 艾姆蘭（Douglas J. Emlen）
繪　　者　大衛・塔斯（David J. Tuss）
譯　　者　王惟芬
副總編輯　謝至平
責任編輯　陳怡君、鄭家暐
行銷企劃　陳彩玉、薛綸
封面設計　陳文德

出　　版　臉譜出版
總 經 理　陳逸瑛
發 行 人　凃玉雲
編輯總監　劉麗真
城邦文化事業股份有限公司
台北市中山區民生東路二段141號5樓
電話：886-2-25007696 傳真：886-2-25001952

發　　行　英屬蓋曼群島商家庭傳媒股份有限公司城邦分公司
台北市中山區民生東路二段141號11樓
客服專線：02-25007718；25007719
24小時傳真專線：02-25001990；25001991
服務時間：週一至週五上午09:30-12:00；下午13:30-17:00
劃撥帳號：19863813 戶名：書虫股份有限公司
讀者服務信箱：service@readingclub.com.tw
城邦網址：http://www.cite.com.tw
香港發行所　城邦（香港）出版集團有限公司
香港灣仔駱克道193號東超商業中心1樓
電話：852-25086231
傳真：852-25789337
新馬發行所　城邦（馬新）出版集團
Cite（M）Sdn Bhd.
41-3, Jalan Radin Anum, Bandar Baru Sri Petaling,
57000 Kuala Lumpur, Malaysia.
電話：+6（03）90563833
傳真：+6（03）90576622
讀者服務信箱：services@cite.my

一版一刷　2016年1月
二版一刷　2020年3月
ISBN 978-986-235-812-2

國家圖書館出版品預行編目資料

動物的武器：從糞金龜、劍齒虎到人類, 看物種戰鬥的演化與命運 / 道格拉斯.艾姆蘭(Douglas J. Emlen), 大衛.塔斯(David J. Tuss)著；王惟芬譯. -- 二版. -- 臺北市：臉譜, 城邦文化出版：家庭傳媒城邦分公司發行, 2020.03
面；　公分. -- (臉譜書房；FS0054X)
譯自：Animal weapons : the evolution of battle

ISBN 978-986-235-812-2(平裝)

1.動物行為 2.生物演化

383.7　　109001151

我不知道第三次世界大戰會用什麼武器，
但第四次世界大戰應該會用棍子和石頭。

——愛因斯坦（Albert Einstein）

目錄

前言

自我有記憶以來，就對大型武器著迷不已，這並不尋常，畢竟我的祖先都是主張和平的貴格派教徒。每次到自然史博物館校外教學時，吸引我的不是鳥類或斑馬，而是長著彎曲巨牙的乳齒象，或是頭上頂著一公尺半大角的三角龍。每一間展示廳似乎都埋伏著一隻張牙舞爪的動物，不是從頭部猛然突起尖角，或從肩胛骨之間冒出骨質板，不然就是有條帶刺的尾巴。高盧麋鹿（Gallic moose）頭頂三點六公尺寬的鹿角，而非洲兩角獸（arsinothere）的角也有一點八公尺長，底座則有三十公分寬。我目不轉睛地盯著這些動物，心想為什麼牠們的武器這麼大？

隨著年歲增長，累積更多生物學知識後，我明白所謂「大」跟絕對尺寸的大小並沒有一定的關係。動物的武器之所以厲害，是和全身比例相比。一些最令人驚嘆的構造其實是長在微小生物上。比方說，深藏在博物館標本櫃抽屜中，充滿無以計數古怪物種的乾燥標本，有前腿長得出奇的甲蟲，必須以怪異的方式折疊，才能收在甲殼中；還有角長得太過巨大的動物，根本放不進抽屜，標本櫃只好擺在隔間。有些物種體型過小，只能透過顯微鏡看牠們身上的武器，像是西非胡蜂臉上蜷曲的獠牙，或是蠅類頭上那對分叉的大角。

在我開始規畫學術生涯時，就立志要從事終極武器的研究。我盡我所能去尋找最瘋狂、怪異的動物。我也希望學術研究能帶領我前往充滿風情的異域；對我而言，這意味著熱帶地區，如此一來我便能縮小搜索範圍。我所研究的動物需要符合幾個條件：容易找到、數量眾多而且不僅能在野外觀察，還可帶回實驗室飼養。最後，也許是命運的安排吧，符合上述條件的最佳選擇竟然是糞金龜。一開始我對此十分抗拒。畢竟，甲蟲沒有駝鹿或麋鹿的威風派頭，而且還吃大便過活。每當我試圖要跟非生物學專業的人解釋研究內容，總是有點難以啟齒。我的岳父是位退休的美國空軍上校，我永遠不會忘記當我向他提出我想帶他的女兒一起搬到遙遠的熱帶雨林野外工作站，到那裡去進行糞金龜研究時，他臉上露出的神情。

話雖如此，糞金龜真的是測試我諸多想法的絕佳樣本，而且牠們在熱帶地區可多著呢。糞金龜蜷曲的身軀看上去像隻小烏龜，牙齒上長著令人驚嘆的角。更棒的是，幾乎沒有人知道牠們是如何使用這些武器的，既不清楚為什麼會長得這麼大，也不知道為什麼在不同種糞金龜之間犄角會出現如此大的差異，不論是在數量或形狀上，變異都大到令人難以置信的程度。對一個生物學家來說，這樣的未知再迷人不過。就跟前往深海或探索外太空一樣，我一股腦兒地鑽進了生物世界的無盡深淵，想要瞭解終極武器的奧妙。

二十年後的今天，我依然對糞金龜身上配備的武器佩服不已，就跟第一年到達熱帶地區時一樣。我跟隨牠們，前往非洲、澳洲以及整個中南美洲。現在，藉由這本書，我有機會從糞金龜的世界中往後退一步，述說眾多生物學家在鹿角蠅、招潮蟹、大象與麋鹿等動物身上發現的終極動物武器。我打算在各個篇章中，嘗試前人從未論及的主題，將這些自然界最恣意往防禦或攻擊力上發展裝備的生物故事告訴讀者。

在統整生物演化史時，還有一個物種也應當納入：人類。在尋找不同物種之間是否有共通點時，我愈發覺得動物武器的概念其實更適合套用在人類自己打造的武器上。到最後，這本關於動物武器的書演變成一本查訪各處終極武器的書。我一頭栽進過往文獻，搜尋人類歷來打造的精良武器，以及促使各式武器不斷升級的環境和條件。令我驚訝的是，人類世界的情況竟然和動物世界一樣，漸漸地我明白，說故事時不可能偏廢其中一邊。這是本關於動物武器的書，在動物武器的演化生物學和人類武器進化史之間反覆探究，融合起來，成了一個嚴密的故事。就讓我們從這裡開始吧！

開端

這天晚上，山裡的夜空寒冷而清澈，可以見到橫跨天際的銀河，夜幕星光下隱約可見連綿不斷的陡峭山峰。我和一位大學好友在落磯山國家公園露營。初秋時節，正是加拿大馬鹿（elk）發情的高峰。我堅持要在營區最偏遠的角落紮營，盡量遠離其他帳篷。好不容易來到這裡，我想身處在白楊樹四周，不想被人群包圍。

約莫凌晨兩點時，我驚醒了，雖然帶著睡意。是槍響嗎？我默默坐在那裡聽著。又來了——是爆裂聲！瞬間，我明白發生了什麼事，這不是槍聲。我趕緊將史考特搖醒，從帳篷裡跑出來。黑暗中，距我們約六公尺處，受到體內大量睪固酮驅動的雄鹿，正將牠們的憤怒爆發出來。成熟的麋鹿動輒三四百公斤，現在我們面前就有兩隻在對決，絲毫沒有注意是否踐踏到帳篷，當然也不會在乎裡面住的人。

我們站在那裡發抖，赤著腳站在剛結凍的初霜上，望著在一片朦朧中爭鬥的野獸，感到肅然起敬。兩頭雄麋鹿彼此繞圈盤旋，相互較量之後俯頭撞擊。兩頭相接時，鹿角劈啪作響，巨大身影使勁扭曲，還不時傳來咆哮聲，每一次相撲，便會聽見鹿蹄刨弄草地的聲響，牠們就這樣在我們的帳篷旁轉動著臀部，快步跳著古老的舞蹈，無視周遭世界。最後，我們並沒有遭到踐踏，帳篷也毫無損傷。但是十五年來我一直忘不了那個九月的夜晚，它鮮活地銘刻在腦海裡。到現在我都還記得黑暗中牠們的氣息，如煙霧般冉冉上升，連當時從雄鹿臉上的油脂腺所釋放出的濃厚麝香氣味也沒忘掉。

就各方面看來，麋鹿可說是相當雄偉壯麗的動物，是力與美的展現。不過最讓人嘆為觀止的，還是頭頂上冒出的那對鹿角。這武器真的讓人看得失神，幾百年來，皇宮大廳都會在牆上掛著紅鹿（red deer）、駝鹿（bull moose）或稱麋鹿（moose）或馴鹿（caribou）的角來增添威嚴。沒有一座城堡少得了它們。擺動的鹿角是軍裝紋章中最普遍的符號，在數不清的獵人俱樂部壁爐上、獵器行、餐館和酒吧都展示著鹿角或牛角頭，默默表彰著獵人的榮耀。

對動物的武器著迷並不是什麼新鮮事。目前發現人類最早的繪畫，約是在三萬多年前，沾滿灰土的洞穴石壁上，便有雄鹿的分支鹿角、彎曲的乳齒象象牙、犀牛角與水牛角。時至今日，鹿角和牛角甚至成了企業品牌中的圖案，從英國酒廠格蘭菲迪（Glenfiddich, The Dalmore）蘇格蘭的單一純麥芽威士忌，到其他烈酒如野格力嬌酒（Jägermeister, Moosehead Lager），乃至於農場設備（強鹿〔John Deere〕）、槍枝（白朗寧自動步槍〔Browning〕）、汽車（保時捷〔Porsche〕、道奇〔Dodge〕）、服飾（A&F）、登山裝備（瑞士休閒用品品牌長毛象〔Mammut〕）、各國球隊，如加拿大曼尼托巴省的曲棍球隊中有麋鹿隊（Manitoba Moose）、美國密蘇里州足球隊中有聖路易斯公羊隊（St. Louis Rams）、威斯康辛州的NBA籃球隊密爾瓦基公鹿隊（Milwaukee Bucks）、美國棒球隊中的德州長角牛隊（Texas Longhorns），甚至還有製藥公司，如比利時的楊森大藥廠（Janssen）和投資公司如哈特佛（The Hartford）、美林證券

（Merrill Lynch）都有用到角的圖案。不管怎麼辯解，我們就是愛鹿角和牛角。

話說回來，究竟是什麼原因讓鹿角如此吸引人，激發出我們的想像力和敬畏之心呢？這不僅僅是因為鹿角可用做武器。大多數動物身上都有一兩種武器：老虎和獅子有爪子，老鷹有一對利爪，蛇有獠牙，胡蜂有毒刺，甚至連家裡養的狗都有一副體面的牙齒。鹿角之所以吸引我們，是因為它很大。雄麋鹿頭頂兩側冒出的骨架重達十八公斤，每一邊可長出最多七道尖銳的分支。在最大的雄鹿頭上，鹿角可高達一點二公尺，向後彎曲，是牠身長的一半。看起來真是巨大無比。而且，儘管大多數人從來沒有仔細想過，要長出這樣大的角，在某種層面上，一定要付出高昂的代價。麋鹿為牠那頭鹿角付出的代價非常高，而且牠們的角每年都會脫落，隔年再重新長出來。

鹿需要很多年才能長到成體大小，但鹿角不同，即使是最大的多枝鹿角，從無到有，長成完全尺寸只要短短幾個月。鹿角增長速度比任何動物的骨骼生成速度都來得快，然而創紀錄的成長

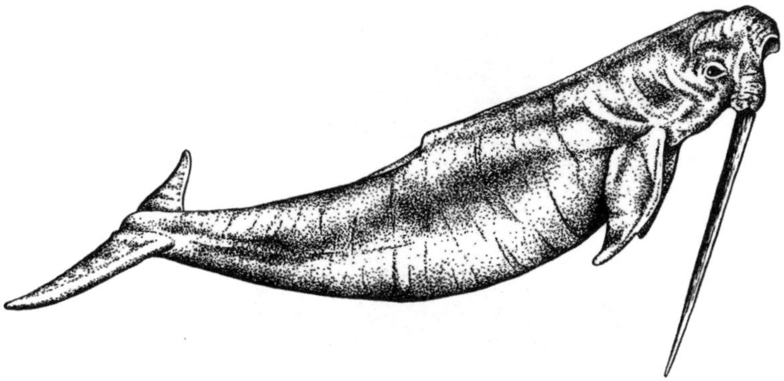

長牙海豚

速度也帶來創紀錄的能量消耗。在黇鹿（*Dama dama*）這種與麋鹿親緣關係相近的物種中，雄鹿在長鹿角時，估計所需的能量是平常的一倍。此外，長鹿角需要大量的鈣和磷，是骨骼的主要成分，雄鹿無法從食物中獲得足夠的礦物質，因此會從體內其他骨頭釋放出來，並分送到鹿角。由於全身骨骼釋出非常多的鈣與磷，牠們等於是經歷季節性的骨質疏鬆症。

每年一到發情期，雄鹿體內的骨頭就變得脆弱易碎，但牠們必須投入接連不斷的戰鬥，用鹿角挑戰同樣重達三四百公斤的對手，贏家才得以追求雌鹿。等到發情期結束，雄鹿由於頻繁而激烈的打鬥，會失去將近四分之一的體重，牠們在飽受一季纏鬥、飢餓和骨質脆弱的煎熬後，若是不能在冬天來臨前的短短幾個星期內補充體力，儲備過冬的能量，要不了多久就會餓死。

這就是在動物界身負巨大武器的現實。在生物演進的歷史中，巨大武器已經出現過好多次，每次都展開一段殘酷而

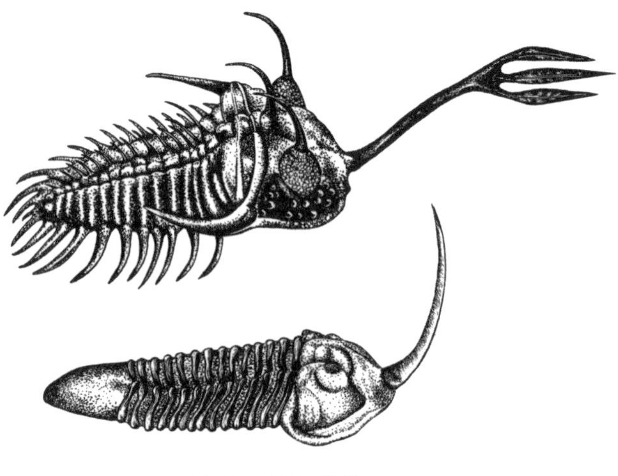

長「角」的三葉蟲

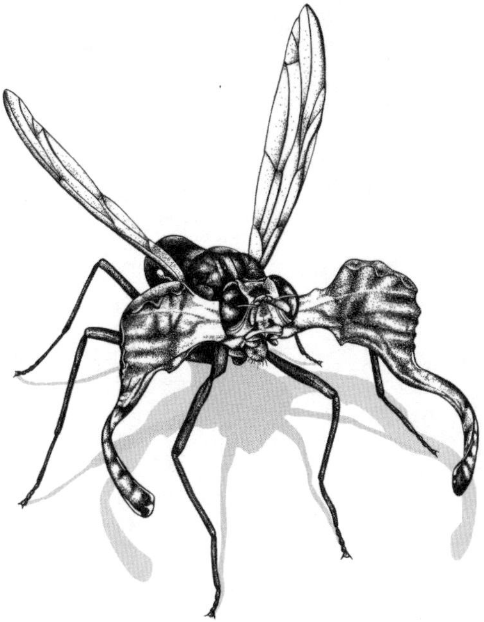

鹿角蠅（moose fly）的「鹿角」

美麗的故事。目前，約莫有三千物種正揮動著這些武器。但是與至今出現在紀錄中的一百三十萬種動物相比，比例極低，不過是滄海一粟，儘管這類持武的動物確實特別顯眼。在生物史早期，巨大武器主要是三角龍（triceratop）、泰坦獸（titanothere）和三葉蟲（trilobite）的角、猛獁象和海豚的獠牙以及大角鹿的鹿角。而今日的巨大武器則配備在海象、羚羊、鯨、蟹、蝦、甲蟲、蠼螋、盲蝽象和蠅類身上，這還只是當中的少數例子。動物武器可以是纏繞的毛髮、骨骼、牙齒或幾丁質，其型態變化萬千。從現有身體結構中增生的特大型器官，像是牙齒或腿；或是新生出突起或瘤，自成一獨特的構造。若依絕對尺寸來排列，最小的可以從鹿角蠅頭上零點六三五公分的「角」到乳齒象一點八公尺長的象牙。然而，和牠們身體比例相比，這些武器都可說是巨大無比。

這是一本關於巨大武器的書，探討龐大怪異，理應不可能存在的身體構造，任何身負這些武器的動物在每次試圖移動時，都可能一不小心就翻倒、勾到或是被纏住。為什麼牠們會長出這麼大的武器？當動物的武器變得這麼大時會發生什麼事？要找出這些問題的答案，我們得深入黑暗的森林和山坡地，抵達動物作戰的所在，融入牠們的生活，才能找出當中行為的模式，比對完全不同的物種間共同享有的生物特性，瞭解造型非凡的動物背後到底是依循什麼邏輯來演化。

人類也是動物，任何一本探討巨大武器的書，都不能不檢視人類自己的軍火庫。兩相對照之下，我們將會看到動物武器和人造武器之間竟有極多的相似處。在動物世界和人類世界中，絕大多數的武器都是不起眼，相對微小的。但是，偶爾也會打破常態，突然出現武器尺寸激烈變化的「軍備競賽」。這種軍備競賽勢必有特殊因素促成武器的演化，而根據我的觀察，這些特殊因素竟然和促使人類相繼投入大型武器研發的原因有許多雷同。

一旦開始競賽，很快就會導致巨大武器的出現，所有物種紛紛不惜血本地製造規模驚人的武器，而且在演化過程中，動物和人類都會依序歷經幾個不同卻相似的階段。就連巨大武器轟然倒下，整場競賽結束，乃至族群瓦解、崩壞的情況也十分相像。最終我們在動物親戚身上學到的教訓，將有助於瞭解我們自身。

《動物的武器》這本書勢必會談到演化，這是一種族群內部可遺傳性狀在世代間緩慢轉變，長期導致動物形態變得更有利於生存的過程。從最基本的層面來看，演化的過程其實相當簡明清楚。生命有許多形式，個體之間存在變異，他們透過繁殖將各自的性狀傳到下一代。這種訊息的傳遞方式很有效，但並不完美，畢竟難免會有失誤和出錯。遺傳訊息傳遞過程中的錯誤會產生新的性狀，族群中不時就會突變。這時突變會和族群中固有的早期形態並存，相互爭奪資源和繁殖機會，當中只有一些優秀個體的基因能夠留存在動物基因庫中。

每當有個體在生殖上略勝一籌，不同基因的生殖成功機率便會趨使物種演化。這可能全然是由機率造成的，是隨機偏差，也有可能肇因於天擇，亦即具有某些性狀的個體表現得比帶有其他性狀的個體好，因此留下更多後代。這在世代之間一遍又一遍的發生，汰弱扶強，最終取代掉所有效率較低的個體。隨著生存效率較差的類型遭到效率高的類型所取代，整個族群便開始演化。遺傳訊息在傳遞時的錯誤有時會在族群中產生新個體，於是新個體進入了這個族群中，要是新個體的表現不如原有的，就會逐漸消失。要是新型比較好，便會在族群中傳播開來，取代舊型，這樣轉變的過程便是演化。

巨大的動物武器看起來太過怪異，理當不會受到天擇的青睞，在絕大多數的情況下，由外表就可以評斷出來。大武器一般都過於笨重，大多數個體難以好好運用。在大多數物種身上，天擇偏好大小適中並且能量消耗最少的配備，比方說長出足夠的牙齒來咬住或抓住獵物，但不至於減緩移動速度或損害咬合能力。天擇會平衡武器的大小：大的武器也許比較容易穿刺或啃咬，但造價高昂，難以攜帶。於是出現了一個微妙的平衡，像是場拔河比賽，目前拉鋸的結果是，大多數動物身上僅配備著大量不起眼的武器。

然而，每隔一段時間，平衡就會往一端傾斜。在演化樹上的某些分支，偶爾會揚棄中庸之道。這些物種的武器毫無限制地演化，擺脫天擇選汰的束縛，武器愈大愈有利。最怪誕或最終極的武器會擊敗小型武器的對手，鞏固繁衍機會。牠們的後代承繼父母那令人印象深刻的武器，迅速取代了族群中原本的武器形式，促使武器更新及進化。只要族群中出現創新，不管是更大，還是更複雜的設計，這樣的過程會一直重複。一次又一次，帶著最新、最大武器的個體取得勝利，取代早期形式，整個族群在巨大武器的道路上不斷前進。簡言之，這些物種進入了武器演化的軍備競賽。

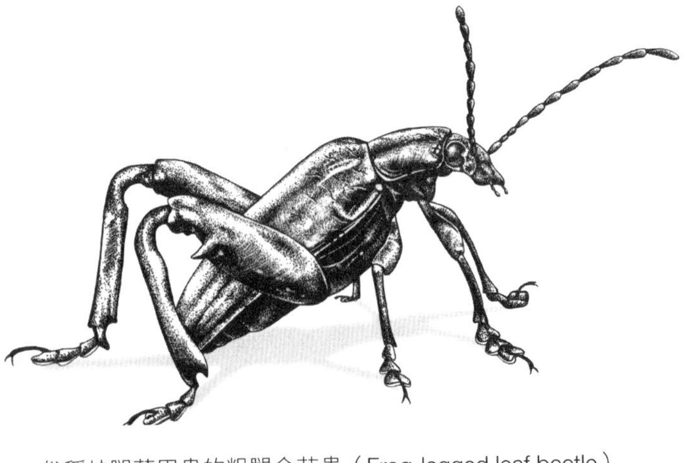

俗稱蛙腿葉甲蟲的粗腿金花蟲（Frog-legged leaf beetle）

一開始進入軍備競賽的武器很小，但長期下來愈來愈大，增大速度也愈來愈快。因此，本書也將依循這樣的模式，從小型武器開始，循序漸進，走向這場匯集了終極武器的生物軍備競賽。在第一部**「微小卻精妙的動物武器」**中，會檢視選汰機制以及武器形式設計是如何改變的。接著會討論到平衡，即天擇為何會同時限制較大或較小的武器出現的原因，最後則是探討偶爾失衡的狀況。

雄性相互爭奪雌性的競爭是導致動物武器不斷變大的根本原因。在第二部**「不休止的軍備演化競賽」**中，會解釋武器升級何以發生，又是如何導致個體間的軍備競賽。競爭會推動巨大武器的快速演化，但只有在另外兩個條件成立時才會發生。一定要具備這三項「要素」，才能引發一場軍備競賽。在詳細探討每一項要素後，會提出巨大武器的基本邏輯，解釋為什麼有些身體構造只會出現在某些物種身上，以及為什麼能夠演化到令人難以置信的地步。

第三部**「演化歷程」**，探索軍備競賽啟動後會發生什麼事，詳細描述大自然演化出大型武器的幾項可預測的特點。這一路上放眼所及盡是驚人的成本、威懾和欺騙，這顯然是朝向巨大武器的里程碑，到最後，成本和欺騙都是負荷，預示著武器終將崩壞。最後，則是一覽軍備競賽如何揭示出這些武器本身的奧祕、動物間的衝突和競爭，以及武器演化過頭時會有怎樣的後果。

最後，在第四部**「人和動物的平行線」**中，我將反過頭來探討，巨大武器在人類興衰無常的歷史裡的演化始末。雖然我是一個生物學家（不是一位軍事歷史學家），這本書主要著眼於動物武器的多樣性和誇張的形態，但動物武器和人類武器裝備十分相似，其共通點實在多到令人無法忽視。軍備競賽的每一項元素，從引發一場競賽的要件，到整個過程中依序展開的各個階段，在動物界和人類之間確實很相似，讓人忍不住比較一番。人造武器並不會傳承，至少不會將製造指令編碼在DNA中，組裝的地方也是在兵工廠而不是子宮。競賽結果不太可能產生交配機會，而且往往是以貨幣來衡量成功與否，而非後代數量的增加。然而，人類武器的形狀、功能和大小的變化，以及變化方向和生物演化所受到的驅動力之間有著驚人的相似性。軍備競賽就是軍備競賽，而巨大武器的自然史證實這兩者根本就是同一回事。

第一部　微小卻精妙的動物武器

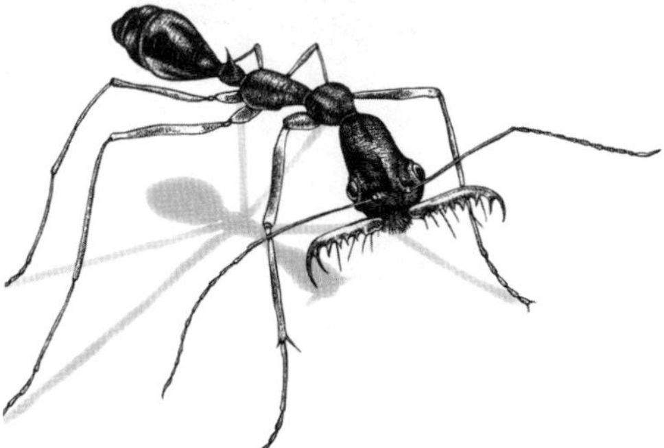

第一章　偽裝和盔甲

那是在一九六九年十一月的深夜。月光照亮樹枝，落在清新泥地上的鵝卵石和小碎枝旁，顯現微微的陰影。此時，一道小小的鐵門打開，兩隻白足鼠立即衝了出去，活像是羅馬競技場中準備進行殊死搏鬥的戰士。牠們衝進黑暗之中尋找掩護，但那裡什麼也沒有。而在這場競賽中，只有一隻白足鼠會存活下來。在牠們的上方，有隻貓頭鷹坐在樹梢上俯視一切。鎖定目標後，牠進入預備位置，在幾近無聲的優雅俯衝下，發動攻擊。那一刻，兩隻白足鼠都在逃竄。其中一隻就這樣消失了。塵土上的血漬是這場攻擊發生過的唯一證據。

六具牢固的籠架並排，以鐵絲網纏繞，以防貓頭鷹飛走。巨型籠子寬三點六公尺，深九點一公尺，對一隻白足鼠來說極為寬敞，比我們置身於科羅拉多州丹佛的巨型球場時還要寬闊。當中有三個籠子內鋪著從附近田野移來的肥沃深色土壤。其他三個籠子則裝著從海邊的沙丘運來的沙，顏色較淺。除此之外，籠子其餘條件都一樣，每一籠都放了一隻貓頭鷹在裡頭耐心等待著。這場競賽一遍又一遍地重複，每次都讓一隻棕色和一隻白色白足鼠在土地上衝刺。整場實驗，總計約有六百隻白足鼠曾在南卡羅來納州的夜晚奔跑過，而這一切都是為了回答一個問題：貓頭鷹會先抓哪種顏色的白足鼠？

貓頭鷹吃下的老鼠數量驚人。進食時，貓頭鷹會將皮毛、骨頭和其他不易消化的部位團在一起，形成一坨緊密的食繭送到砂囊，再將它們一一吐出。勤奮的生物學家只要蒐集食繭，從中揀選、計數和鑑定其中的骨質含量，便能重建任何一個晚上貓頭鷹的菜單。一隻貓頭鷹一晚可以吃下四到五隻老鼠，一年可吃下超過一千隻。[1] 以此推斷，野外的貓頭鷹一年會吃掉鼠群中一到兩成的個體，換言之，有五分之一的白足鼠是死在貓頭鷹的爪下。[2]

儘管有貓頭鷹和其他天敵環伺，讓鼠群付出慘痛的代價，整個美國東南部，東南白足鼠（old field mice）的族群依舊活躍。牠們棲息在廢棄的玉米和棉花田、灌木籬牆、森林空地以及各種灌木地。牠們也生活在沿海長有粗草的沙丘上，領地已經擴展到大部分阿拉巴馬州和佛羅里達州北部沿海的小島。

在一九二〇年代中期，首屈一指的鼠類生物學家法蘭西斯・柏托第・薩姆納（Francis Bertody Sumner）聽聞佛羅里達州海灘上出現奇怪的白鼠。他立即前去調查牠們的分布範圍，一個族群接一個族群的採樣。他將一些白鼠帶回實驗室繁殖，不過多數都予以撲殺，並將牠們的小毛皮展開，歸檔到博物館館藏中。他所記錄下來的鼠群分布模式相當驚人：分布在阿拉巴馬州、田納西州、南卡羅萊納州、密西西比州、喬治亞州和佛羅里達州內部的田野休耕地或空地等區域的內陸白足鼠群，其毛色都是深棕色，就跟在美國其他地方的野生鼠一樣。但是在沿海地區以及近海島嶼的沙地上，白足鼠都是白色。要是你從內陸往沿海走，就會看到毛色突然轉變，兩者邊界是在距離岸邊約六十四公里的地方，就像沿著海岸線畫出的一條輪廓。[3]

薩姆納發現，在過渡區附近，土壤顏色也跟著改變。內陸地區土壤較為肥沃，顏色深暗，充滿腐爛植物形成的有機肥料。靠近海岸，土壤多呈沙質而且顏色偏白，某些白足鼠棲息的沙丘，沙子白得透亮，看起來就像是巨大糖堆。九十年之後，哈佛大學生物學家林恩．馬倫（Lynne Mullen）和霍皮．胡克斯特拉（Hopi Hoekstra）再次追隨薩姆納的腳步，前往白足鼠分布的地區採樣。這兩次的樣本相隔將近一千個白足鼠世代，但仍然維持原有的分布模式。土壤顏色到了某個地帶突然改變，從棕色轉變成白色，而白足鼠的毛色也隨之轉變。[4]棕色鼠住在內陸，而白鼠住沙灘。

從各方面來看，內陸鼠和沙灘鼠都極其類似。比方說，牠們挖掘的洞穴都很像，牠們會以某個角度切入，漸漸趨於平緩，然後在離地面約三十公分的地方，打造一個橫向的窩。許多白足鼠也會挖掘「逃生門」，那是一個垂直於鼠窩的通道，從巢室直線延伸，停在距地表約兩三公分處。[5]要是有蛇或黃鼠狼入侵牠們的出入口，白足鼠會「爆破」那層薄薄的土蓋，由此逃脫。內陸鼠和沙灘鼠都吃同樣的食物，包括昆蟲、種子，偶爾也會吃漿果或蜘蛛。除了毛色之外，這些白足鼠的所有量測指標都是相同的。那麼，究竟是什麼原因造成沿海的白足鼠長出白毛，而內陸的長出棕毛呢？

這個問題正是生物學家唐納德．考夫曼（Donald Kaufman）在一九六九年十一月企圖以競技場式的實驗在他博士論文研究中回答的。一遍又一遍，一晚復一晚，他從並排的鼠籠同時放出棕鼠和白鼠。每當貓頭鷹捕抓其中一隻白足鼠時，考夫曼便會記錄死亡者與倖存者。他的研究結果顯示土壤顏色和白足鼠毛色都有影響。當白足鼠在深色泥土上亂竄時，通常遭到捕食的都是白鼠。在淺色土壤時，情況則相反，貓頭鷹會抓走毛色較暗的白足鼠。貓頭鷹的行為還有許多細微變化，比方說，在夜色最黑暗的夜晚，白鼠的表現在暗色土壤上尤其不佳。牠們的白色皮毛與周圍黑暗的環境形成明顯對比。另一方面，在月光皎潔的明亮夜晚，淺色土壤則讓深色白足鼠格外顯眼。在一定程度上，白足鼠的存活率也和月光與該地點的環境條件有關，但是，總體而言，白足鼠皮毛顏色與背景色的對比決定牠們是否會遭到捕食，這點十分明確。[6]

胡克斯特拉和她的同事進一步在基因上探討，甚至找出負責皮毛顏色幾個基因上的特定突變，將這個故事說得更完整。[7]在胡克斯特拉的團隊知道負責白足鼠顏色的遺傳變異機制後，便能精確重建白足鼠的演化過程，還原牠們是如何因應天擇的變化。大多數的白足鼠都是棕色，而這種顏色是天擇在絕大多數白足鼠分布區域所偏好的。直到在過去某個時刻，可能是幾千年前，白足鼠擴散到墨西哥灣和大西洋沿岸的開放區域，在沙丘和草堤內挖掘巢穴。此時的沙灘鼠，由於環境背景色改變，開始進入一場有別於牠們內陸祖先的競賽，在新環境中，深色鼠便得淘汰。

隨機條件下，在某些沙灘鼠的DNA中，有一個甚至兩個製造深色色素的基因發生了新的突變。繼承突變的白足鼠便帶有影響顏色的基因，這和其他白足鼠攜帶的基因僅有些許不同，（這種同一個基因的不同版本，稱為對偶基因〔allele〕），於是皮毛顏色較淡的白足鼠便誕生了。具有新對偶基因的白足鼠比繼承了祖先基因的同類存活率更高一點，於是這些倖存者便在沙灘上壯大。長久下來，這種新對偶基因在族群內部的比例提高，使原始對偶基因漸漸消失，完成了一次從深色到淺色的演化。

在這本討論武器的書中，一開頭就講偽裝（camouflage）似乎有點文不對題。不過，武器形式繁多，並不是所有都用來攻擊。美國陸軍步兵在衝鋒陷陣時，身上其實配備各種小玩意兒，讓戰鬥力提升到最大。先不談手榴彈發射器或是自動機槍（squad automatic weapon）這類特殊武器，基本裝備是裝有可拆卸刺刀的M4卡賓槍。[8]此外，士兵還會隨身攜帶手榴彈、刀、食糧、水和急救包。他們也有一身「盔甲」，乃是以凱夫勒纖維（Kevlar）精心編織成的防彈防熱背心，另外還有頭盔以及採用「迷彩」（camo）彩色圖案設計的布質制服，這是為了要與周圍景觀融合，掩人耳目。

這些配備當中有許多是用於防守，而不是進攻，但部隊要在戰鬥中獲勝，防守也是不可或缺的關鍵，基於這個原因，我也將防守配備當成武器。本書主要談的是終極武器，即自然界軍火庫中體積最龐大的工具，但開頭先從其他類型開始談起，包括動物身上類似迷彩和盔甲的配備，接下來在第二章會談輕巧且方便攜帶的小型武器，每一種用來當作案例說明的動物都經過徹底研究，讓我們能清楚見識到天擇和演化的過程。而在探究動物界的一切武力時，我便直觀聯想到動物武器與人造武器之間的相似處。

顯然，與周遭背景融為一體，對存活來說是不可或缺的條件，這跟白足鼠的例子一模一樣（想像一下進行夜間攻擊時，要是身著白色冬季迷彩服會發生什麼慘事）。事實上，二〇〇三年時美國軍方其實做過類似考夫曼的貓頭鷹實驗，以判定哪種迷彩圖案的掩護效果最好。軍方在城市、沙漠和林地環境中評估了十幾種顏色和圖案，以找出最不顯眼的軍服。[9]有些在夜晚進行的實驗結果跟考夫曼的發現很吻合，在皎潔的月光下穿著顏色太深的衣服很可能招來殺身之禍。現代的敵軍因為夜視鏡和其他科技產品的普及，就跟貓頭鷹一樣具有驚人的夜視能力。因此，黑色很快就從多數迷彩圖案中刪除。

按理來說，選擇制服的過程應該就像貓頭鷹捕捉無法融入環境的白足鼠一樣，整個族群便朝向最佳的偽裝演化下去，在這個例子裡，軍隊便是生物學上的族群。無奈的是，在人類世界中，還會受到政治和大規模生產的經濟體系所干涉。軍隊無法依照任務地區選擇不同類型的制服，最後只能選出通用迷彩樣式（Universal Camouflage Pattern）。[10]

這或許可以解決生產和配送的後勤問題，但也會讓我們的軍人不易藏身，無法和周遭環境融合。畢竟，就連白足鼠都是演化出兩種毛色，而不是單一顏色。而且在真實戰場上，也沒有一個圖案能和所有的地方合而為一。

採用通用迷彩制服不久，美軍部隊抱怨聲浪四起[11]，二〇〇九年時，幾乎每個人都看得出來通用迷彩樣式在阿富汗的掩護效果極差[12]，軍方趕緊研發新圖案，也就是所謂的「持久自由行動迷彩」（Operation Enduring Freedom Camouflage Pattern）專門給阿富汗士兵穿上，這在二〇一〇年開始正式啟用。[13]順帶一提，美軍特種部隊士兵也不用穿量產作戰服，而有多種制服可供任務地點不同來選擇。其他國家的軍隊也採用先進測試來選擇基本圖案。[14]

戰場上非生即死的殘酷現實無異是一種軍服的天擇。在測試過許多樣式後，有些款式的效果比其他來得好，效果最好的樣式（通常）會沿用。儘管一路上也經過各式各樣的波折，但很少人會不同意現代軍人的制服要比早年進步很多。二次大戰的軍服比一次大戰來得好，今日美國的作戰服也比韓戰和越戰的來得強。

從蜥蜴和看起來像小顆鵝卵石的沙漠甲蟲，到類似腐爛樹葉的巨型熱帶螽斯，擁有偽裝的動物們都是演化的遺產，牠們來自相同演化過程：由掠食者依靠視覺搜索獵物而發生的天擇。掠食者不會驅使牠們的獵物產生與周遭背景顏色相似的外表，牠們只會促使獵物展現出新的行為模式。生物的移動時機和方式會決定牠在掠食者面前有多脆弱。恐慌的動物要是在錯誤的時間點從藏身處逃離，或是以錯誤的姿態跑走或飛走，就可能會破壞原本的偽裝，帶來致命後果。一隻模仿樹葉的螽斯要是飛入陽光閃耀的森林，一下子就會被看穿。因此，螽斯都是在晚上覓食，白天時則攀附在樹枝上休息，偽裝成樹葉。要是牠們必須在白天移動，就會搖搖擺擺前行，宛若微風吹動樹葉，來回擺動。如果將螽斯擺在平坦光滑的桌上，牠們移動的姿態看起來勢必很荒謬。但是將其放在樹林裡的樹梢上，這動物便瞬間隱形了；螽斯的動作，加上牠的形狀和顏色，讓牠看起來幾乎與周圍葉子合而為一。

化身為一片葉子是相對被動的防禦，幾乎稱不上是個恰當的「武器」，就跟白足鼠以毛皮顏色讓自己藏於土壤是一樣的。相較之下，其他動物的防禦配備強大多了。許多動物採用化學武器對付自己的天

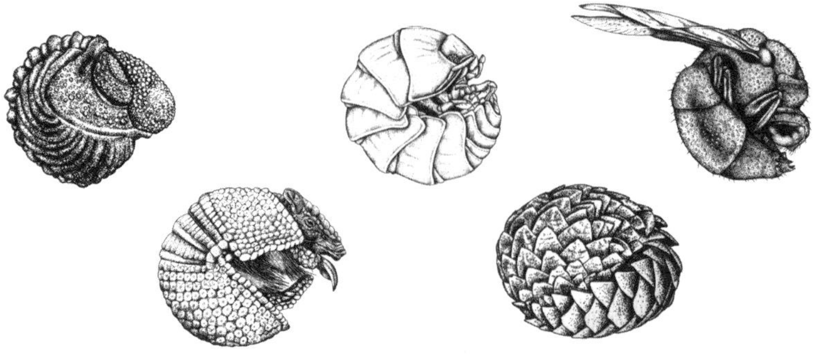

防禦姿勢「蜷縮」和骨板一同演化出來，三葉蟲、鼠婦、木斑蜂、犰狳和穿山甲都採用這種姿勢。

敵，有的是自行合成的毒素，有的是萃取（有時還會稍加調整）食物中的毒素。[15]有些毛毛蟲會從狀似細針的刺毛基部的腺體釋放出一滴滴的毒液。箭毒蛙（poison-dart frog）的皮膚裡包裹著毒素；蝗蟲腹部下的小孔會釋放出惡臭泡沫；投彈甲蟲（bombardier beetle）則會從肛門噴出酸性噴霧。

還有動物是用盔甲來保護自己。就像是羅馬戰士或中世紀騎士所穿的接合式金屬胸甲和盾牌，很多動物會用堅韌的骨板來包覆身體，主要成分是毛、骨質或幾丁質（即昆蟲和螃蟹外骨骼的主要成分）。烏龜和螃蟹可能是最耳熟能詳的例子，不過還有其他動物身上也有保護用的骨板，諸如犰狳、穿山甲、鼠婦、金花蟲，類似的外殼也曾保護過現已滅絕的雕齒獸（glyptodont）和甲龍（ankylosaur）。

在這一系列防禦型武器中，我最喜歡的是從動物側腹和背部長出的尖刺和棘，骨質或幾丁質形成的利刃足以刺穿掠食者的嘴，劃破牠們消化道脆弱的上皮細胞。這些宛如刺刀的棘保護著許多動物，舉凡豪豬、刺蝟、石蟹、二齒魨與螽斯等。

分布在歐洲和北美海岸淺海區的三刺魚，約莫只有手指大小，便是靠著身上的兩根棘刺和骨片來抵禦掠食者攻擊。硬棘從牠們的背部和腹部穿出，腹部兩側則有一排骨片。此處，就跟野生白足鼠的研究一樣，生物學家已經找出造成性狀變異的遺傳基礎，也就是造成棘刺長短和骨片大小、數量變異的基因[16]，並且釐清這種變異是如何在天擇作用下促成迅速演化。只不過，這一次的生物性狀是堅硬的外生骨質，而不是改變皮毛顏色的色素。瞭解這些武器演化的方式，有助於思考更大的武器如何產生。

就跟所有演化故事一樣，刺魚也是從變異開始。某些刺魚在防禦武器上的投資比其他多，因此在族群中出現腹棘長度大小有別或是魚體骨片數量不同的個體。武器大小與數量的變異會影響到魚類的生存。長棘會增加吞下刺魚的難度（想想看卡在狗喉嚨裡分岔的雞骨頭），每當大魚

豪豬的刺是有效的防禦武器。

誤以為可以咬刺魚時，體側宛如盔甲般的骨片就可以保護刺魚。在掠食性動物對刺魚發動的攻擊中，有將近九成都是失敗的。不過在吐出來之前，掠食者還是會大口咀嚼，這時，刺魚的骨片就好比盾牌，可以減少被咬傷的程度。[17]

雖然大多數刺魚都生活在天敵較多的海洋中，但還是有些住在淡水湖，也因此牠們的演化就和海裡親戚大不相同。每隔一段時間，海平面就會大幅波動，在高水位時，海裡的魚會進入內陸水域，當海水退去，牠們便被困在那裡，無法回到海洋。內陸魚會遭遇和海洋祖先截然不同的選汰模式，而且在每一座湖中，刺魚族群也會因應新環境而改變其武器性狀。

化石紀錄提供了武器演化的路線圖。由於保存下來的刺魚化石非常多，堪稱是古生物紀錄中最詳盡的，隨著魚的屍體一層又一層沉在湖泊底泥中，堆疊出堪稱是鉅細靡遺的武器尺寸改變紀錄。石溪大學生物學家麥克．貝爾（Michael Bell）研究了內華達湖的湖床化石中刺魚的演進史，他和他的同事重建出刺魚約莫十萬年來的演化，以每兩百五十年當作一個單位。[18]

在一開始（當然在這裡指的是牠們十萬年演化史中的前八萬年），內華達湖裡的刺魚幾乎沒有任何具有保護功能的武器（只有一根背棘、殘存的腹棘痕跡和少許的腹部骨片）。但是在這條時間軸上的八萬四千年前，這類型的刺魚完全被具有盔甲的刺魚所取代，也就是長有三根長長背棘和完整腹棘的類型。貝爾懷疑這是因為有海魚進入湖裡的緣故，直到早期魚種完全消失之前，這兩種類型的刺魚共存了將近一百年。值得注意的是，在接下來的一萬三千年中，防禦武器在這批魚中逐漸消退：隨著時間過去，棘刺變得愈來愈短，到最後，這批刺魚又變回當初牠們所取代的類型。湖水魚再度失去牠們的武器。

今日，多數湖棲型刺魚身上都沒有防禦性武器。多爾夫・施呂特爾（Dolph Schluter）和他在英屬哥倫比亞大學的學生發現，湖棲型刺魚其天敵要比海棲型刺魚少得多，湖中的天擇比較鬆散，並不會偏好較大的骨片和長棘。[19]由於湖中掠食者較少，湖棲型魚類並不像海水魚那樣，會從大型武器得到好處。況且，要在湖中長出一套護甲所付出的成本也比在海洋中高。在淡水中，骨骼生長所需的鈣離子濃度較低，淡水魚必須付出更高的代價才能在湖泊中形成骨片。不具武裝配備的淡水刺魚在稚魚時期體型較有配備的海棲型刺魚大，而且開始繁殖的時間也比較早。看來在淡水中，保有長刺和大型骨片並不划算，付出的成本可能高於它們帶來的好處。

當然，每個故事都有例外。但在刺魚的例子中，

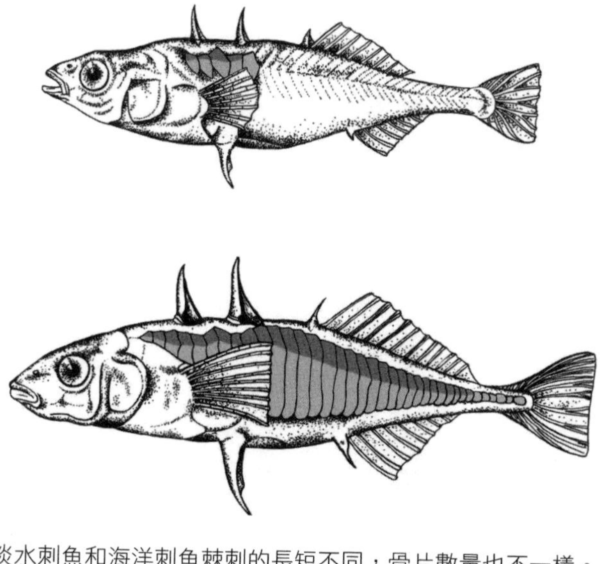

淡水刺魚和海洋刺魚棘刺的長短不同，骨片數量也不一樣。

就連例外都驗證了這套生存法則。丹．波爾尼克（Dan Bolnick）一直在研究華盛頓湖裡的刺魚，這裡的刺魚身上的棘及骨片都比其他湖泊中的魚還要大。波爾尼克發現，這種轉變是晚近才發生，一九六〇年代以前採集的樣本都跟其他湖泊的刺魚一樣，具有典型的退化棘和骨片。但由於這裡水汙染防治的成效卓著，湖水透明度顯著改善，便有人在這座水質特別清澈的湖中引進了鱒魚。鱒魚勤快地掠食刺魚，掠食者變多便促使刺魚長出更大型的武器。[20]

有史以來，士兵都在尋求抵禦敵人的防護裝備。他們的盔甲就跟刺魚和其他動物身上的盔甲雷同，也基於類似的原因而演變，更驚人的是，它仍然朝著相似的方向前進。

人類最早的盔甲是盾牌形式，最初是獸皮製，後來則是將皮革綳在木板上，爾後還有以皮革、柳條或木材做的保護性布料。[21]長期下來，隨著技術進步，防護盔甲的形狀和樣式也跟著變化。人類最初製造出來的武器相當鋒利，是用火硬化的尖棒以及附有燧石刀片的長矛。斷裂的燧石能切肉，但切面很容易磨損，因此千百年來，強韌的獸皮提供了足夠的保護。[22]直到冶金術出現，帶來了更強大的武器，首先是銅，但其質地較軟而且很快就鈍掉，後來又有了鐵器，獸皮盔甲當然無法招架。因此人們開始在盔甲上加裝金屬環或是在獸皮盾牌外側加裝金屬片，以抵抗長矛的金屬尖頭和長劍的砍殺。古希臘戰士穿的是皮質胸甲，前後都覆蓋有青銅錘片的護板，古羅馬軍團則穿著附有金屬片的皮胸甲，金屬板還以重疊排列的方式縫製，就跟魚鱗一樣（這些戰士也頭頂鋼盔，攜帶銅質盾牌）。[23]

到了十字軍東征（公元一一〇〇年～一三〇〇年），以鐵環相連縫製而成的鎖鏈甲成為歐洲戰場上的標準戰鬥服。鎖鏈甲可以阻擋大多數金屬刀械的攻擊，但抵擋不了強烈的衝擊力，因此士兵通常會在底下穿上厚重的衣物，或填充布料，或塞進皮革。最後，他們穿上由一片片金屬縫製成的皮革胸甲和頭盔。不久後，又在容易受傷的脆弱區域，如手肘、肩膀和腿部加裝護甲。到了十四世紀末，成套金屬板製成的板甲（plate armor）取代了之前的金屬混合皮革盔甲，跟童話故事中拯救少女的騎士所穿的閃亮盔甲差不多。[24]板甲一直稱霸到十六世紀，當戰爭開始使用火藥和槍枝時才遭到淘汰。[25]

從一開始，在製造防護用盔甲時，就是在防禦力和重量負擔之間拉鋸，演變方式就取決於這兩者的平衡。隨著武器日益危險，盔甲的厚度和強度也跟著提高，但這樣一來，它的體積和重量也大幅增加。盔甲雖然可以保護士

古羅馬軍團穿著嵌有金屬板的皮胸甲。

兵，但從另一方面來看卻也限制了動作、減緩速度。金屬環製成的盔甲一套重達二十三公斤，這還不包括它下面的厚重獸皮。光是一顆頭盔就重達九公斤；由於戴著頭盔十分悶熱，騎士通常會將其放在馬鞍前，直到開戰前幾分鐘才戴上。[26]板甲更是一個龐大的負擔，要是他被打倒或是推下馬，無疑就是死路一條，因為騎士在沒有協助的情況下無法站起來。[27]到了十六世紀末，十字弓和長弓開始讓盔甲效果備受質疑（直接命中的箭頭可以射穿盔甲），等到火藥開始流傳後，盔甲正式走入歷史。[28]就跟湖棲型刺魚的骨片一樣，一旦好處消失了，盔甲就不再具有存在價值。雖然加厚板甲可能防彈，但是沒有人會想穿，因為實在過於笨重。[29]保護身體的盔甲就這樣從戰場上消失了四百年，直到新的發明出現：高強度的凱夫勒纖維，也就是防彈背心的原料。[30]

在盔甲的故事中，我們看到終極武器演化過程中的所有要點：個體之間有武裝程度的差別。這些武器大小差異影響到該個體的表現（刺魚的存活、生長和繁殖以及士兵的存亡），而其造成的結果便是武器的大小形狀迅速而劇烈地演化。穿戴盔甲是要付出代價的，當持有及穿戴的成本過高時，簡易配備的個體反而表現得比較好。在大部分的情況下，對於大多數武器而言，並不是愈大愈好。

第二章　尖牙利爪

我所住的蒙大拿州，山獅仍然為數不少，這些山裡的大貓使許多人選擇住在這裡。每次踏入野外，想到在某些地方會有生物提醒我們「其實人類並不位於食物鏈頂端」，我就有點心裡發毛。去年十二月，我第一次和山獅正面相逢，那時我正在我家後山健行。我曾在無數個冬日早晨裡，看到牠們的腳印留在初雪上，還被牠們在附近森林掩埋的獵物屍體絆倒（山獅會在獵物屍體上覆蓋松針和樹枝，以便之後回來尋找），我早就知道牠們會在那裡出沒。我知道牠們在那裡的另一個原因是我曾積極地尋找這些動物，幾年前我在家後面靠近小溪的山溝裝了一臺自動照相機，只要有風吹草動，相機便會照相。每個星期，我步行上山，換裝空白記憶卡，整理出上千張照片，當中有喜鵲、鹿、鼬、熊和鷹，當然也有山獅。

去年十二月的一個早晨，我爬過山頭，準備下切到小溪，我的狗早已跑到前面。牠所追的那隻山獅比我預期的小，牠奮力跳到最近的松樹上，攀上一根粗樹枝，就此消失。在那個當下，我不禁佩服起我的狗，畢竟牠只是一隻養在家裡的平毛拾獵犬，而不是真正的山犬。回過神後，我趕緊評估目前的狀況。我沒有帶噴霧劑，也沒有相機和刀，甚至連狗鏈都沒有。我沒有任何準備，剛剛那隻山獅看起來跟小貓差不多，牠可能不是單獨行動。母山獅隨時會從我身後的草叢跳出來，要是我沒有注意到，可能小命就不保了。所以我拉著狗脖子上的項圈，往回翻過山頭下山回家。半小時後，我做好充分準備，再度回到原處，但完全沒發現山獅留下的任何痕跡。不過，當我事後讀取相機中的記憶體，打開檔案夾時，發現那天早上確實不只一隻山獅出沒，照片裡有兩隻山獅。大型貓科動物很少獵食人類，但當牠們這麼做時，都會產生毀滅性的後果。幸好當時我選擇撤退。

沉靜、快速而致命，貓科是典型的哺乳動物掠食者，但牠們的武器都相對迷你。為什麼呢？要明白這一點，可以先想想貓科動物怎麼覓食。以加拿大山貓為例，牠獨自行走在廣闊的北方森林，在雪地裡靜悄悄地來回尋找自己喜歡的獵物：雪鞋兔。要抓到一隻雪鞋兔並非易事。雪鞋兔的皮毛顏色和雪地融合在一起，光是要找到一隻就非常困難。冬天時，當大雪覆蓋大地，雪鞋兔就會換毛，從棕色轉變成白色，這是牠們所演化出的保護色解決方案。

在發現雪鞋兔之後，山貓還得想辦法抓住。雪鞋兔的極大優勢在於後腳很巨大，這為牠們帶來幾乎所向披靡的加速度。雪鞋兔全速奔跑時，時速可達七十二公里，在動物界僅次於叉角羚羊，是北美最快的陸地哺乳動物。更厲害的是，牠們那雙長長後腿非常有力，可以隨時改變方向，而不致影響加速度或移動速度。[1]這就是為什麼伊索寓言〈龜兔賽跑〉（The Tortoise and the Hare）中的兔子是雪鞋兔。

考慮到雪鞋兔的速度和敏捷，就不會對山貓打獵常常失敗而感到訝異。新雪上的足跡透露牠們相遇的故事，顯示每隻雪鞋兔逃竄的方向與逃跑的距離，還有最後是誰贏了賽跑。在一項追蹤研究中，研究者五年來尾隨山貓跑了幾百哩，結果發現這些大貓平均每四次追逐中，只有一次會抓到獵物；在另一項類似的研究中，則發現每隔四五天，山貓才捉到一隻雪鞋兔，一隻雪鞋兔的熱量幾乎僅能維持體重。[2]即使是在光景比較好的幾年，山貓還是常常徒勞而返，時機差的年歲，山貓的表現更糟。

野生雪鞋兔族群數量震盪劇烈，「繁榮」和「蕭條」的年度之間，差距高達四十倍。這樣的族群數量循環意味著每八到十年，山貓就會經歷食物短缺的狀況，而且荒年的飢荒會很嚴重。小山貓的存活率，在野兔數量豐沛的年度可達到百分之七十五，在野兔難抓時則驟降到零。[3]狩獵上的難度加上獵物的週期性短缺，導致山貓族群出現激烈的選汰，強化成功機率大的狩獵武器便成為生存的首要條件。

事實上，掠食者的多樣性可以從牠們身上的武器、特殊身體構造對不同類型的棲地、獵物的適應方式來檢測。以哺乳動物食肉目演化史來說，便是一個由武器演化定成敗的故事，不管那些武器是前肢、爪子、下顎或是最重要的牙齒。

約莫在六千三百萬年前，恐龍消失後不久，地球上便出現最早的肉食性哺乳動物。這些肉食動物其實是雜食的半掠食者，牙齒構造也因應食性而特化，因此葷素皆宜。以**擬狐獸**（Vulpavus）為例，體型小，跟鼬差不多大，身體瘦長還有一條細細的尾巴，可能以昆蟲、蜘蛛、蜥蜴、鳥類和尖鼠這類小型哺乳動物為食。[4]這隻古代掠食者的牙齒，主要的獵食工具是犬齒、門齒和一排沿著上下顎的前臼齒和臼齒。就最早期的肉食性動物化石外觀來看，那時牙齒已經特化出不同功能。犬齒比其他牙齒長，用於捕捉和咬死獵物。突起的前臼齒可以固定獵物，而臼齒則能在進食時切斷和撕裂食物。

長久下來，這幾類牙齒針對特定功能演化得更具效率。與此同時，隨著肉食性動物數量遽增，牙齒的功能也開始改變。許多物種開始鎖定特定獵物，物種間也開始因應獵物差異產生不同的牙齒需求。肉食性動物的牙齒往不同方向演化，端視其獵物和狩獵習慣而定。儘管有些物種保留了雜食性動物的基本齒形，多數物種包括狼、土狼、貓和劍齒虎這類已滅絕的貓科動物，都發展成高效率的「超級肉食性動物」，完全特化成肉食性。[5]

狼在這群超級肉食性動物中是屬於「十八般武藝樣樣俱全」的通才型掠食者。牠那細長的上下顎能以驚人的速度緊緊咬合，在與大型獵物搏鬥時，強韌的犬齒能一口咬住牠們的側腹或腿，將獵物狠狠摔在地上。狼是成群狩獵，將獵物往幾個不同的方向拉，便可以扳倒體型遠比牠大的動物。獵殺後，狼則使用具有雙重功能的臼齒來撕開屍體。鋒利的外緣就像大剪子一樣刺穿肌腱

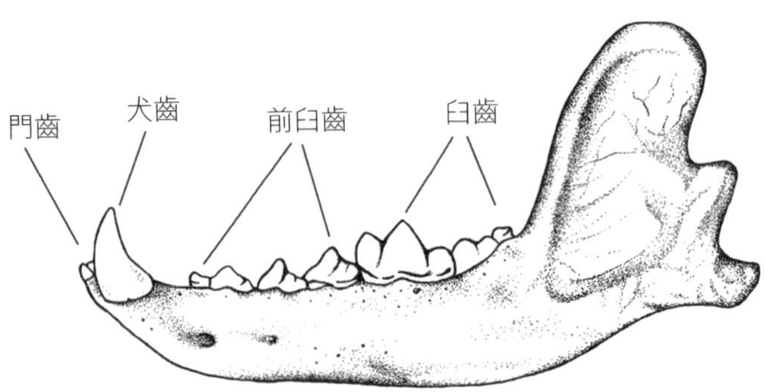

肉食動物的牙齒逐漸特化出幾個群組，專門用於特定的任務，諸如刺穿、切斷或粉碎。

和肉，而且這些牙齒仍然有一定厚度，足以將小骨頭壓個粉碎。[6]

土狼也成群狩獵，但牠們的上下顎和狼非常不同。土狼的犬齒比較短，臼齒也失去貓科祖先的「雙重功能」。土狼的臼齒不能切割食物。牠們能夠粉碎骨骼，吃骨髓，牠們的牙齒較寬，也比較堅硬，牙冠是圓的，就像教堂圓頂。牠們的臉和顎都很短粗，使牙齒帶來巨大的結構優勢。這是基本物理學：施力點愈接近槓桿的關節就愈強大。短顎上的牙齒不會離上下顎的開合點太遠，雖然會導致速度變慢，卻帶來強大的咬合力（這一點與狼正好相反，牠們的犬齒位於長顎的遠端，儘管咬合速度快，但力道稍嫌不足）。土狼似乎是用下頜骨閉合速度來換取關緊上下顎的力量。牠們的咬合力非常強大，再搭配上牙齒的形狀，適合用於咬碎骨頭，而不是穿刺或撕裂肌肉。[7]

貓科動物的吻部和顎也是相對短的，在力學上有利於閉合，而不是速度。而且，就跟土狼一樣，牠們的臼齒已特化成單一功能。但這項功能是撕裂，而不是粉碎。貓的臼齒咬合面很窄，也很銳利，粉碎四肢或骨骼時毫無用武之地，但非常適合用來撕裂肌肉。再者，跟鬣狗不一樣，貓科主要武器不是臼齒而是犬齒。牠們的犬齒會刺穿獵物厚厚的

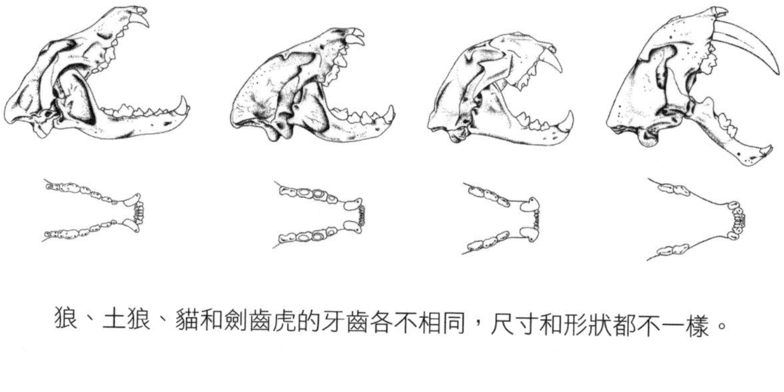

狼、土狼、貓和劍齒虎的牙齒各不相同，尺寸和形狀都不一樣。

皮，切斷脊椎。[8]

貓科動物還有另一項特化。牠們可以反轉自己的前肢，也就是扭轉腳踝將腳踏向身體內側。擁有靈活的前肢，讓貓科動物能攀附到獵物身上，找好位置，再精準地咬下去，發揮強大的咬合功能。牠們犬齒細長，非常善於撕裂，但要是被甩下來，就很容易斷裂。最好能夠在發動一波波攻擊時，先爬到在獵物身上，量好位置，將細長牙齒直接刺穿皮下。要是咬的時候沒能固定獵物，讓其扭動，犬齒可能就折斷了。[9]

由於前肢靈活，貓科動物異常敏捷，能夠猛撲，還能爬樹，就像之前我在家後面遇到的山獅。[10]（古老格言說，貓總是用腳著地，真是形容得再貼切不過，遠超過大多數人的理解。）儘管貓科動物為其他動物帶來致命的危險，牠們當中還是有些黯然走上滅絕之途，好比說劍齒虎。劍齒虎的犬齒不是普通的大，相當於一把二十五公分長的匕首，足以切斷長毛象的脊椎。劍齒虎的牙齒要和精心調整過形狀的顎骨和頭骨以及身體姿勢一起搭配，才能發揮功能。長時間下來，上顎變短，甚至比其他貓科動物都還要短小，由於縮短了犬齒到上下顎接合處的距離，產生了巨大的咬力。劍齒虎上下顎都很厚，還可以將嘴張開到不可思議的程度。劍齒虎在使出大犬齒，刺入獵物前，必須一直拉住自己的下顎，就好像鬆開底板的訂書機那樣。最後，縮短的面部和壓縮的顱骨讓整個頭往後縮，讓犬齒在攻擊時能夠向前推。

[11]一切的調整都是為了要讓肉食性動物成為狩獵高手，但姿勢和頭形的改變要付出高昂的成本。這讓牠們跑起來——基本上是讓他們的一舉一動——都變得既麻煩又怪異。

隨著牙齒的尺寸發展到極致，劍齒虎能夠撲殺的獵物也愈來愈大。在那個充滿泰坦獸、大地懶和乳齒象的時代，確實是一大優勢。在整個哺乳動物譜系中，至少有四群動物演化出劍齒，前兩個分屬現已滅絕的掠食性動物，肉齒目動物（creodont）如擬貓獸（*Apataelurus sp.*），和獵貓科（nimrarid）如弗氏巴博劍齒虎（*Barbourofelis fricki*），還有貓科動物例如彎齒貓和短劍齒貓，最後則是有袋類動物的袋劍齒虎（*Thylacosmilus atrox*）。我們多半都將現存的有袋動物與澳洲聯想在一起，但有袋哺乳動物其實曾分布在世界上絕大多數的地方，而有袋劍齒虎則是分布在南美洲。

劍齒類貓科動物可能是從樹上跳下，攻擊毫無戒心的小乳齒象。

在拉布雷亞（the La Brea）瀝青坑所發現的完好短劍齒貓（*Smilodon fatalis*）標本，顯示這種動物比現代獅子小，但體重是獅子的兩倍（約為兩百七十公斤），具有短短的尾巴。[12]這些短小粗壯的動物大概不曾追捕獵物，幾乎可以肯定牠們只進行近距離伏擊。從遺留的化石骨層看來，貓科劍齒類專門攻擊行動緩慢的笨重獵物，諸如駱駝和年輕的猛瑪象與乳齒象，而從牠們的前肢形狀看來，強烈暗示牠們是從樹上跳到這些龐然大物的背上。

肉食性動物的牙齒，不是因為不能演化或沒有演化而維持得如此小巧。牠們牙齒小，是因為具有一口大牙的個體在獵捕特定獵物時表現不好。牙齒和身體主要結構總是不斷在得失之間權衡，眼下所見是對抗選汰力量的平衡結果。大武器也許更能殺死獵物，但也可能妨礙打獵。具有異常大武器的個體肯定不時會在掠食性動物的行列中演化出來，但若是在捕捉獵物上表現不佳，長期下來，這些終極武器都可能消失無蹤。

貓科劍齒類動物便是其中一個典型。在每一個例子中都可以看到，犬齒演化到極大時，需要大幅調整顎骨和顱骨形狀。要將嘴打開到這麼大，上下顎骨的關節也不可能不經修改，要將長牙插入獵物頸部或喉嚨，頭還需要大幅往後傾。[13] 貓科劍齒類動物都跑不快，純粹是因為牠們長得太奇怪了。靠速度追捕獵物的肉食性動物，絕不可能長出巨大的武器。

巨大的牙齒不僅阻礙跑步，就連吃東西和其他活動都變得很困難。光是把食物吃下去這樣簡單的動作都因為巨大的犬齒而顯得笨拙。劍齒類動物不得不把臉轉向一邊，側對獵物屍體，從嘴巴側邊來啃食，好繞過那對宛如匕首的巨大犬齒。[14]

就是因為終極武器的弊病，大多數掠食者身上的武器仍然小巧。不論是牙齒、爪子還是螯，都很銳利，足以致命，但並不會特別大或是特別壯觀。例如山貓，犬齒長得比旁邊牙齒更長，適合分離野兔脊椎骨，但並不會大到妨礙靈活度或是轉頭的角度，更不會大到損及速度和協調能力，這兩項特點可是山貓生存的重要條件。

牙齒的權衡取捨，主要在於形狀和大小。一顆牙齒無法勝任所有工作。犬齒這類細長的牙齒在刺穿皮膚、肌肉或內臟方面特別好用，但要是撞到骨骼，可能就會斷掉。[15] 堅固又如刀刃般的牙齒，若是與其他同樣尖銳的牙齒在上下顎整齊排列，就能切割肌肉和肌腱。但要是拿來壓碎或磨碎骨骼，可能就此斷裂，甚至連不小心碰到可能讓刀片變鈍的食物骨頭，都可能損傷牙齒，使其失去功能。另一方面，齒面較寬、堅固的圓頂形臼齒則非常適合用來咬斷骨骼，吸取營養的骨髓，但這些在切割或刺穿上則毫無用武之地。

提高一方面的性能可能會減損在另一方面的表現，因此生物演化必須妥協。在這種情況下，僅具備切割、穿刺或磨碎等單一功能的牙齒就成了日益特化的掠食者武器演化的阻礙。

哺乳類演化的成功，一定程度上可歸功於牠們無意間發展出一種機制，使其多少能避免妥協。哺乳類中的掠食動物從不同類型的牙齒演化中解套，讓口腔內的每組牙齒演化出不同功能。如此一來，哺乳類的上下顎上便有三或四種工具（例如犬齒、臼齒和前臼齒），各司其職。

這在演化史上是相當不容易的壯舉，其他類的掠食動物從來沒有達成過。就拿掠食者當中惡名昭彰的獸腳類恐龍來說，這包括異特龍（*Allosaurus*）、食肉牛龍（*Carnotaurus*）和赫赫有名的暴龍或稱霸王龍（*Tyrannosaurus rex*），他們全都沒有類似臼齒或前臼齒的構造，沒有剃刀似的邊緣可以切割，也沒有

暴龍和其他肉食性恐龍缺少臼齒和前臼齒這類特化的牙齒組合。

圓頂形的牙冠能磨碎食物；牠們幾乎所有的牙齒都類似犬齒。於是，儘管獸腳類恐龍在體型上分化出大小，讓牠們多少得以鎖定不同獵物，但這樣的多樣性從未達到肉食性哺乳類間的生態廣度。簡而言之，獸腳類恐龍中從來沒出現能咬斷骨骼，或是長出劍齒的物種。[16]

跳脫僅維持一種特定牙齒的形狀和功能，讓掠食性哺乳類一舉成為專業的獵人，並獲得令人難以置信的成功。但就算是這樣的解決方案也稱不上完善，掠食性哺乳類還是受限於一些基本限制。犬齒、前臼齒和臼齒仍舊是排在同一根顎骨上，這有點像是同時打開瑞士刀上所有的工具。這意味著必須仔細咀嚼，將食物就定位，把骨頭送往圓頂形的臼齒處，肌腱和肉類則留在具有刀刃的前臼齒，咀嚼時還要避開犬齒。

對這些野外的頂級掠食者來說，我們在法國餐廳細嚼慢嚥地享用一道牛排，是難能可貴的奢侈體驗，牠們得面對競爭對手長久激烈的競爭，隨時提防對手竊取剛獵得的戰利品。因此，在現實生活中，動物必須迅速地切割和粉碎獵物，在快節奏的現實世界中，難免發生失誤。鋒利的切割面磨損，或是牙齒斷裂。針對現生和滅絕的掠食動物做的調查顯示，牙齒自然耗損率驚人地高，每四顆牙齒中就有一顆碎掉、破裂或損壞。[17]

大小和功能之間的平衡，同樣可以在掠食性魚類的牙齒和顎骨上發現，尤其是在海洋這類開闊的水域中，像鮪魚和扁鰺這類洄游性掠食者。牠們就跟肉食性哺乳類動物一樣，通常在動物群落中都是頂端掠食者，體型可以長到十分巨大。大魚的頜骨和牙齒都很大，能夠一口吞掉大型獵物。[18]嘴巴小的小魚無法吞下大型獵物，純粹因為身體結構無法這麼做，嘴巴就是塞不下。掠食性魚類必須快速游泳來追逐和捕捉獵物，而且就跟山貓一樣，這些掠食者也經常失敗。事實上，牠們的獵捕行動一半以上都是失敗的[19]，因此，能夠提高游泳速度的體型成了關鍵。

原則上，在不改變體型的情況下，魚應該能增加下巴和牙齒的大小，以吞下更大，甚至是大過追捕者自身的獵物，同時免去維持特大身體的代謝需求。在這裡，又遇到同樣的老問題，要在兩股相對勢力之間求取平衡。下巴尺寸會在兩方面影響到個體表現：一是吞嚥，另一個則是追捕獵物。一張大嘴自然能夠吃下更大、更多樣化的獵物，但這樣的性狀經常遭到淘汰，因為穿過水中時，大嘴會產生一股阻力。[20]對多數開放水域的掠食性魚類來說，天擇同時青睞游泳速度和吞食大型獵物的血盆大口，這是兩股反向的力量。魚類必須同時達成這兩項，於是長出具有功能但稱不上壯觀的頜骨和牙齒，以及大小合宜的武器。

小時候，我母親和繼父在田納西州東部有一個小農場，我常常衝進牛奔河（Bull Run Creek）泥濘的水中，過河之後爬上山頭，翻到另一邊，來到鄰居的菸草田。走在黏糊糊的樹葉間，我會輕輕推開那些長得比我還高的植物，在每株植物根部裸露的傾斜土堆中探索。尋找著剛被雨水洗乾淨的閃亮黑曜石或藍灰色火石。也許是一個側邊的缺口，也許是剛好角度合適的片狀石邊，有些石頭一眼看起來就是命中注定，我甚至可以從地面上裸露的一小塊石頭看出下面有一塊寶物等著我。當然，大部分的時候「寶物」其實都是「廢物」，不過偶爾我也能從泥土中挖到美麗的藝術品。

兩千多年前，在這個田納西州山丘上，一些獵人就坐在這裡，拿著錘石敲打一個拳頭大小的黑曜石岩芯，錘成修長的刀片狀，約莫五六公分。然後再用錘石輕輕敲打，敲掉細小的石屑，打造成箭頭形狀。最後，拿出一塊鹿角來回在邊緣摩擦，使兩邊各削下一塊碎片，直到將兩邊磨得對稱且尖，並在邊緣產生剃刀般的刀形。最後成品便是一個約莫兩公分、足以致命的獵食利器。

我鄰居家的田裡充滿這樣的箭頭，到處都是棄置的石片，顯示這塊山丘上的空地曾是專門製作箭頭的村莊，而不是戰場或狩獵場。大多數的箭頭都損壞了，但要是一個完整的箭頭從土裡冒出來，我會瞬時緊閉雙眼，感受香甜的菸葉因為微風陣陣飄過我身旁而沙沙作響，然後緊緊將箭頭握在手中。最後一個摸它的人可能就是製造它的人。就在那一刻，我感覺自己碰觸到過去。

兩千年似乎很漫長，但即使是以北美洲的標準來看，我從鄰居田裡找出來的箭頭仍然算是「年輕」的。千萬年來石器箭頭、長矛、擲箭器（atlatl）和弓箭是人類賴以生存的主要武器。[21]世上的學者及研究機構已蒐集和典藏了數以百萬件石器，有的是從田裡犁出來的，有的是在湖邊或河岸侵蝕地上發現的，考古學家因此得以追蹤箭頭形狀和大小的演變。[22]值得注意的是，這些幾乎都是小型的。就跟山貓的犬齒或魚的下巴一樣，石器箭頭的大小反映出殺傷力和攜帶便利性之間的平衡。

早在一萬五千年前，北美洲的獵人就開始以擲箭器來增加丟擲長矛的準度，他們還會在長矛頂端綁上鋒利石片。[23]長矛必須在尖端和矛身之間達成平衡，而且刀片寬度要足以在獸皮上產生一個夠大的切口，讓後面連接的矛身順利刺入目標物。[24]這一點嚴格限制了箭頭大小，箭頭比例必須依照長矛本身的粗細來決定：粗大的矛就需要大的石器箭頭。大矛相對也比較重，能夠以更大的力量打獵，穿透的深度也比小矛來得深。不令人意外的，大型的矛和箭頭讓人們能夠打到大型獵物。[25]

但就跟哺乳動物所面臨的問題一樣，大型武器的好處會被高昂的製作成本抵消。大型箭頭需要用較罕見的材料來製作，像是內部沒有瑕疵的石頭，如大塊黑曜石或燧石岩芯，而且需要花更多時間來製作。[26]大型長矛也比較笨重，到處拉著它走也非常累人。早期過著狩獵採集生活的人會四處奔走，追尋季節性水果和根莖類食物，還有大型獵物，一天可能會走上五到十公里不等的路，一年下來通常會超過三百

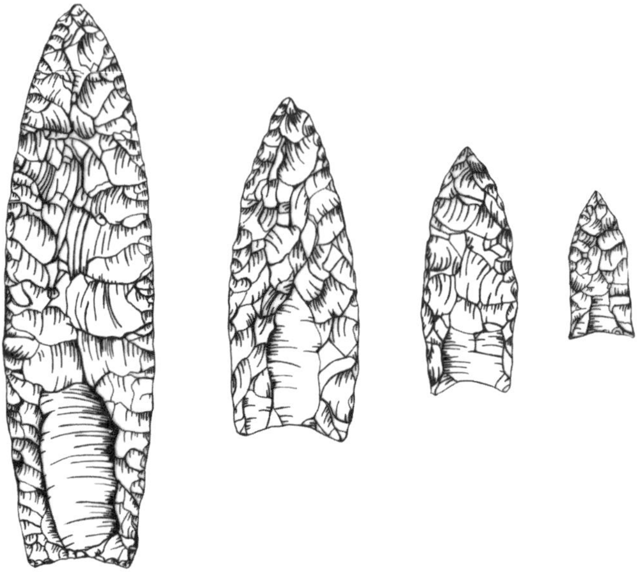

北美洲一萬五千年的武器演化。

多公里。[27]游牧民族在行進間得隨身攜帶武器還有家當。

歷史紀錄顯示箭頭的大小和形狀維持穩定不變了幾千年，而當箭頭開始出現尺寸變化時，是變得更小，而不是變大。至少有兩個因素促成箭頭逐漸變小，一是獵物體型的變化，另一項是製造武器的技術改變。

目前北美洲所發現最早期的箭頭，即克洛維斯矛尖（Clovis point），最長可達二十公分，不過一般都在七八公分上下，而且總是在猛獁象巨大骨頭遺骸旁邊發現。[28]哥倫比亞猛獁象似乎是北美獵人主要的獵物，這情況一直持續到約莫一萬兩千多年前，猛獁象族群大幅減少，獵人開始將目標轉移到已經滅絕的古風野牛（*Bison antiquus*）身上，古風野牛體型比猛獁象小六倍（平均只有一千三百多公斤，而不是七八千公斤），而獵人們對牠們漸增的興趣從矛和箭頭的尺寸穩定下滑可見一斑（推斷用來獵殺野牛的克洛維斯矛尖平均約有五公分長，而之後的用於獵殺同種類野牛的福爾瑟姆矛尖平均僅有三點八公分）。[29]當古風野牛這個物種消失後，獵人改獵體型更小的動物，包括現代野牛（*Bison bison*）以及大角羊、鹿、麋鹿和羚羊等，而箭頭也依獵物體型而縮小。[30]

差不多就是在這個時候，人類製造武器的技術有幾項關鍵的創新。在七千六百年前，在長矛末端加上羽毛，也就是所謂的箭羽，大幅提升了長矛的速度和準確性。不過這些改良要與較輕的長矛柄以及相對小的箭頭搭配比較有效。[31]爾後，約莫兩千到一千三百年前，弓箭取代了擲箭器與長矛，更加傾向小巧的箭身和箭頭。[32]獵人用弓射出的箭比用擲箭器擲出的長矛速度快，射程也遠，進一步提高狩獵成功率，還能射殺各種新的獵物。[33]這時的新式箭頭遠比先前所用的克洛維斯矛尖要小得多，而且能夠用現成材料快速製作，弓箭顯然也比長矛更便於攜帶。[34]

跟肉食性動物的牙齒一樣，器物尺寸因互相消長的選汰條件而達到平衡，使早期人類所用的石器形狀維持最宜尺寸。武器尺寸的妥協對掠食動物來說是必要的，這就是為什麼絕大多數動物的武器都不大。然而，自然界肯定有例外，在某些特殊情況下，選汰平衡的界線被打破。此時在食肉目動物族群中，有的武器開始變大，而且發展到令人匪夷所思的程度。

第三章　前肢、鉗器和巨顎

一九九二年秋天，我和大學好友重聚，兩人準備一同前往南美洲旅行十天。我們沒錢去馬丘比丘，於是決定好好待在厄瓜多，三年前，我為了尋找獨角仙，也曾經來這美麗的土地探索。兩人此行計畫去爬山，然後去熱帶雨林，到湖邊放鬆幾天。當時通古拉瓦火山（Volcán Tungurahua）標高仍超過五千四百八十六公尺——在接下來六年，一直到爆發前都維持這高度——從山頂俯視極為壯觀。不過好景不常，開始旅行後，我們就曬傷了。不僅全身痠痛，還得趕上開往邊境小鎮科卡（Coca）的公車。在十二個小時的車程後，終於與導遊克萊摩和賽爾福碰面，他們要帶我們乘船進入森林。我們先將裝備放在機動獨木舟內，便跳進小貨車後頭，把握最後一分鐘拿補給品的機會。

我的朋友克里斯完全不會講西班牙文，而我則差強人意，但沒想到克萊摩和賽爾福都不會說英文。我們本來不是特別擔心，直到他們將車子停靠在路邊，將一隻死在柏油路上的野豬撿來剝皮，切下後腿，包在保鮮膜中，小心翼翼地放在小貨車後車廂的冷卻器和食物盒旁邊。克里斯和我交換了一下眼神。我傾斜身體，靠到前座的小窗戶上，嘗試以我破爛的西班牙文問他們拿這塊豬肉要做什麼。「Cena。」他們這樣回答。我敢肯定這是「吃飯」的意思，這可是不是我們想聽到的答案。我又再試了一次，但從他們的回答中，我唯一聽懂的字，就只有「Cena」而已。

八小時後，我們到達營地，沿著納波河（Napo River）下行超過一百二十公里，又沿著連接帕尼亞寇夏湖（Pañacocha）的一條支流走了幾十里。不管往哪個方向看去，都杳無人煙。除了我們在一處柳條平臺上搭的帳篷和一張附有火爐的桌子外，這個地方極為原始。到這個時候，野豬腿已經熟成了。導遊把它放在一旁，並開始組裝炊具、準備晚餐，我們又警覺地對望了一下。看著克萊摩拍掉蒼蠅，將皺豬皮拉整，開始切肉。先切成一堆方糖大小的肉塊，刮一刮，送到盤子裡，就這樣把一盤生肉交到我們手上。然後，他從口袋裡拉出釣魚線線軸，給了我們魚鉤，並指指湖面。豬果然是為了晚餐準備的，只不過不是我們在路上所猜想的那樣！

垂釣食人魚實在太容易，簡單到不公平的程度。將肉塊戳到鉤子裡，用力丟進湖裡，就能從水中拉出魚。我們一遍又一遍投餌，每次都能拉起一條魚。要不了多久，我們就有二十幾片浸在奶油裡的魚排，在爐火上烤著。到今天為止，我還是認為，食人魚是我吃過最好吃的魚，我們像國王一樣盡情地享受。（隔天早上，我們甚至跑到湖裡游泳，想到周遭全都是食人魚，就讓人興奮不已。和牠們共游的訣竅是直接從船上跳到深水處，而不是從岸邊慢慢涉水。）[1]

不是所有掠食者都配備小型武器，食人魚的牙齒就是絕佳例子。食人魚長著一嘴巨大的三角形牙齒，鋒利如刀鋒，從魚嘴向外突出，就算上下顎閉合時，下排凶惡的牙齒也會露出來。食人魚和其他魚的食性不同，不僅會吞下整個獵物，也會一口一口地咬下大塊的肉。獵食行為被改變，食人魚不再受限於大魚吃小魚的一般法則。現在，牠們不僅可以吞下小魚，也能一口口地吃掉大魚，除了魚肉，連魚鱗和魚鰭都可下肚。[2]

要從大型動物身上咬下幾口肉，需要近距離發動衝刺，而不是在開放水域中進行長距離追逐賽。食人魚也會啃食屍體，將血肉從骨頭上剝離下來，連人類屍骨也不放過。[3]而啃食，就跟衝刺攻擊一樣，和牠們怪異的下頜骨搭配得天衣無縫。由於食人魚不再靠速度追捕獵物，在牠們身上，天擇青睞較厚的頜骨和大型牙齒。梭子魚（barracuda）那口令人驚訝不已的牙齒也是如此。[4]

在守株待兔型，或稱埋伏型的掠食者身上，動物武器會極大化。埋伏型的掠食者劍齒虎，會從樹枝上一躍而下，將自己宛如匕首的牙齒插入毫無戒心的獵物身上，直入頸部。就跟食人魚一樣，埋伏型的掠食者不再尾隨獵物。事實上，牠們大多數跑不快也游不遠。潛伏不動，與背景融合成一體，就像是個盲眼獵人，等待獵物送上門來。當倒楣的獵物經過，掠食者會從藏身處衝出來，張開大口一咬，或是蹬腿一踢，在獵物還搞不清楚發生什麼事之前就無法動彈，幾乎沒有時間逃生。

深海中的掠食者會使用誘餌，通常是隨水漂蕩的發亮球體，在漆黑海中，宛如一盞明燈。獵物會直接來到掠食者眼前，根本不需要追捕，因此掠食者的泳速完全退化。由於身體幾乎沒有運動限制，天擇在這裡可以盡情地支持大型頜骨。在這類魚當中，許多魚類名稱讀來都令人興味盎然，比方說蝰魚

（viperfish）、狼牙魚（ogrefish）或是約氏黑鮟鱇（humpback anglerfish），牠們都有一張大嘴，長滿又長又鋒利的牙齒。傘口鰻（umbrella-mouthed eel，或稱吞噬鰻〔gulper eel〕）的上下顎都大得不得了，基本上整條魚看起來像是一張大嘴配上一條尾巴。牠們張大的裂口可以跟身體一樣寬，就像一張漂浮在水中的血盆大口。當鰻魚張開巨大嘴巴，就像水中的巨型氣球，可以吞下比自己身體還要大的獵物。[5]

大多數螳螂都是埋伏型掠食者，這也是為什麼牠們有一對帶著彎曲長刺的超大型前肢。這些昆蟲的英文名稱是「praying mantis」（合掌螳螂），之所以會冠上「祈禱」（praying）的形容詞，是因為牠們習慣把那對大前肢擺在臉前，看起來就像在祈禱。長而有力的附肢可是裝有彈力十足的肌肉，配置可以比擬手槍待發的擊錘。螳

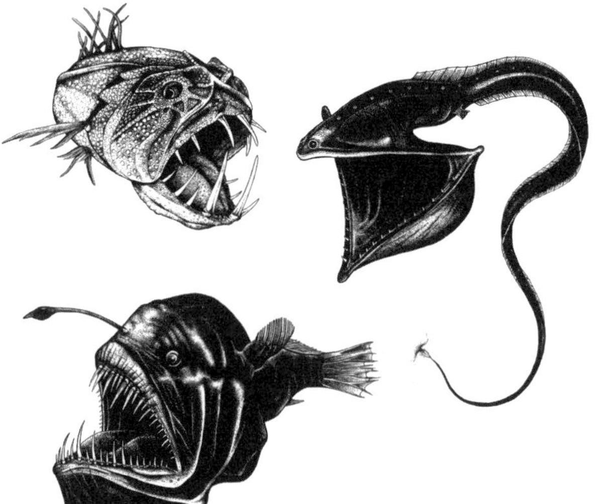

狼牙魚、傘口鰻和鮟鱇魚都長有巨大的下顎和牙齒。

螂的鋸齒狀前肢會在靠近身體處發動，抓住誤闖入「獵殺區」的獵物。

原先的螳螂物種體型瘦小，屬雜食性掠食者，會在地面上或草叢間走動。他們稍大的前肢，有利於快速捕捉途中遇見的蜘蛛或昆蟲。但從祖先以降，螳螂逐漸特化成守株待兔型的獵食者。[6]當牠們不再需要有效率地移動，螳螂的前肢就變得愈來愈大，得以捕捉距離較遠的獵物。[7]

俗名蝦蛄的螳螂蝦則是螳螂的水中版本。螳螂蝦既不是螳螂也不是蝦，但因為與前兩者驚人的相似，而得到這個稱號。牠們身體像蝦子，增大的附肢則具獵捕功能，跟螳螂一樣。這些拇指大小的甲殼類，多半隱藏在海底岩區或珊瑚礁洞穴中，伏擊軟體動物、其他甲殼類或是雙殼貝類。牠們會極有效率地以特大前肢刺穿和粉碎獵物，因此得到「粉碎機」的封號：只要動用身上配備的武器，一擊就足以致命。螳螂蝦在攻擊時，會以令人難以置信的速度出手，就牠們置身於水裡這一點來看，此舉真的很不簡單。希拉・派特克（Sheila Patek）和羅伊・考德威爾（Roy Caldwell）在研究雀尾螳螂蝦掠食行為力學時，發現牠們是使用「點擊」機制來發動快攻，也就是收起堅硬的觸

螳螂具有「猛禽」般的前腿，可用來捕捉藏匿的獵物。

發器構造，變成彈簧式的鎖定狀態。鬆開這個類似鎖片的構造時，便放出存在彎曲骨架內的彈性位能，就跟拉滿的弓要釋放出儲存的彈力一樣。一經釋放，螳螂蝦的腿會在水中以高達時速九十六公里的速度揮動，若按「蝦身」比例縮小，這意味著整個捕食行動只需要千分之二秒。[8]這種小型掠食者配備有整個動物界速度最快的武器。

螳螂蝦（以及和其有親緣關係的「手槍」蝦）的附肢掃過水體的速度飛快，創造出一種爆炸性的真空。牠們在移動時，會在身體後方留下空隙，將溶於水中的氣體吸出來，形成中空氣泡。氣泡破裂時，又會釋放出另一種能量。這樣的聲響不僅響亮而且致命，會產生達到兩百二十分貝的噪音以及接近太陽表面（攝氏四千七百多度）高溫的閃光。[9]雖然氣爆彈的閃光肉眼難以辨識，但它們產生的衝擊波足以擊暈附近的魚。搭配中空氣泡爆炸所釋放的能量，一次極速快掃的威力，足以瞬間粉碎獵物的外骨骼或貝殼。

另一種帶有終極武器的掠食者則會悄悄跟蹤獵物，出其不意地驚嚇牠們。這種盯哨方法類似於守株待兔的埋伏，多數時候靠的不是快速追逐或有效率的獵捕，而著重近距離迅速致命的一擊。許多跟蹤型的魚類都有一張非比尋常的大嘴。以紡錘骨雀鱔為例，細長顎上長滿鋒利牙齒，猛一轉身就能咬住獵物。短吻鱷和長吻鱷的吻部形狀也很類似。

對所有埋伏型和跟蹤型的掠食者來說，狩獵結果取決於武器快速出擊是否能立即癱瘓目標。速度雖是關鍵，但不是由動物的整體衝刺速度來決定狩獵成敗，而是附肢的瞬間發動速度，從身體彈開或射出的快慢才是重點。在牠們身上，武器愈大似乎好處愈多：前肢愈長或下巴愈大，能夠捕食的範圍就離身體愈遠；大型附肢可以有更強健厚實的骨質構造，同時包含彈性更強、更大型、速度更快的肌肉；在附肢末端的鉤爪離連接關節愈遠，移動速度愈快；較長附肢不論是在空中還是水中，都揮動得比短的快。

關於上一段的最後一點，物理學上稱之為「槓桿定律」，可以用蹺蹺板來理解。要是將支點放在蹺蹺板的中間，蹺蹺板的兩端，不論是向上或向下移動，都會以等距、等速率在空氣中移動（它們移動的時間和距離都相同）。但若將支點往蹺蹺板其中一端靠近，就會發生兩件事。首先，兩端移動距離不相等，較長的一端，末端會比

紡錘骨雀鱔那張長長大嘴能夠橫掃側面的獵物。

短端畫出更長的弧線。接著，蹺蹺板兩端移動速率也不相等。蹺蹺板兩端在同一時間內完成各自所畫的弧線（假設這塊板子不會彎曲）。由於長端行進距離比短端多，意味著長端也比短端移動得快。任何一個物體，好比說是一顆牙齒，若位置離槓桿支點愈遠，槓桿轉動時，移動速度也愈快。

肉食性動物的顎則可說明槓桿定律的另一面向。貓和土狼都為了上下顎的強度而犧牲咬合速度，牠們的臉部變得較為扁塌，犬齒的相對位置比較接近頜骨相連的關節處。在牠們的例子中，可以將整個嘴部構造想像成胡桃鉗，或是一對鉗子：施力點離關節處愈近，愈能施以強大的咬合力。不過，相較之下狼的顎部則比土狼和貓來得長。牠們犬齒咬合力較弱，但失之東隅收之桑榆，狼也因而獲得較快的速度。其犬齒離上下顎相連處的關節較遠，如此一來便能增加咬合速度。

在埋伏型和跟蹤型的掠食者身上，我們發現這種運作邏輯發揮到極致。一個特定的生態情況能使限制大型武器演化的選汰反作用力鬆懈，讓天擇偏好具有搶奪功能的構造。

高度分工合作的社會性昆蟲，尤其是螞蟻和白蟻，也避開了武器大小與高效運動性能之間的選汰平衡，不過是以截然不同的方式達成：分工合作。社會性昆蟲的巢穴規模可以到非常巨大，裡面往往住著數百萬個體，在當中群策群力，整個群體有效率地運作。群體效率來自個別特化體型所做的任務分工，有點類似掠食者頜骨上不同類型的牙齒。

依功能需求各自發展，這為動物武器的獨立演化打造出一條康莊大道：犬齒從前臼齒中分化出來，臼齒又從前臼齒中分出來。在社會性昆蟲中，也有類似的分化機制，允許群體中的士兵和工人獨立演化，甚至發展出非常不一樣的形體。[10] 擔負士兵任務的個體並不需要跑得快、飛得遠，也不用負責維護巢穴環境，更不用擔負生殖責任。牠們只需要執行士兵的工作。少了執行其他任務的負擔，意味著擴大其武器尺寸的負面影響會降到最低。

以大頭家蟻屬（*Pheidole*）的螞蟻為例，群體中分成幾個截然不同的「階級」，包括長翅的可生殖雄蟻和雌蟻（牠們的體型遠比群體中其他蟻來得巨大，而且發展出同週期交配群）、小工蟻、大工蟻和兵蟻。其中兵蟻已演化成戰士，頭部、上下顎和牙齒都變得巨大無比。

在號稱是「陷阱鉗」的鋸針蟻（trap-jaw ant）中，兵蟻上下顎延長並彎曲，帶有鋒利牙齒。鋸針蟻閉合上下顎，與螳螂蝦彈出附肢的方式類似，都是急速鎖放的機制（lock-and-release）。鋸針蟻上下顎咬合速度可以高達時速兩百三十公里，不到千分之一秒，顎部就能快速咬合[11]，要是鋸針蟻兵蟻將臉朝地面彈射，閉合之間，可以將自己向空中後推約二十個身長，顯然是非常有效的逃生招數。

螞蟻軍團都配有巨大上下顎和厚實、鼓脹的頭部。集結成軍時，雄壯小戰士可以拿下蠍子、蜥蜴和鳥類。牠們也很適合用來縫補傷口，至少有幾位熱帶生物學家可以證明這一點。我還是研究生時，在伯利茲（Belize）上了三個星期的生物課，生活在泥濘森林的帳篷裡，學習野外實驗的操作實務。我把鐮刀放在廉價塑料護套中，再掛在腰帶上。結果有個下午，脫衣服下水游泳時，鐮刀把手卡在我的褲子上。那時我一定是在講話，或是被分散注意力，根本來不及注意到刀鋒已經劃過我的拇指，傷口深可見骨。我們與文明世界相隔千里，沒有辦法去醫院。只能拿蘭姆酒消毒傷口，再以螞蟻來縫合。一個人固定住傷口，另一個小心翼翼地把螞蟻放到傷口邊上。憤怒的兵蟻張牙舞爪地擺動著，但只要將牠們擺在皮膚上，便會立即閉上嘴，從頭部彈出身體的其餘部分來縫合傷口，效果出奇地好。等我習慣後，傷口上就擺了五六隻螞蟻一起認真工作。

白蟻也會分工，群體中亦有特化的兵蟻階級，主要任務是防禦蟻巢，而不是進攻。楹白蟻屬（*Incisitermes*）的兵蟻頭部十分巨大，充滿肌肉，還有一粗壯下顎。象白蟻屬（*Nasutitermes*）兵蟻的演化則方向完全不同；牠們會噴出黏黏的絲線在入侵螞蟻身上。黏黏的線會糾結在螞蟻腿上，使其動彈不得。象白蟻的戰士沒有眼睛或嘴巴。整顆頭巨大無比，像是一個帶有噴嘴的球，活像是一把會行走的水槍。[12]

分工向來是人類軍隊的一大特點，同樣也在武器攜帶的便利性和大小之間權衡。比方說，輕裝兵會比重裝炮兵移動更迅速，而最大的槍總是過於繁瑣又難以操縱。儘管人們嘗試要突破局限，比方說將彈射器和大炮放在裝輪子的推車上，或是比較晚近裝有履帶的坦克，一直以來軍隊還是得面對大型槍械的限制。[13]最後解決方案是讓步兵和炮兵部隊各司其職，一個以速度見長，一個則以火力取勝。

在一次和二次世界大戰期間，海軍也面臨到同樣的限制，他們採取了類似解決方案。戰艦愈造愈大，能夠裝載更多、更大的槍枝，但火力增加的代價是減損速度和機動性，因此戰艦依賴小型而快速的船隻，如巡洋艦和驅逐艦一邊掩護，一邊執行偵察任務。[14]

在動物世界，巨大武器通常僅出現在特定或罕見的情況下，像是守株待兔型的狩獵用附肢，或是社會性昆蟲以特化功能分工。但還有另一個強大現象，也會導致超大型武器的演化：競爭。大自然最強武器左右了爭奪生殖機會的最終成敗，這可是最珍貴的戰利品。

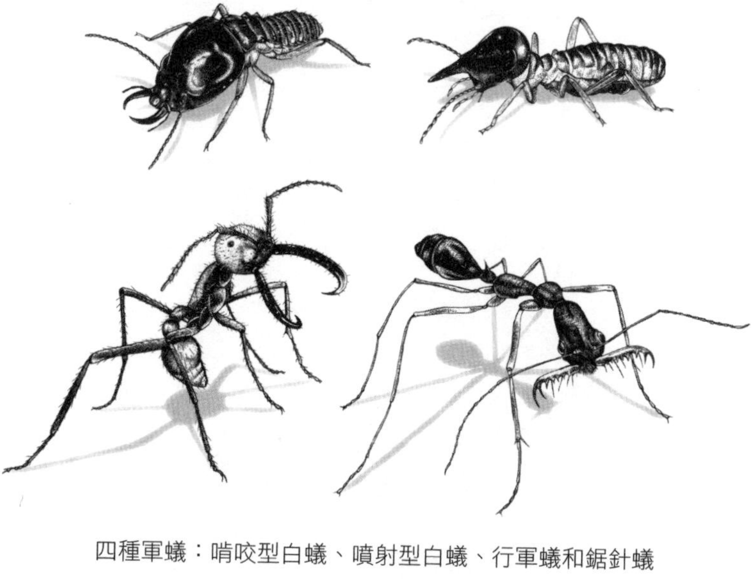

四種軍蟻：啃咬型白蟻、噴射型白蟻、行軍蟻和鋸針蟻

第二部　不休止的軍備演化競賽

只有萬事具備，動物界的軍備競賽才會展開。認識這些要素，就能理解自然界極致武器的功能與多樣性，同時也能明白為何有些物種身懷重裝武器，而大多數卻一無所有的原由。

第四章　競爭

水雉很奇特，尤其是牠身上的武器。黑色細長身體搭配黃色鳥喙形成了鮮明對比，翅膀上的角質鞘構成了黃色細長的翼角（spur），前額上那幾摺無毛的肉垂看起來像是黏了一塊嚼爛的桃紅色泡泡糖在頭上。我正在觀察的這隻母鳥，身上翼角特別大，從翅膀的肘關節處各長出一根，她靜悄悄地邁開細長的腿，踏著碎步。她纖細的腳趾張開時約十幾公分，走路姿態讓人聯想到狂歡節中踩高蹺遊街的人。

我稱這隻母鳥叫「紅藍白右」（以她右腿上的彩色環帶來命名），她正在自己的地盤巡視她四個配偶的巢。要接近她的地盤很困難，我們得從獨木舟上隔著一段距離觀察。水雉會守在寬廣熱帶河流的水生植物上。巴拿馬人稱牠們是「耶穌鳥」，因為牠們看起來像在水面上行走，從某種意義上說，確實如此。牠們踮起腳尖，踩在漂在水面的「墊子」上，每一步都將重量分散在纖細的腳爪，在上下擺動的水芙蓉和風信子上保持平衡。大多數掠食者都到不了水雉那裡，當牠們踩在這層薄薄踏墊上時，都會沉到河裡。但長吻鱷和短吻鱷就不同了，牠們會從下方游過來，從漂浮水生植物中冒出來，捕捉水鳥。

清晨陽光打破了查格雷斯河（Chagres River）河面上的濃霧，我們在巴拿馬運河水源處，附近熱帶森林的熱氣正緩緩上升。此處溼度令人無法忍受，還有吸血蠅不斷攻擊腳踝和腳底。我們蜷縮在獨木舟裡，試圖讓自己舒服一點。我正拿著雙筒望遠鏡，手肘固定在小舟發熱的鋁質輪輞上，在穩定住我的視野之際，滿身汗水已滴落到手臂。父親坐在我身後，透過賞鳥單筒望遠鏡窺視水鳥。我們之間放了一支搖搖欲墜的三腳架，望遠鏡已經對準了其中一隻公鳥，牠今天早上剛孵出四隻雛鳥。父親是研究鳥類行為的生物學家，在一九八七年的這個上午，他正於巴拿馬展開一項多年研究計畫，題目是水雉的交配行為。我才大二，但渴望冒險，於是我到甘博亞去協助他為期一個月的野外工作。

每天早上，我們開車到河邊的一棵樹下，一艘老舊獨木舟被我們拴在樹下。在我們將水、午餐、披風、手寫板和望遠鏡放上船後，便往上游划行約一兩公里，越過巨大的運河水道往另一邊去，那裡河面渦流處漂浮著一些團狀物，但就像河中的小島一樣穩固。父親會用腳環標示大多數已取得一席之地的鳥，也就是能固守珍貴植物房產的那幾隻，就這樣日復一日地窺視鳥演員在此一旋轉漂浮舞臺上的生活。[1]

今天早上，那隻紅藍白右再次和其他鳥起了衝突，就跟以往一樣。一隻腳上沒有腳環的母鳥從鄰近海岸線衝過來，躲在一隻公鳥後面的風信子葉叢中，但占領這塊領土的紅藍白右立即察覺到異樣，向牠逼近。現在，兩隻鳥面對面，正在打量彼此。牠們俯身低頭，翅膀上的翼角馬上從兩側露出來，雙方都緩慢地繞圈，迴避對方。然後紅藍白右展開突襲，跳躍到空中，俯衝下行時以她的翼角一路攻擊入侵者。兩隻鳥一次又一次地朝對方撞擊與猛刺，一次次地落在這些漂浮的草墊上，再一次次地躍起，一切化成了模糊的旋風。接著，戰鬥突然結束。入侵者飛走了，沉重空氣中響起嘈雜的嘎嘎聲，顯然我們的母鳥正向附近的鳥宣告勝利。

數百隻無家可歸的母鳥會沿著河岸覓食。牠們都無法有自己的地盤，因此會不斷向有地盤的母鳥挑戰、施壓和試探，並試圖找出其弱點。對「流浪鳥」來說，戰鬥是一場「攸關生死的抉擇」，無法占領到一塊地盤的鳥在演化上等於窮途末路，無異是走上死路。除非能夠找到什麼方法來取代地主，不然牠們毫無繁殖機會。

母水雉是戰士，環視著公鳥。牠們比公鳥強壯，更具侵略性，身上配備的武器也大得多。銳利的黃色翼角從兩隻翅膀肘部向前突出，跟匕首一樣。在激烈戰鬥中，體型大的母鳥較有優勢，牠們的生存規則很簡單，只有突出的強勢母鳥才有辦法占地，繁殖後代。

水雉和一般鳥類不同，母鳥身上帶的武器比公鳥大，是一對黃色的翼角。

公鳥其實也會在漂浮草墊上圈領土，不過牠們比較溫和，也不會參與母鳥之間的戰爭。公鳥的競爭對手也是公的，成功捍衛一定大小的漂浮綠地，才能在綠墊上孵化雛鳥。這一塊塊的領地組成一座浮島，看上去就像馬賽克瓷磚，再由母鳥統治整塊地盤。有些母鳥可能只有辦法趕走一隻入侵公鳥領地的對手，但體型最大、條件最好的母鳥則有辦法管理同時有三四隻公鳥的浮島。

這時，天空出現一道裂縫，一陣響雷，下起暖雨（在巴拿馬屬稀鬆平常）。當我們手忙腳亂抓起披風和塑膠布覆蓋望遠鏡與筆記時，大雨傾盆而下，淋得我們全身濕透。鳥兒蹲踞下來，坐在大水之中。我們也蹲在金屬小船中等待，濕淋淋地在雷電交加的雨中顫抖。十分鐘後，暴雨驟歇，我們和鳥又回到原來的地方，各就各位。獨木舟內搖晃著剛剛積累的七八公分雨水，我們把一個塑膠牛奶箱翻轉過來，當作桌子，在上面擺放好用品。那隻母鳥又開始另一場戰鬥，這是她今天早上的第四場了，我轉身去看我爸爸那邊。他追蹤的那隻公鳥正放出幼鳥，牠們在水生植物間搖搖擺擺地晃蕩著，全都在吃水草旁邊蠕動的小蟲。

隔壁的公鳥，牠的窩也在紅藍白右的地盤，裡面還有蛋，牠就坐在隱匿的巢穴上，掩護那窩蛋。第三隻公鳥所帶的小鳥幾乎羽翼已經豐滿，而最後一隻公鳥則處於休息期，隨時準備再度展開新的孵蛋週期。我們的母鳥，當牠不需要和搶地盤的外來鳥爭戰時，會在公鳥之間任意移動，與牠們交配。當公鳥群中有鳥準備好了，母鳥便會在牠的窩中產下四顆蛋。然後離開，把蛋留給公鳥照料，幾週後繼續在另一隻公鳥的窩中下蛋。公水雉會花上好幾個月來照料幼鳥，牠們要準備築巢、孵蛋、照料雛鳥直到牠們獨立。母鳥只有在需要蛋時現身，之後便讓公鳥來負責照料幼鳥的一切。

不論從哪方面來看，水雉都與這本書的主要論述格格不入。母鳥比公鳥更具攻擊性，體型比較大，而且打鬥程度激烈，次數也更多，就連身上帶的武器都比較大。但一般的情況則剛好相反。在蠅類、甲蟲、乳齒象、蟹和麋鹿中，配備武器的都是雄性，而不是雌性。水雉是唯一例外，在每一個帶有武器的物種中，武器僅限其中一個性別，而且清一色都是雄性。為什麼只會有一種性別具有武器？又為什麼（幾乎）都是雄性？

要回答這些問題，我們得回到生命的起點：卵和精子。兩性都提供其基因組的一套到子代身上，但包裝方式不甚相同。卵營養豐富，是將豐富的蛋白質、醣類和脂質塞進保護膜所形成的球體。反觀精子，基本上就是一包會動的DNA而已。當精卵結合，產生新生命，最初以母方資源來供養受精卵。在按部就班展開的準確步驟中，受精卵會分裂成億萬個細胞，形成組織和器官，長出附肢和骨架，也都要靠細胞交互作用。而過程需要燃料，需要蛋白質來構成新細胞和組織，以及用養分和能量來驅動億萬個化學反應。生命的發生是個代價昂貴的過程，而卵會提供能量和養分來滋養生命。

所有動物物種的生殖細胞，即所謂的「配子」（gamet）中，雌性都比雄性來得大。卵比精子大，是生殖投資上的差異，其後果超過我們大多數人所理解。在這方面，人類倒是顯得相當普通，但認識這點也是個好的開始。人類女性的卵子是體內最大的細胞，有五分之一公釐，約莫是一個英式句點大小，肉眼勉強可見。精子則是人體中最小的細胞，十萬顆精子聚集起來才相當於一顆卵的體積。[2]

許多動物的精卵差異都比人類來得大。一隻母的斑胸草雀大概只有人的手掌大，從頭到尾約十公分，但她產的蛋卻達一公分。按重量比例計算，斑胸草雀的蛋是她體重的百分之七點五。[3]這樣的重量比若換算成人類，相當於女性生下四五公斤重的卵。奇異鳥所產生的配子是動物界重量比差距最大的，褐色母鳥會產下約莫自己體重五分之一的蛋。[4]若人類也是如此，那麼一個母親大概要生下十三點六公斤的卵，相當於是一顆直徑四五十公分的西瓜。

雌雄兩性在配子大小上出現不對稱的投資，在動物界造成影響，而且餘波蕩漾，反映在各物種的生物特性上。一方面，雌性不可能像雄性產生這麼多配子。若用同樣的資源，雄性能夠產生億萬個精子。這數字會快速累積，因為每個雄性都可產生數量龐大的精子。人類女性一生之中大約可產生四百顆卵。但是男人每天都可製造出一億個精子，一輩子下來高達四萬億。[5]如此懸殊比例，若在一個一千人的族群中，意味著精子比卵多出一萬億個（後面整整有十五個零）。若以目前人口數量來看，相當於人類族群中精子比卵子多出了一千的七次方個（也就是一後面有二十四個零）。而人類根本稱不上是動物界中的極端。擺在眼前的簡單事實是，幾乎在所有動物物種中，卵子都不足。因此自然必須走上競爭一途。

除了數量，雌性配子大小則是另一個促成競爭的重要原因。富含營養的大型卵製造代價高昂，而且製造時間更長。一批卵子要長到成熟可受孕的時間因物種而異，有的需要數天，有的甚至要數週，才能準備製造下一批卵。但是雄性只需要幾分鐘就可射精。正是由於配子大小差異太大，在交配與繁衍後代時，雌性通常比雄性花更長的時間才會「抽身」離去。

要是一次繁殖失敗，雌性失去的也比雄性多。雖然兩性都要投資養分、能量和時間來產生配子，但牠們在投資上所花的心血是不等價的。雌性投注的時間比雄性多，因此捨棄一窩子代的成本也遠高於雄性。結果通常導致，每當子代需要額外照料時，都是母親負責。[6]

雌性投資子代的方式林林總總，非常有趣，可不是只有產卵而已。蟑螂媽媽會將受精卵留在自己體內，直到孵化為止，牠飼養與保護孩子的方式，相當於昆蟲界的卵生哺乳類。[7] 雌蠍會將寶寶綑在背上好幾個星期，直到孵化。[8] 糞金龜媽媽會往地底挖隧道，提供糞球補給品給寶寶。有少數糞金龜甚至會將自己關在洞穴中一年，以便親自保衛正在成長的孩子。[9]

築巢、懷孕、護卵、餵養和保護子代都需要時間。母親的照料工作延遲了兩次生育之間的時間間隔，這又加劇了兩性在生殖投資上的差異。雄性當然也會投資在後代身上，在水雉和人類身上我們都可清楚見到，但在動物界，會照顧幼兒的雄性極為稀有。在大多數動物中，雄性除了精子，幾乎就不再提供任何資源，這意味著牠們的生殖週期比雌性快很多。

在思考動物武器時，一定要將生殖週期納入考量，每當雌雄之間產生差異時，結果就是造成競爭。假使你隨便挑出一個動物族群，數一數當下在生理上能夠立即繁衍的個體，你會發現所有雄性都有能力與意願，但多數正值生育年齡的雌性卻沒有辦法。牠們有些是生理上不許可，可以說正處於兩次生育之間的「退役」狀態。懷孕的母斑馬無法再受孕。雌麋鹿在哺乳幼兒時也無法懷孕。正在飼育幼兒的雌性是「出局」的，因為牠們當下無法受孕。要是所有的雄性都能交配，但只有一小部分雌性可以，那雌性自然是相對不足的。[10]

現在我們進入了大自然最普遍也最強烈的一種競爭形式，也就是達爾文所謂的「性擇」（sexual selection）。[11]一個性別的個體會為了另一性別而展開競爭。原則上，性擇可以是雙向的，雄性或雌性都會競爭。但是在現實中，除了極少數特例，如水雉，幾乎都是雄性彼此在競爭一親芳澤的機會。

母水雉依然會產生較大的配子（鳥蛋還是比精子大），而且每下一窩蛋都需要好幾個星期才能恢復。但是雌性的投資到此為止。接下來公水雉要花三個月來孵蛋以及照料幼鳥，如此一來牠們的生殖週期反而比雌性來得長（平均而言是七十八天，相比之下母鳥只有二十四天）。[12]在任何一個時間點上，水雉族群中約有一半雄性都忙著照料現有的鳥蛋和雛鳥，只有幾隻是自由之身，能夠隨時開始築巢，而大多數母鳥都累積好足夠的卵，隨時可以下蛋。只要找到占有地盤而且準備好繁殖的公鳥，牠們隨時可以下一窩蛋。在水雉中，沒有足夠雄性可供交配，雌性便會為繁殖機會而戰鬥。在牠們的世界裡，是性擇驅動母水雉演化出銳利的黃色翼角，而不是來自於掠食者或獵物造成的選汰壓力。[13]

在父母育兒時間差異的這座天平上（是的，就跟今日許多忙碌夫妻經常爭論的話題一樣），水雉爸爸投入的總時間超過了媽媽，因此天平指針指向雌性彼此競爭。其他種鳥類，父母幾乎投入一樣多的育兒時間。母鳥產下比精子大很多的蛋，但雙方輪流孵蛋、覓食與餵養巢中雛鳥。在這類情況下，天平比較持平，性擇力量相對較弱。不過這樣的物種在自然界相對稀少。

在絕大多數動物中，父母在育兒時間的投入比例完全失衡，幾乎全都落在雌性身上。一邊只要有一顆小小精子，另一邊則需大得不得了的蛋。再加上用來準備築巢的時間，用來孵卵或護卵的時間，用來培育、飼養甚至教導幼兒的時間，這一切都拉開原始配子大小的投資差異。在這些物種中，天平明顯往另一側大幅傾斜，指針便指向雄性彼此競爭。傾斜角度愈大，所產生的競爭愈激烈，而我們愈有可能在牠們身上發現武器。

非洲象便是一個好例子，從很多方面來看，牠們都和水雉型投資完全相反。公象完全沒有花時間在幼象的發展或產後照料上。牠們只提供精子。母象懷孕期長達兩年，幼象出生後，牠們還要照護小象兩年。母象真正能夠受孕的時間非常短，只有五天。[14] 換句話說，母象每一千四百六十天只有五天可以受孕，這麼短的時間，連牠們生命百分之一的一半都不到。可想而知，在大地上，無論是哪一個時刻，僅有極少數母象可以交配，但卻有太多公象在那裡晃蕩。

就是因為具即刻生育力的母象十分稀少，公象會以殺傷力極強的象牙激烈戰鬥，以爭取交配機會。非洲象之間的雄性競爭極為激烈，遠遠超過水雉雌性的競爭。在水雉中，母鳥恢復至可生育的時間約比雄性快了三倍（一邊是二十四天，另一邊是七十八天），換個角度來講，就是在牠們的地盤上，能夠進行下一繁殖階段的母鳥約為公鳥的三倍多。在非洲象的例子中，公象比母象快了三千倍（一邊花不到半天的時間，另一邊是一千四百六十天），因此經常會出現幾十隻公象爭奪一隻可受孕母象的情況。在人類社會，就算是在最糟糕的「單身」酒吧中，男人也不會遇到擇偶機率這麼低的狀況，唯一可能的例外應當是十九世紀美國西部採礦營區裡的酒吧，或是比較晚近的，好比位於麥克默多的南極研究站附近的保齡球館。

公象在將近十公里外就可以聽到母象的「宣告」，這是一種透過土壤來傳遞的沉重低鳴，比音速略慢，也吸引一大堆競爭者加入戰局。公象要在母象短暫的發情期內打守備戰，實非易事，必須要不斷贏得挑戰，只有體型最大、武裝條件最好的公象才有機會搶到母象。象的體型會隨著年齡增長，大象行為研究專家喬伊斯．普爾（Joyce Poole）和她的同事發現，公象要到三十歲時才有辦法加入戰局，只有到這時候，牠們的體型夠大，才有機會贏得戰鬥。多數情況下，超過四十五歲的大象才真正有辦法交配。[15]（相較之下，母象一般在十三歲時就開始育幼）。在肯亞安博塞利國家公園（Amboseli National Park）進行的一項大象長期研究中，研究人員發現在八十九隻公象中，有五十三隻完全沒有留下後代，絕大多數小象都是當中三隻公象的後代。[16]

勝利的公象，象牙特別長，體型遠大於對手，身高約是小公象的兩倍。勝利者當然可以帶走戰利品，而在大象世界裡，這意味著最年長、體型最大以及武裝最好的公象才能留後。

如今，地球上只剩下非洲象和亞洲象兩種大象，但在不久以前，還有許多種大象漫步在非洲、歐洲、亞洲和美洲的平原上。目前科學家記錄到的大象已超過一百七十種，但身上配備有厲害武器的，幾乎都是最原始的象種。[17]哥倫比亞的猛獁象，象牙長達四點八公尺，重量超過九十公斤。互稜齒象（*Anancus*）是猛獁象「小型」表親，身高只有三公尺高，那對象牙卻將近四公尺長。就連非洲象也曾經有過一段風光的歲月。無奈近幾十年來，盜獵和非法象牙買賣使得象牙尺寸驟減，現在已經很少看到頂著完整武器的大象了。不過博物館內展出的象牙也有二點五公尺，重量達到四十五公斤，足以證明雄性競爭的選汰強度有多大。

當然，在人類社會中遊手好閒、年輕氣盛的男子也會爭相吸引女子的注意力（這就是為什麼青少年的汽車保險費遠高於女性），要說明這一點，再也沒有比十一、十二世紀的中古歐洲騎士更好的例子了[18]，當時能夠受孕的女性極少，因此男人間出現大量的競爭。

十一、十二世紀的歐洲社會是以地方上有錢有勢的貴族

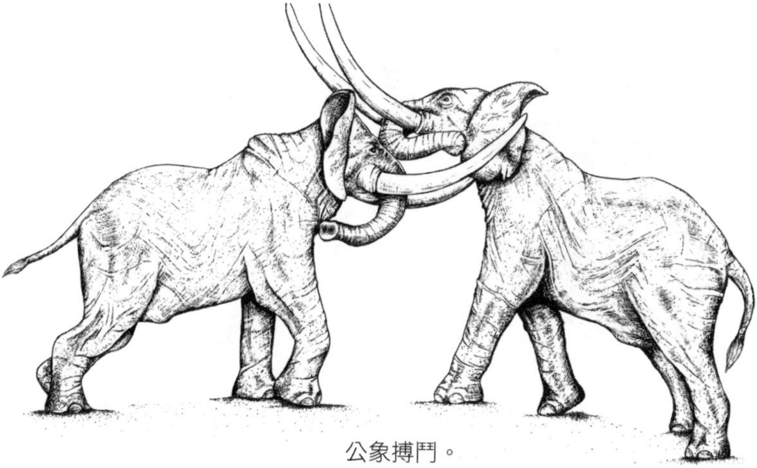

公象搏鬥。

為中心，他們牢牢掌握著土地和權力，周遭圍繞著大量承租土地的農民和勞工。[19]為了避免家族財富分散，貴族會將所有的土地和財富傳給長子。貴族世家往往都是大家庭，一般都有六七個兒子，當時他們認為，要是將家產分散開來，不論哪種分配方式，一定會削弱家庭勢力。[20]

婚姻也是鞏固財富和權力的手段之一。和貴族階層以外的人通婚是想都不用想的事。在貴族階級中，婚姻是由家族大老安排。[21]長子往往要等到父親老邁，決定放手時才可以結婚，組成自己的家庭。但至少他們還有選擇。他們能夠繼承家族財富，因此在其他有女兒的貴族眼中，深具吸引力。

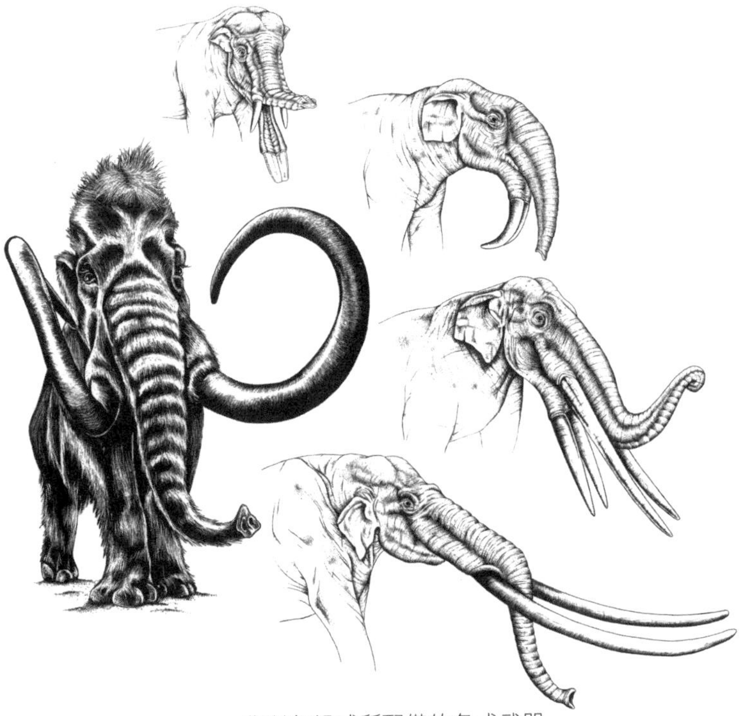

非洲象親戚所配備的各式武器

至於貴族其他兒子，他們數量多，婚姻前景卻很慘澹。他們沒有繼承權，在多數人眼中自然就不具吸引力。若有一位父親允許這樣的男人娶他的女兒，就必須將自己的財富分給他[22]，不僅如此，當時處於生育年齡的女性驚人地少。現實是殘酷的，女人在分娩過程中死亡是家常便飯，一家之主往往會結婚三次或四次[23]，他們有權優先迎娶其他家族正值適婚年齡的女兒，接下來才是家中長子。需要「排隊等候」迎娶妻子這一點，才是造成長子晚婚的主因（另一個原因是防止他們生下可能會威脅家長勢力的繼承人）。[24]等到一家之主和長子都各自迎娶後，就沒剩下幾個「單身女性」了。

對貴族家庭其他兒子來說，真正的選擇是娶一位別族女繼承人。那個時代充滿許多暴力事件，因此偶爾也會出現家族中沒有男性繼承人的情況，這時女兒便可以繼承家產。[25]這樣的女人，要是選擇嫁給一位沒有家產的男人，就等於提供他一個打造新天地的機會。但貴族女繼承人為數甚少，就跟自然界處於發情期的母象一樣稀有，想當然會引發男士彼此激烈的競爭，好贏得她們的青睞。

貴族的兒子在七歲時開始學習戰鬥，他們會接受騎士訓練，當騎士的下屬。騎士侍童經歷長期訓練，在騎士導師上戰場時協助掩護，並且學習穿盔甲、拿盾牌跑步和騎馬。十四歲時，他們就可以受封為爵士。從那時起，他們會結伴旅行，到處尋找展示才能的機會。[26]毫無疑問，這些人主要目的是要吸引到一位妻子。他們的所作所為都圍繞在擊敗對手上，以獲得貴族年輕女性的芳心。不幸的是，大多數男人都失敗了。那些少數成功贏得女繼承人青睞的男人通常要經過三四十年的競爭，擊敗無數對手，才能取得領先群雄的地位。[27]

實際作戰是測試騎士勇氣的最佳方法，但這並不會引起未婚年輕女性關注。畢竟根本沒有那麼多的戰鬥可以參加[28]，男人只好轉向競技比賽。競技讓騎士有機會在貴族女性面前展現力量和勇氣，這充滿了性擇的意味。[29]男子在這場展現力量的戰鬥儀式中，通常是全副武裝騎在馬背上，全速向對方衝過去，將木質盾牌撞個粉碎，同時將對手撞倒在地。

裁判和計分員會悉心記錄戰績，統計全國各地的競賽結果，將騎士依戰績排名，而貴婦則會研究排名。[30]騎士會在盔甲上裝飾五顏六色的羽毛和流蘇，並且會在盾牌和胸甲上標示家族徽章（紋章無異提供了血統的品質保證，跟孔雀展現多姿多彩的羽毛沒有什麼差別）。[31]女性事前就對選手身家調查，在前排座位觀看戰鬥，頒發獎品。而在競賽中證明自己價值的騎士，偶爾有機會贏得女繼承人芳心。[32]

性擇的運作和大多數天擇不同，這可說是量身訂做，將動物的單一特徵放到極大。從另一方面來說，性擇可以比天擇強大。當族群中大部分雌性為一小群雄性所壟斷，繁殖成敗將天差地遠。少數勝利的雄性能夠留下幾十個甚至上百個後代，而絕大多數雄性完全無後。因此只要成功繁殖的報酬夠高，動物便願意演化出非常大的武器。

性擇往往也比其他形式的選擇更具有一致性，這一點，對性狀發展也有推波助瀾的效果。當深色白足鼠移居沙灘，天擇的偏好會讓整個族群體色變淺。要是我們在深色白足鼠移入不久，進行採樣，理當能量測到天擇強烈的作用力，如何將白足鼠體色推往另一個方向，使整個族群的毛色變淺。

但天擇所牽引的演化波動很短暫。一旦沙灘鼠群的毛色變淺，生物整體的改變便會停止，因為現在白足鼠體色與周圍環境相近，再淺一點可能過白，再深一點可能過深，這都會讓牠們像以前一樣顯眼。演化到這時候，天擇對於皮毛顏色的作用趨於穩定，達到平衡，族群便會保留這個具有價值的新特徵。

這便是大多數天擇的性質。族群會適應周圍環境，直到趨於最佳狀態。除非環境發生變化，天擇才會再度上場，在新環境中偏向對生存較有利的尺寸或顏色等新特徵。但變化也會趨於穩定。海洋裡的刺魚百萬年來都維持著三條長刺和五十二塊骨片。當一些魚往淡水棲地移去時，天擇在新環境中會促發快速轉變，從三根刺轉變為一根，還會減少骨片數量（剩下十四片）。[33]然而，一旦族群達到新的最佳狀態，盔甲的變化就會停止。

即使天擇是有方向性的，效果往往會相互抵消，因此淨效應依舊維持穩定。當物理環境改變時，往往會來回波動。冬去秋來，每年都是四季輪轉，往復不已。雨水豐盛之後的年歲往往進入乾旱時節，反之亦然。就連冰河亦依週期進退，海平面也有上下震盪。當動物族群因應環境改變而演化時，也是不斷震盪擺動。白足鼠的毛色會變淺，又變深，然後再變回淺色。許多族群會不斷適應天擇而改變，但變化會因為長期趨勢的穩定而抵消。[34]

但性擇與此不同。在爭取繁衍機會的戰鬥中，雄性會和對手競爭。重要的是個體間的社會性，也就是和其他雄性的爭鬥，而不是性狀和溫度、海平面或其他地理景觀之間的關係，而且社會環境的演變會和武器發展同步。隨著鹿角或牛角愈變愈大，和另一隻雄性相抗衡的標準也提高。這好比是一滑尺（sliding scale），每增加一次武器大小，就會重新設定一次族群的基準線，然後性擇又會再一次刺激武器增長。

試想有個獨角仙族群，雄獨角仙的角平均長度為一點二公分。在這樣的社會環境中，有幾個雄性的角偏長，從中脫穎而出。增加角長的突變讓牠們的角逼近兩公分。這些雄獨角仙最常在爭鬥中打勝仗，因此能和最多雌蟲交配，留下大量後代（牠們的兒子也會揮舞著兩公分的角）。在接下來幾十個世代中，整個族群轉變了。因應性擇的力量發展，現在族群中的角長平均提高到兩公分。

此時兩公分的角不再能為個體帶來優勢，因為現在每個個體的角都增大。角長的演化使雄性競爭的標準提高。新的社會情境產生了另一個突變，這次將角增大到二點五公分。帶有新對偶基因的雄蟲，現在長的角比對手還要長，開始在戰鬥中取得壓倒性勝利。由於角大的雄性會擊敗之前角長僅兩公分的對手，新的對偶基因橫掃整個群體，直到子代都演化出新版武器。此時滑尺再度調整基準線。族群逐步往新典範發展，隨時準備好下一個突變的出現，再次改變武器尺寸。

社會環境與武器尺寸縮放同步演化，性擇可以無止無休地以固定方向改變族群。[35]在這樣的社會脈絡中，選汰路徑不太可能會大幅振盪。現在衡量獨甲仙族群中的選汰，然後十年後量一次，千年後再量一次，很可能會發現同樣的狀況：擁有最大角的雄獨角仙會勝出。效能最佳的武器會隨時間變大（從一公分，變成兩公分，再變成二點五公分）但是方向不變。在所有其他條件相同的情況下，性擇造成的變化會比來回振盪或迅速回復的天擇更大。

在動物界，絕大多數龐大的裝備都是來自於激烈競爭的性擇。在演化意義上（我們已經看過生存這部分），繁衍是成功的「另一半」，而且是真正重要的那一半。當你抽絲剝繭探尋生命本質，便會發現生存唯一的理由就是尋找繁衍機會，畢竟在演化舞臺上，是以留下多少後代來論成敗。留下最多後代者勝，這結果簡單明瞭。優勢個體在子代族群中，貢獻出來的基因組副本比其他個體來得多，這些個體攜帶的對偶基因持續留存下去，其他個體的則逐漸消失。

族群中只要單一性別的個體出現繁殖成功率的差異，性擇便會開始作用。比方說，在一族群中，若有些雄性會產

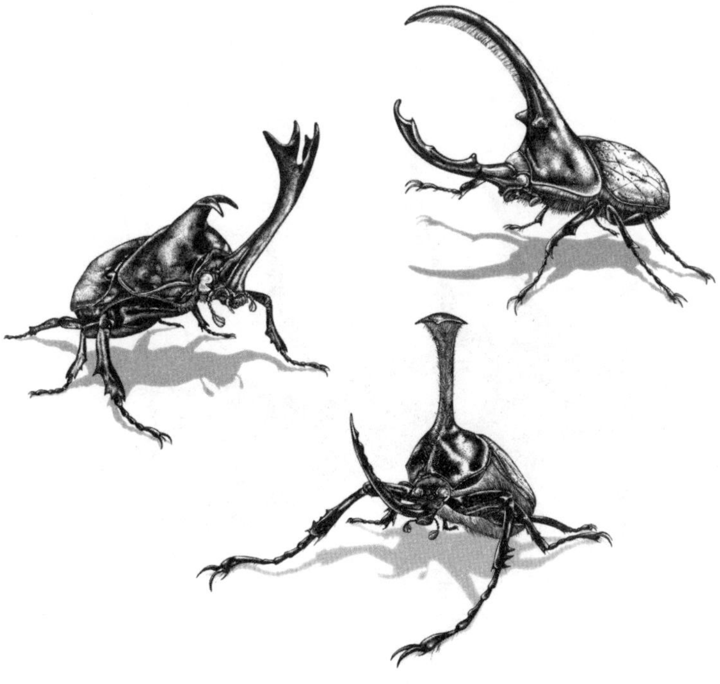

獨角仙的角。

生三個後代，而其他留下四個。結果便會產生四個後代的性狀。但在這種情況下的選擇強度相對較弱，因為成功者和失敗者之間的差別很小。當繁殖成功率的差異變大，選汰的強度就會增強。在極端的族群中，性擇非常強大，壓過所有在這些動物身上的選汰作用力。[36]不管是覓食能力、生理機能或是對寄生蟲或疾病的免疫力，其他能力全都不再重要，雄性會不顧一切地犧牲，只為贏得這場生殖競賽。

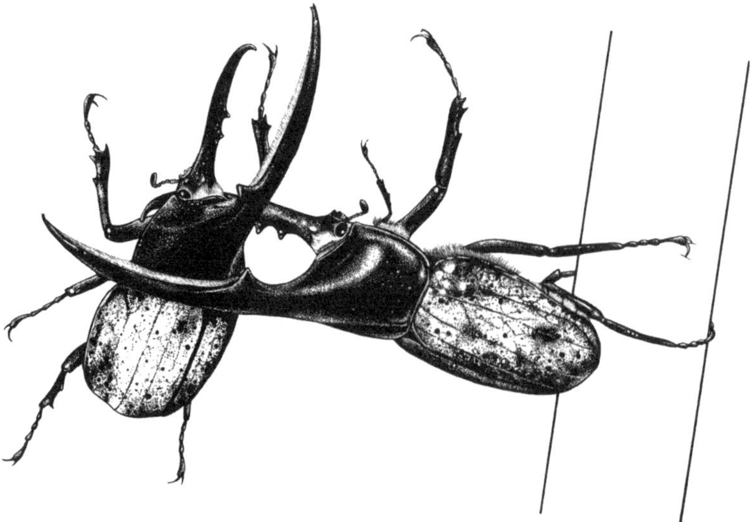

爭鬥中的甲蟲。

第五章　經濟防禦力

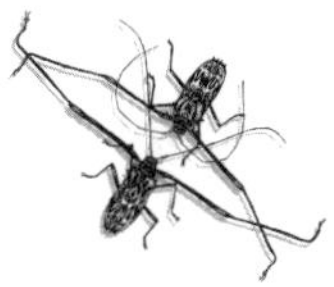

性擇的運作邏輯總帶著一股傳奇的豪奢貴氣。但經特化的性狀並非一定是武器。有時候，雄性根本不需要防範情敵入侵，若牠們無法透過戰鬥來得到雌性青睞，動物武器便毫無用武之地。在這些物種中，雄性得間接競爭，透過舞蹈、鳴唱或亮麗的外觀，爭相吸引雌性注意。雄性東加泡蟾（túngara frog）會以持續怪誕鳴叫、震動和鼓頰聲來宣告位置，這非常消耗能量，而且危險。雄性一小時接一小時，一夜復一夜地鳴叫著，即使牠們的聲音會吸引蝙蝠前來捕食也在所不惜。[1]牠們被吃掉的機率因此大幅提高，但是未能吸引到雌性的代價更大，所以雄性還是甘願冒著一死的風險，好好把握機會。

公天堂鳥擁有一束長長尾羽，顏色十分鮮豔，用以對母鳥展示自己的公子姿態。[2]牠們同樣是冒著生命危險在求偶，華美的尾羽讓牠們飛行起來相當笨拙，而且非常醒目，完全展現在掠食者眼前。儘管如此，牠們還是莽撞地翩翩起舞，擺動著鮮豔羽毛，像生物界的霓虹燈招搖。即便風險很大，雄性還是不顧一切地拼命展現，想要「麗」拼群雄，豔壓群鳥。在自然界，最重要莫過於繁衍後代，能夠被母鳥選中，是公鳥唯一能將生物遺傳基因流傳下去的機會，不然就只能任憑它消失在演化的深淵裡。

這類性擇稱為「雌性選擇」（female choice），由雌性主動根據雄性的外在吸引力來擇偶，[3]這可和雄性競爭一樣激烈，永無休止。雌性選擇也創造出一個不斷演變的社會價值，不論是碩大的、亮眼的，還是華麗的，都取決於每個個體的自我展現。在這裡，標準線隨著每一次新性狀尺寸的增加而不斷改變社會脈絡，進而提升對雌性的吸引力標準。這和雄性競爭主要的差別在於，終極性狀是裝飾品，而不是武器。

無論性擇是透過雌性選擇還是雄性競爭，雄性依舊與其他雄性相爭，而且從許多方面來看，過程的強度、一致性和選汰作用力的社會性相同。那為什麼有些物種走上公開競爭一途，而其他卻變成歌舞展示？性擇要引發終極武器演化，觸發軍備競賽的各項要素必須到位並發揮作用。第一個要素是競爭，所有性擇的本質。第二個則是經濟防禦力（economic defensibility）。

鞘翅目昆蟲，也就是一般俗稱的甲蟲，身上冒出的角讓人一眼難忘。在變態過程中，體壁長成硬質突起，從身體某處伸出去形成堅硬的角。角形狀各異，有的彎，有的直，有的很寬，有的則分岔，端視物種種類而異。跟麋鹿和加拿大馬鹿的鹿角演化原因不無二致。就跟鹿角一樣，甲蟲的角通常是雄性特徵，而且，在最大的雄性個體身上，角的比例可以非常大。有時，一隻角可以占雄性甲蟲體重的三成。若將動物依人體比例放大，意味著你頭上要多長出一對手臂或是一條腿。

許多種甲蟲都會冒出角，從裝甲擬步行蟲（knobby fungus beetle）和象鼻蟲（weevil）到金龜子

（flower beetle）、長臂天牛（harlequin beetle）、獨角仙（rhinoceros beetle）和糞金龜（dung beetle）都是。當中糞金龜特別耐人尋味，只有一半的種類會長角，為什麼呢？我個人特別喜歡嗡蜣螂（*Onthophagus*）這一屬，這個屬包含長角和沒長角的。嗡蜣螂屬種類非常非常豐富，遠高於任何地方任何生物，目前已編目的種類將近兩千種，另外還有一千種等待研究人員歸類。這群動物的特別之處是角非常多樣化，在這一屬中，甚至連親緣關係十分密切的物種，外觀都會出現極大差異，有的長角，有的沒有。[4]

糞金龜總科的多樣性在非洲展現得淋漓盡致，光嗡蜣螂屬就發現八百個原生種。[5] 拿東非大裂谷來說，這裡的羚羊、牛羚、水牛、長頸鹿、大象和遷徙時極壯觀的野牛與斑馬群的糞便，都有助於糞金龜的多樣化。毫不意外，這些地方糞金龜的數量非常非常高。

二〇〇二年，在花了幾個星期申請許可證後，我終於有機會去東非坦尚尼亞尋找糞金龜，此行還和蒙大拿大學合作，教授野外實習課程。我們車頂上站著四處察看的武裝警衛，尋找獅子或暴衝的非洲水牛，一旦發現牠們的蹤跡，我就立即從卡車上跳下來，帶著手套和一把鐵鍬，盡快地蒐集牠們的糞便。透過這樣的方式，我蒐集到水牛、羚羊和長頸鹿糞便裡的糞金龜。不過那天真正的發現，是一坨剛好大在路中間的新鮮象糞。我們一定是剛好與大象錯身而過，這堆大象糞便在兩道車輪輪胎軌跡間發出溫熱的蒸氣。我趕緊做了任何野外生物學家都會做的事：將這坨屎裝到一個塑膠盒中，帶回營地。那天晚上，我把糞便倒在遠離帳篷區的濕潤土壤上，身後圍坐著一圈學生，他們全都頂著頭燈，想看看接下來會發生什麼事。

在我環遊世界，尋找甲蟲的二十年經驗中，從來沒有一次像那天晚上一樣，見證到種類如此豐富的昆蟲。當牠們開始現身，我原本計畫抓住牠們，計算數量，然後一一放入標本瓶中，但牠們來得太快。即使我身邊有五位幫手，都來不及捕捉和記錄，我們的速度完全無法跟上。甲蟲開始在我們的頭燈前打轉，並爬上筆記板，完全超乎預期，像是從天而降的雨滴，掉得到處都是。牠們一次掉下來十幾隻。甲蟲翻滾到我們的頭髮和脖子背面，我的筆記本也爬滿了甲蟲，我得將牠們掃到一邊，才有辦法寫字。彷彿是有人拿了一桶甲蟲直接倒在我們頭上，還有這坨屎上。當晚我們所能做出的最佳估計（當然是有點粗糙），在那一坨糞便中應當聚集有超過十萬隻的甲蟲。

到非洲的遊客，一般都會湧向塞倫蓋蒂國家公園（Serengeti National Park），想去那裡看獅子、大象或長曲角的羚羊，但在非洲，身上帶有最耀眼武器的生物，其實是小甲蟲。光是在一個糞便樣本中，我們就觀察到各種令人印象深刻的武器，有長而分叉的角，從頭部開始蜷曲後縮；有從雙眼之間長出的後彎獨角，長度超出整個身體；也有從胸部突起的長柱形角，末端彎曲起來好像衣帽鉤；還有許多角數不同的種類，有一支、兩支、五支甚至是同時長出七支不同的角。

也有許多種類，身上完全沒有配備任何形式的武器。在同樣的季節、同樣的棲地，甚至是同一堆糞便，為什麼有些物種會投資在大型武器上，有些卻沒有？為什麼只有少數物種會產生這些結構複雜的角，而其他多數物種則否？事實顯示，在每一動物物種中，發展出終極雄性武器的基本原因都是一樣的——皆是根據經濟學邏輯。

大自然最善於精打細算，毫不留情地淘汰掉不善於分配資源的生命。長時間下來，可以想見族群往高效使用資源的方向演化，當擁有武器的好處超過相關成本，也就是說，當一切符合成本效益時，生物才會投資在武器等大型構造的生長上。不論從哪一個角度來看，身上配備武器都是一項負擔。不僅生產過程要耗費很多資源，使用代價也不可小覷。雄性在爭鬥時要承擔風險，而且戰鬥需要消耗時間和體力，這些原本都可用在覓食和其他活動上。不過，身上帶有大型武器的雄性，要是能靠這些武器找到雌性，還能驅離其他雄性對手，那就等於獲得明顯的生殖益處。當回報夠高，再奢華的武器都符合成本效益。

究竟是在什麼樣的情況下，投資武器裝備的好處會大於相關成本呢？又是什麼時候武器的淨收益（收益減去成本）會達到最大獲利？對許多動物來說，答案取決於可利用資源的種類，以及防禦難易度。

試想，要是食物資源平均分散在整片大地，假設你剛好是隻草食性動物，在一大片草原上，放眼所及都看得到食物。身為雄性的你會守在哪裡？縱使雌性絕對會去草地覓食，你若碰巧出現在那裡，牠們會有和你交配的意願，但到底要去哪裡找這樣的地方呢？在食物資源廣泛分布的地方，並沒有一特定位置會比其他位置的來得好。對一隻雄性來說，不可能預測雌性造訪的地方，畢竟牠們可以在任何一個地方找到食物。但雄性仍然可投資在武器製造上，用武器擊退草原上從任一角落出現的對手。問題是，如果周圍所有地方都一樣好，為什麼要辛辛苦苦地看守一個特定區域呢？要是其他沒有武器或地盤的雄性也過得和配備武器者一樣好，為什麼要付出製造武器和戰鬥的代價呢？在經濟學家眼中，這是不划算的。

但食物資源稀少的地方，資源會特別集中在幾個地點，如此一來，雄性守衛領土所能得到的收益就大大不同。他仍然要製造武器，以及花時間、精力和對手戰鬥，把敵人趕出地盤，以上都會耗費固定成本。但現在，守住地盤變得重要，好處因此變得顯著。雌性造訪此地的可能性變大，所需資源稀少且相隔甚遠，少數可造訪的地方就在占地雄性的地盤裡。事實上，可能會有很多雌性進入該雄性的地盤，而且要是資源僅分布在局部區域，雄性便能夠輕易擊退來犯的競爭對手，又可以和為數不少的雌性交配，與沒有地盤的雄性相比，交配成功次數不成比例地高，甚至也比地盤小或是地盤資源更少的雄性來得多。

經濟學的運作邏輯顯示出動物行為學的核心原則：當地盤中含有寶貴且有限的食物資源，動物就會從戰鬥和守護地盤中受益。資源愈有限，經濟防禦性愈高，成功守衛所帶來的報酬也愈大。[6]這就是事情變有趣的地方了，一項特定資源的價值與局限性能否讓守護一方的付出具有成本效益，其實完全取決於動物本身。對一物種來說，可防禦和有價值的資源，對另一物種來說可能什麼都不是，瞭解對每個物種有價值的資源，正是解開牠們武器奧祕的關鍵。

長臂天牛（harlequin beetle，意即丑角甲蟲）是我心目中最不好看的動物。之所以獲得丑角的名號，是因為牠的翅膀和身體上覆蓋著橙色、棕色和黑色角紋圖案，但牠們最明顯的特點還是其武器：一對大型前肢，形狀如筷子，在最大雄性個體上將近四十公分長。公長臂天牛看起來真的很怪，當牠們飛行時，必須將前肢往後伸過頭去，免得擋住路，而當牠們慢慢旋轉起飛時，身體會垂直懸掛在半空中。要是螃蟹能飛，基本上就是跟長臂天牛在空中的樣子差不多。

在中美洲和南美洲的熱帶低地森林中，長臂天牛最活躍的時節是在雨季。大衛・季以和珍妮・季以（David and Jeanne Zeh）夫婦倆在法屬圭亞那和巴拿馬做研究，在那裡長臂天牛的生命週期和當地稱黃金無花果（Higuerón）的榕屬植物關係密切。熱帶森林裡的榕樹算是真正的大樹，可以長到近四十公尺，甚至更高，可以從具黏性的乳白膠狀樹液，以及十幾條底部旋轉纏繞的樹根輕易辨認出來。

母天牛會在剛倒下的黃金無花果樹幹鑽洞產卵，幼蟲成長時可以吃腐爛木頭維生。問題是，幼蟲發育期長，要一年以上才能長為成蟲，只有最大、最厚實的樹幹才夠吃。在森林裡，只有大樹倒塌後能夠長時間留在地表，讓天牛幼蟲吃到長大。而大無花果樹可不是每天都會倒下。

當一棵大樹倒下時，天牛會從幾哩之外蜂湧而至，因為樹木從根翻倒、坍塌在地的過程中，木頭和樹皮會釋放刺鼻氣味。而一棵樹倒下，會在森林樹冠層造成一裂縫，讓陽光直瀉而下。當大批天牛到達時，會避開強光，全擠到樹幹下方的暗面。倒下的樹仍有樹枝支撐樹幹，所以實際上主幹離地面還有幾十公分。在樹幹下的陰涼地，樹汁會樹皮裂口中滲出。長臂天牛會吸食樹液，更重要的是，母天牛會利用裂縫，在樹皮下產卵。

雄蟲會爭奪珍貴的裂縫區。普遍來說一棵樹上只有一兩個好位置，這和最近另一棵倒樹可能相距好幾公里。站在雄性天牛的立場，一棵倒地無花果樹流出的樹液是稀少資源，而且牠有辦法守護，這確實是塊值得為其打拼的完美地產。雄性彼此為了爭奪地盤以及隨之而來的交配機會，會以非常殘暴的方式戰鬥。牠們正面對決，張開雙臂，試圖鉤住對手，將牠們翻倒，弄離樹幹。牠們也會用後腿相互撞擊，使出牠們那對大到不可思議的前肢，以驚人的競技方式扭轉和刺探，並用鋒利下顎斬斷彼此揮舞的腳和觸角。在經過將近半小時的格鬥後，

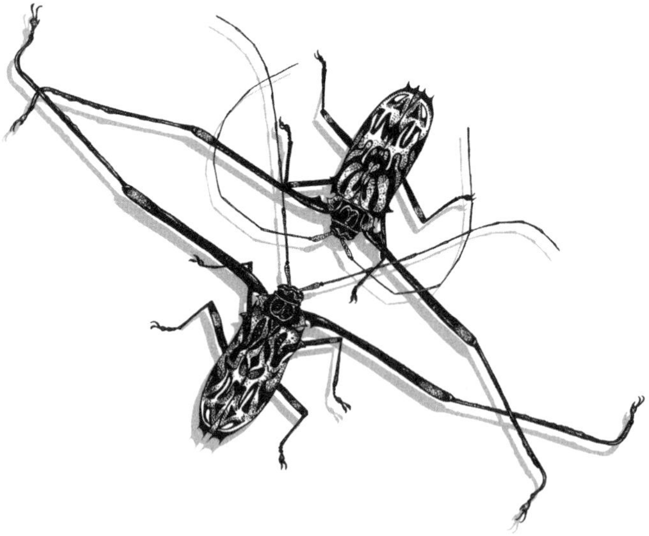

戰鬥中的長臂天牛。

失敗者最終會跌落到地面上，但在此之前往往已經在爭鬥中失去一大塊腿或是觸角。

為了要弄清楚為什麼雄蟲會長出這樣長的前腿，季以夫婦需要觀察戰鬥中究竟是誰勝出，並判斷贏得戰鬥是否帶來交配機會。他們遇到最大的問題是，絕大部分的打鬥和交配都是在夜間發生。為了觀察這些天牛，季以夫婦必須摸黑進入熱帶雨林。

在熱帶雨林，夜晚總是突然降臨。在太陽下山後，要是身上沒有攜帶任何光源，那可有得受了，多半是非常痛苦的經歷。林子裡，即使是在正午，也相當昏暗。到了夜晚，更是一片漆黑，還有陰森恐怖的洞穴或窟窿，在裡面完全伸手不見五指。我知道有人曾在林徑上過了一整夜，因為沒有手電筒而被夜晚困住。更糟的是，他們只能整晚站著，不能坐下或躺下，因為落葉下方的世界正活躍，子彈蟻、蠍子、蜘蛛、毒蛇和茅頭蛇。子彈蟻之所以得到如此的名聲，當然是因為被牠們刺到，就像被槍擊中一樣痛，牠們還會沿著樹幹爬上樹冠覓食，所以人也不能靠在樹上休息。這時很難保持平衡，因為你喪失上下視覺——就像潛水員少了上升氣泡來定位自身——要判定自己是否傾斜也變得很難。幾個小時後，就會開始產生幻覺，還會看到光——或是你覺得看到光——但實際上只是發光菌與在腐敗物之間穿梭的叩頭蟲偶爾發出的微弱光芒。

不過要是備好合適燈具，夜晚的森林保證能讓你大開眼界，四周充滿野性、聲響和奇觀。為了要觀察長臂天牛，大衛和珍妮在黃昏時走到倒塌的樹旁，在頭燈覆上一片紅色濾光片。甲蟲眼睛無法偵測到紅光，如此燈光就不會驚動牠們，在暗紅色燈光下，季以夫婦足以看到舞臺發生了什麼事。他們在天牛背上編號，以便追蹤個體，觀察牠們各自不同的遭遇。他們也觀看雄性天牛的打架戲碼，發現前肢較長的雄性天牛幾乎一定會贏，贏家便能與雌性天牛交配[7]——這正是我們意料中的結果，性擇有利於增加戰鬥能力和演化出大型武器者。簡言之，由於適合產卵的地點極度缺乏，再加上資源分布有限，不過相對容易防守，因此為這個物種創造出一有利的生態條件，演化大幅提升了牠們的戰鬥力。

長臂天牛的故事最有趣的其實並不是天牛本身，而是探索當中發現另一種更奇怪的動物，牠們會附在天牛身上，趁機搭便車。季以夫婦注意到，在他們觀察到的天牛腹部、翼蓋下方，有群小小的節肢動物緊貼，一般稱為「假蠍」或「擬蠍」（pseudoscorpion），擬蠍目也會在傾倒的無花果樹間覓食，而牠們的若蟲（與成蟲相似的幼體）也會在腐爛木頭內發育。就跟天牛一樣，雄性擬蠍也具有武器，是一對大型鉗狀附肢，稱為「鬚肢」（pedipalp），牠們會在戰鬥中使用鬚肢，和其他雄性擬蠍爭奪與雌性交配的機會。牠們的武器比例也很驚人：雄性遠大於雌性，體型最大的雄性身上鬚肢更大。但在絕對大小上，這些動物小到微不足道，因此牠們的戰鬥始末完全是另一個故事。

對一隻身長四十公分的巨型天牛來說，傾倒無花果樹上的裂口算小，牠有能力防守。但對一隻雄性擬蠍來說，牠體長最多只有半公分，樹幹裂縫顯得無比巨大。一隻攻擊性強、領域性高的雄性擬蠍可能會驅離對手，但當牠陷入纏鬥時，其他十隻蟲可以從四面八方過來接近雌性。就像在湖岸邊某定點防守

擬蠍在長臂天牛背上爭鬥。

整座湖泊是徒勞無功的。生理資源要投資在這種戰鬥無異是一種浪費。

然而，雌性擬蠍也仰賴著另一種「資源」，這種資源是生養後代的關鍵，也可說是瓶頸。傾倒的無花果樹一般相距甚遠，小型節肢動物並沒有長翅膀。牠們會爬到長臂天牛的背上，跟著他們從一棵樹移動到另一棵，就這樣在大樹之間移動。許多擬蠍會用鉤爪一把抓住大型昆蟲的腿，將自己掛上去搭順風車。搭乘長臂天牛還是相對舒適的，牠們有一整片後背可以抱。擬蠍會以鉤爪夾住天牛後背，當天牛扭動身子，牠們就會跳上去。甚至還會吐絲結網，以免天牛飛行時掉下去。

事實證明天牛的背對擬蠍來說是完美的交配地，因此雄性擬蠍會相互爭鬥，捍衛此一移動據點。雄性會使用觸肢特化的螯夾來戰鬥，結果跟天牛類似，擁有最大武器的雄性勝出。可想而知季以夫婦難以用肉眼觀察到這些戰鬥，所以他們改用分析ＤＮＡ指紋分析（DNA fingerprinting）來看哪些雄性擬蠍與來到天牛背上的雌性交配，生下若蟲。他們發現，具有最大武器的雄性留在天牛背上的可能性最高。他們還發現，並非所有天牛背上的雄性擬蠍競爭狀況都一樣。天牛愈大，背上搭乘的雌性擬蠍就愈多，看守牠們的雄性擬蠍武器就愈大。一隻成功的雄性擬蠍，在天牛落地之前，有可能和二十幾隻雌性擬蠍交配。更棒的是，一旦落地，交配過的雌性擬蠍便會下車，再換一群上來。[8]

雌性的長臂天牛和擬蠍各自有著重視的生育資源，這些資源不但稀少，分布區域又極狹隘，因此具有防禦的經濟價值，儘管這兩種昆蟲重兵防守的資源類型不同。如此一來，兩個物種的雄性只要能成功守住資源，就能與許多雌性交配。也就是說，牠們戰鬥的成功將轉化為繁殖的成功。而且，在上述兩種情況所混合出的生態條件，衍生出一段強烈偏好雄性產生大型武器的性擇歷史。

現在我們可以回到糞金龜頭上的角。為什麼有些物種會長出角，但其他明明取用同樣生理資源，生活在同一棲息地的物種則否？我懷疑答案跟糞便本身毫無關係，而是牠們到達糞便之後所做的一切。糞金龜世界充滿激烈競爭（想想看有這麼多糞金龜全都飛進這一堆大象糞便）。若你碰巧是隻糞金龜或蒼蠅的話。糞便是寶貴的資源，當中含有豐富的氮和其他營養物質，是幼蟲的生命泉源。成蟲要激烈地為嫡系後代競爭。糞金龜必須很快找到糞便，還得跟成群的糞金龜競爭，努力將糞便占為己有。

糞金龜可分成兩類，一是「滾球型」，一是「隧道型」。滾球型是每個人心中的經典印象，一想到糞金龜，就會想到滾糞球。醒目的聖甲蟲大軍在地上推著牠們雕塑好的糞球，在前進的路上彼此扭打搶奪糞球。當糞球推到土質較硬、沒有雜物或烤乾的土地上，牠們推球的速度出奇地快，在停下來之前，通常會滾上幾十公尺。

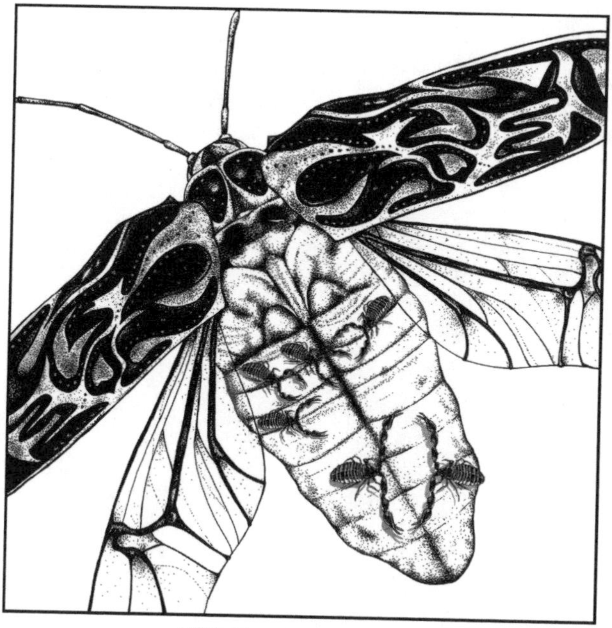

一群搭乘天牛的雌性擬蠍。

滾糞球是將食物推離競爭對手的絕佳策略。從一堆糞中挖一大塊出來，整型成平滑球體，趕快滾走，遠離其他蟲子，任務在幾分鐘內就可以完成。將糞球推到幾公尺外，就可避開大部分競爭。滾糞球通常由公糞金龜來做，但母糞金龜也會加入行列，不是攀附在糞球上跟球一起翻滾，就是跟在公蟲後面，等滾到柔軟潮濕的土壤上為止。在這裡，牠們會停下來一起掩埋糞球，然後在糞球旁邊或是頂端產卵，確切位置因物種而異。[9]

母糞金龜不會只在公糞金龜推球時接近

牠，競爭對手也會不斷來搶球，激烈爭鬥是家常便飯。不過爭鬥都發生在空曠處，毫無遮蔽。而且搶奪的糞球都是會移動的，在爭奪中還會繼續被塑形。牠們不斷拉扯及推動糞球，甚至糞球會隨著公糞金龜來來回回的廝殺與爭先恐後地搶奪裂成兩半。（順帶一提，爭奪場面非常有趣，在巴羅科羅拉多野外研究站，我們會在公糞金龜背上標數字，把牠們放在一堆糞上，置於飛鏢盤的靶心，在牠們前仆後繼地將小石子般的糞球推出靶盤時，大家紛紛下注，搖旗吶喊地為牠們助陣，賭看看誰是最後贏家。）儘管牠們生性好鬥，在上千種的滾糞球糞金龜中，沒有一個有長角。

也有許多糞金龜採用第二種策略，就是挖隧道。這種類型的母糞金龜會飛入糞便中，開始立即挖洞，直通下方土壤。一旦深度足夠，約莫二十幾公分到一公尺——深度因物種而異——牠們便開始把糞塊下拉到隧道中藏匿起來，這樣便能遠離其他地面上食糞的昆蟲。雌性光是為一顆卵，就可以來回拉糞塊五十多次，只為了準備足夠存糧，牠們會為一整串卵重複採集存糧。當母糞金龜在執行艱鉅任務時，公糞金龜則在爭鬥隧道所有權。勝利的公糞金龜能守住隧道入口，主要是為了不讓其他同種公糞金龜靠近母糞金龜，而非保護食物。在成功入住之後，公糞金龜會和母糞金龜交配數次，但經常會被入侵的大型公糞金龜趕出去。隧道型的公糞金龜往往都有長角。[10]

隧道位置相當受限，往往局限在某個定點，正好能看到大型武器如何發揮優勢。在固定、有經濟防禦價值的基地，雄性會將大角刺向隧道壁兩側，用以阻止入侵者，或是將對手趕出洞穴，牠會使用巨角扳開牠們。在戰鬥中，公糞金龜會用倒刺、牙齒以及腿上的粗刺撐住隧道壁，將自己固定住，這樣便能充分發揮武器的槓桿作用，角愈長的公蟲，贏面愈大。[11] 由於交配幾乎都是發生在隧道之內，因此贏得戰鬥是繁衍後代的先決條件。

滾球型糞金龜不需要利用巨角槓桿作用。牠們的戰場在開放空間，而且要搶奪滾來滾去的糞球。公糞金龜會卯足全力打鬥，也會翻滾、推打和搶奪，但牠們不會像隧道型糞金龜把自己固定在定點。在牠們身上擁有大型武器似乎不具備槓桿或其他功能上的優勢，因此配備武器就不符合成本效益。像這樣，光是食物資源取用方式的改變，就對牠們武器的演化產生深遠影響。

目前為止，我們已經看到三項軍備競賽中的兩個關鍵要素，一是激烈競爭，通常是雄性要爭奪接近雌性的機會，二是造成資源局部化，並使其有經濟防禦價值的生態條件。最終要素，涉及到戰鬥過程，也就是雄性在戰鬥中面對彼此的方式。雄性必須一次對一個，而不是全部打在一起的你爭我奪。大型武器若要表現得比小型

滾糞球的糞金龜會相互爭奪打成一團，而不是兩兩決鬥。

武器更好，戰鬥的對手要相互匹敵，而且是「對稱的」，必須要和實力相當的挑戰者面對面競爭。奇怪的是，最後這一項要素一直以來幾乎為生物學家所忽視。要瞭解其重要性，我們必須就教於軍事部署中的耗損模型（attrition model），以及幾百年來航空與汽車工程師深諳的古老折衷策略。

第六章　決鬥

十九世紀末，弗雷德里克・威廉・蘭徹斯特（Frederick William Lanchester）已經成為一位傑出的汽車設計師和製造商。他發明了汽油動力發動機的自動裝置，是全世界第一批自動化設備。他也是為汽車加裝化油器系統的汽車工程先驅。他在一八九五年打造出他第一臺完整的汽車，到一八九九年時，他和兄弟成立了蘭徹斯特引擎公司，主要製造和銷售汽車。幾年後，由於公司運作不善，宣告破產，蘭徹斯特將注意力轉移到飛機上。他建立通用機翼設計的升力、阻力模型，而他的「渦流昇力理論」（circulation theory of lift）更成為現代機翼設計的理論基礎。[1]

第一次世界大戰期間，蘭徹斯特開始用數學預測兩軍交戰的結果。他迷戀飛機，而且相信在戰場上飛機會發揮關鍵作用。在寫作《戰機：第四軍的興起》（*Aircraft in Warfare: The Dawn of the Fourth Arm*, 1916）一書時，他推演出一組簡單的方程式，敘述戰爭中軍隊規模和折損量的關係。[2]這些方程式稱為「蘭徹斯特法則」（Lanchester's laws），頓時吸引許多人投入研究，探討軍事作戰動態學。當時有許多書探討這些方程式[3]，甚至舉辦國際研討會，討論是否可將方程式應用在實戰上。[4]雖然現代戰事軍力削減模型遠比蘭徹斯特最初提出的方程式複雜許多，但他的理論模型確實為日後發展奠定基礎，還催生出

「作業研究」（operations research）這個市值高達數十億美元的高智能領域。[5]

蘭徹斯特法則要計算兩兵相接時，各自軍力耗損的速度有多快。在方程式中，給定每支軍隊一定軍力，即可用部隊數量以及軍事效力的數值（force effectiveness，表示一方開火會造成對方多少損失）。效力可能有多種不同判斷方式，取決於戰爭性質和武器類型，但本質上是以軍隊裡每個成員的戰鬥能力來衡量。

戰場上兩軍交鋒時，一方軍力的耗損可由敵方士兵數量乘以戰鬥力來算，比方說，將發射子彈數量乘以每發子彈的命中率。士兵愈多代表槍枝愈多，也就能發射更多子彈（軍力強大）；完善的訓練和強大武器意味著每發子彈命中率變高（效力強大）。模型目標是以相配方程式同時計算出兩軍耗損，模擬炮火齊發的狀態，並根據損失來調整兵力，火力齊發的狀態如此再重複多次。經過多次火力齊發的運算後，蘭徹斯特的演算模型簡潔地顯現出軍力耗損的速率，並預測戰鬥雙方持續作戰的時間長度，以及誰是最終贏家。詳盡計算所有排列組合所得出的模擬，並可得出各種不同條件的致勝因素。

蘭徹斯特發現，在人類戰爭史上各種武器種類、款式和大小不斷推陳出新，但其中有一點對交戰規則影響最大，遠遠超過其他因素，即是人類開始用槍和火炮這種長程武器。過去兩軍殺敵，是面對面廝殺，近距離搏鬥，和改用槍炮彈械之後的對戰方式有著根本差異。為了將這些差異納入方程式，蘭徹斯特推導出兩種模型。

第一種用以詮釋古代戰爭。蘭徹斯特體認到，士兵使用長矛、狼牙棒和劍這類近身攻擊的武器時，多位攻擊者很少有機會集中攻擊一人。[6]一名士兵在戰場上可能要以一擋十，但他不可能在近身攻擊時一次面對所有對手。敵人根本沒有足夠的空間同時揮動武器，要是敵人真的這麼做，也只會互相干擾。在大多數時候，交戰是接連發生的。孤獨的戰士得不斷面臨對手攻擊，一個接一個。

古代軍隊會列隊攻擊，是一長排個別士兵之間的短兵相接。援軍潛伏在兩翼，因為前線空間不足，一旦有人倒下，後方士兵會馬上填補前線空位。以英法百年戰爭中著名的阿金庫爾之役（Agincourt）為例，公元一四一五年當時的英國步兵、騎士再加上身穿盔甲、攜帶長矛和劍的戰士，總計只有一千五百名，要與八千名法國人對決。[7]英國軍隊肩並肩站著，以平行隊伍覆蓋整片草地，援軍則排在前線將士的身後。法國軍隊人數幾乎是英國的五倍，但這只意味著他們的隊伍排了二十排，而不是四排。在實際戰鬥中，士兵之間還是兩兩相鬥的。

蘭徹斯特明白在兩兩對戰中，勝利取決於士兵數量和戰力。軍力損失就是將士兵數量乘以個別士兵的有效戰力。這種作戰方式是面對面攻擊，個別士兵的戰力以及武器品質和大小往往很重要。武裝最好的士兵最有可能在兩兩相鬥中勝出，因此戰力較高的軍隊耗損速度較慢。當然，士兵數量也很重要，數量優勢能夠讓軍隊士兵輪番上陣，維持長時間交戰，但個別士兵的戰鬥力亦會左右局勢。

蘭徹斯特描述古代戰爭的模型稱為「蘭徹斯特線性法則」（Lanchester's Linear Law），在這個模型中用來決定戰力耗損率的公式是線性的。第一類模型，是為了要和第二類模型對比，他確信第二類模型在現代更為重要。蘭徹斯特體認到長程武器能夠擺脫近距離作戰的約束，釋放出交戰的「可用空間」。可以從遠處發射槍炮，意味著多位士兵可以集中火力，瞄準同一目標。要是作戰雙方中有一支軍隊人數較多，多的兵力並不會在後方閒耗，等待伺機而動。後方兵力的效能可以立即發揮，全軍可以同時對敵人開火。當蘭徹斯特計算敵軍軍力耗損率時，他發現兵力，也就是士兵數量，在現代模型中更為重要。一軍的耗損率等於是每個士兵效能（戰鬥力）乘上士兵數量的平方（我們稱之為「平方法則」）。[8] 換個角度來看，在古代，若一支軍隊的人數是另一支的五倍，好比說在阿金庫爾之役中的法軍，那麼軍力就是英軍的五倍。然而在現代，部隊數量有倍增效應，同樣的軍隊，戰力會是對手的二十五倍強。[9]

蘭徹斯特模型的美妙之處，在於他體認到集中火力的重要性。多名士兵能夠同時抵抗對手，徹底改變勝利公式的算法。根據模型，現代軍事家很快就發現，大量投資在個別士兵的訓練和裝備不符合成本效益，因為戰鬥勝負不是由個人戰鬥力決定，而是戰場上可用的總人力。當然，培訓和裝備還是必要，畢竟士兵配備比對手差時，也難盡全功。但在考慮資源分配時，要強化武器和增加專業軍事訓練，還是要增加士兵人數？答案很明確：增加更多士兵。

在蘭徹斯特提出這項開創性研究後，作戰平方法則便被拿來分析過去數千場戰役，從阿登（Ardennes）到硫磺島（Iwo Jima），並成為制定戰略的基礎，激發出無數的軍力分配、軍事戰略和軍事預算模型。[10] 從原始模型中所學到的，好比說，「絕對不要在戰場上分散兵力」，至今仍是軍事思想中的格言，近乎神聖不可動搖。[11]

蘭徹斯特為現代戰爭定下平方法則，毫無疑問絕大多數的人都對他模型裡的這個方程式比較感興趣。不過，在終極武器演化上，卻是線性法則與此最相關。蘭徹斯特對比古代和現代戰爭，算出大型武器是否符合成本效益。當對手集中火力，聯合起來對付一個對手時，投資大型武器可能是一個錯誤。但從另一方面來看，當士兵兩兩決鬥，近距離單打獨鬥時，戰鬥力強的一方可能會獲勝。由於戰鬥力往往取決於武器大小，因此兩兩對決可能會導致武器愈來愈大。[12]

基於同樣道理，決鬥也關乎動物武器的尺寸大小。動物打鬥會發生在各種不可思議的地方，從陡峭的岩石峭壁、熱帶樹林樹冠層、到海底火山發燙的噴發口都有可能，而且競爭場上的種種細節都各有獨特之處。有些戰鬥會使用武器，有些則沒有。

除了螞蟻和白蟻這類社會性昆蟲，大多數動物都不會組成軍隊來交戰。[13]一般爭取交配機會的雄性都是個別作戰。牠們是為自己而戰。但這並不表示所有雄性都會一對一單挑。事實上，多數爭鬥場面都非常狂野火爆，多個競爭對手會同時發動攻擊，變成一場混戰。正如蘭徹斯特將古代和現代士兵進行對比，在動物戰鬥中，我們也可以比較決鬥型和混戰型的差別。

當雄性面對面攻擊彼此時，戰鬥場面往往千篇一律，不斷重複。先以武器對峙，兩者之間不斷施壓，或推或拉或是扭轉，細節因物種而異。戰鬥成為相對強度的一種可靠測試，狀況佳的雄性通常會贏。當對手全都一起爭鬥，形成一場混戰，戰鬥結果就難以預料，武器價值也降低。

雄性殺蟬泥蜂（cicada-killer wasp）會在半空中凶狠地撲向對方，不斷糾纏、扭曲、轉動和撕咬，在纏鬥常常從空中墜落到地上。[14] 戰鬥多半是發生在尚未離土的未成年雌蜂窩上方的開放空間，常會看到三四隻雄蜂陷入混戰。雌蜂會在相對安全的地下完成發育，從蛹到幼蟲再變態到成蟲。牠們成群地躺在地下，爬出地表時都還未交配，正要開始繁殖。雄蜂能夠聞得到雌蜂潛伏處，可能會有十幾隻同時飛來，為了得到潛藏地下的珍貴對象而奮力一拼。勝利的雄蜂會在雌蜂出現時抓住牠，與之交配，有時甚至還會幫助雌蜂挖掘出地面的通道。雄性殺蟬泥蜂會為了這項定點資源（雌蜂埋在地下）而展開激烈競爭，但牠們身上並沒有配帶特殊武器。[15]

俗稱馬蹄蟹的鱟會在滿月和新月大潮期間成群結隊地游到岸邊。成千上萬的個體上岸交配，整片海灘都被白色泡沫般的精子所覆蓋。鱟的雄性個體非常多，但能夠繁殖的雌性卻少之又少。當一隻可受孕的母鱟上岸時，背部早就攀附著一隻公鱟，牠必須將緊緊抓住母鱟的背，才能適時讓卵子受精，而同時其他公鱟會從四面八方前來挑戰。[16] 母鱟背上通常有四五隻公鱟，牠們會相互推擠扭打，爭奪受精位置。然而，這些公鱟和殺蟬泥蜂一樣，身上並沒有明顯武器。這兩種雄性都因為得爭奪數量有限的雌性而面對激烈競爭。但戰鬥方式是混戰一場，而不是兩兩決鬥。牠們不符合蘭徹斯特線性法則的條件，配備大型武器並不符合成本效益。

雖然所謂「公平」的概念人類才有，但它反映出競爭結果的可預測性和一致性。在一場公平的戰鬥中，最好的戰士應當會贏得最後勝利（任何爆冷門的結果都會被懷疑有動手腳等嫌疑），而最公平的戰鬥方式就是決鬥。有史以來，從荷馬希臘時代到中世紀的騎士、日本武士乃至美國西部拓荒時代的槍手，在所有軍事傳統中，想要從中建立榮譽、地位或晉升，決鬥就是讓世人認同個人實力的唯一方式。[17]

在動物決鬥中也是如此，通常最好的戰士會勝出，然而在混戰型爭鬥中就不一定。兩者正面衝突的結果通常可以預測，也比較直接，不會出人意料。能力差的雄性難以打敗體型大或能力強的。就如同古代武士，一切取決於力量、耐力和武器大小。

要是其他條件相同，我們會假設一對一的決鬥型物種，相較於難以預測的混戰型物種，更有可能演化出終極武器。那棲地呢？特殊棲地是否促使動物一對一決鬥？研究人員發現許多具防禦價值的自然資源也會改變雄性競爭的模式，使牠們趨以決鬥定勝負。特殊生態條件就好比阻塞點（choke point），成為演化路上冶煉終極武器的關卡。

洞穴或隧道可能是影響武器演化最深的生態環境。位置固定且範圍有限，易於防禦。雄性可以在雌性居住的隧道入口看守，阻止對手接近雌性。而隧道構造與形狀也會限制個體進入的方式，影響與競爭對手的互動模式。一隻雄性糞金龜在挑戰守門者之前，要個別進入隧道。不可能十隻打一隻，即使牠們想要這麼做，也會因為空間限制而作罷，因為一次只能容納一隻競爭者進入。隧道空間限制了戰鬥形式，僅能一個接一個單挑。但是滾糞球的糞金龜則沒有這樣的戰地限制。雄性可以從四面八方前來挑戰，很多時候戰鬥都是三四隻打成一團。在糞金龜中，單打獨鬥型通常會長出精緻的角，而混戰型則否。

長有大螯或巨爪的蝦蟹會相互搶占洞穴。[18]長有大牙的胡蜂會搶著進泥巢，也就是洞穴的管狀入口，位置就搭在葉片下方。[19]許多種獨角仙也會爭洞穴，有的搶地下洞穴，有的則占據甘蔗被挖空的枝幹。[20]還有幾種很特別的亞洲蛙也會爭奪洞穴，而這些雄蛙是蛙類中唯一會長獠牙和刺狀物的。[21]有證據顯示，某種已滅絕的巨型角地鼠也會相互爭奪洞穴。[22]雖然挖洞穴的行為不等同演化出武器的保證，但確實提供了軍備競賽中三項先決條件的兩個，讓一個又一個物種，往巨大武器一端演化。

樹枝的環境特性和洞穴相同。在本質上，這可看作另類隧道，因為樹枝就像隧道，是一條細長通道，可以阻擋進犯者的去路。跟童話中看守橋梁的巨獸一樣，雄性像個守門人守著通道。要接近另一端的雌性，要先經過看守者這一關，樹枝狹長，因此一次只有一隻雄性可以上前挑戰。許多物種如獨角仙[23]、緣蝽象[24]和有角變色龍[25]都會保護樹枝，阻擋對手去路，避免牠們接觸雌性。在上述這些物種中，雄性都投資不少在武器發展上。

只要資源是定點的，而且規模小到雄性可以自己捍衛，即使雌性位於開放空間，也可以左右雄性彼此互動。雄性會守在資源上方，必要時還會移位換方向，以面對每一位攻擊者，就像在冰上釣魚的人會保護他在湖面上鑽的洞。鍬形蟲會為樹幹上滲樹汁的裂口而戰，就跟長臂天牛一樣。雄性鍬形蟲會以下頷骨扣住對方的頭，使力抬起對方的身體和腿，讓對手脫離樹幹，甩到地面上。雌性鍬形蟲在飛出去產卵前，會去樹汁流出的地方吸食，勝利的雄性便能在牠們吸食時與之交配。[26]

新幾內亞鹿角蠅會爭奪坍倒樹上的樹皮小孔。因為母蠅必須穿過樹皮才能產卵，牠們只能從現成孔洞鑽進樹幹（蠅類並沒有自己鑽洞的能力）。公蠅利用這一點，便守衛樹洞，努力潤滑洞口，並做標記吸引母蠅注意，並與入侵公蠅打鬥。[27]為了守衛資源，公蠅得轉身一一面對每個對手。

在上述所有例子中，雄性競爭都是為了雌性，是藉由看守有經濟防禦價值的地方來控制接近雌性的管道。而且，物種的棲地環境條件讓資源變得可以定點看守與防禦，這影響到雄性競爭的方式皆是兩兩決鬥，而不是混亂相爭。

公柄眼蠅（stalk-eyed fly）的眼睛就像棒棒糖從頭兩側冒出，外貌看起來十分怪異，狀似頭上掛了一對小槓鈴。柄眼蠅科的某些物種雄性眼柄不可思議地長，但有的與其親緣關係密切的物種卻沒有出現同樣狀況。跟糞金龜例子一樣，我們可以從長眼柄物種的自然史來解釋變異。

英格麗・德拉莫特（Ingrid de la Motte）和迪特里希・布克哈特（Dietrich Burkhardt）研究了五種長眼柄及數個無眼柄的自然族群，[28]他們發現的結果正好符合我的預測。

白曲柄眼蠅（*Teleopsis whitei*）和達氏曲柄眼蠅（*T. dalmanni*）的公蠅長有巨大眼柄，白天在地面或靠近森林溪流附近的低矮植被行動，以腐爛落葉或動物屍體身上的蕈類、黴菌和酵母菌維生。白天，牠們獨自覓食，對任何接近的蠅類，不論雌雄，都懷有敵意。

每天晚上，森林裡的柄眼蠅群會在晃盪的棲枝上棲息。小溪流下切河床所形成的凹洞裡，微小的細根像絲線一樣垂掛著。有些小根比較長，上面可以容納很多柄眼蠅。母蠅常常成群結隊聚在細根上，有時一條細根上就有多達二三十隻，形成一條垂掛在空中的母蠅群。

從公蠅角度來看，細根是母蠅經常使用的關鍵資源。對少數能夠看守住一整條細根的公蠅來說，成功防禦細根便確保了自己接觸眾多雌性的機會，因為每條細根上的母蠅數量等於是龐大的生殖優勢。現在已有不少生物學家前去非洲和亞洲的熱帶溪流地區，研究柄眼蠅夜間棲息的狀況。主要有兩大研究團隊，一組是由傑拉爾德·威爾金森（Gerald Wilkinson）所領導，包括約翰·史瓦洛（John Swallow）和帕特里克·洛奇（Patrick Lorch）[29]，而另一組則有安德魯·波米亞科斯基（Andrew Pomiankowski）、凱文·福勒

雄性柄眼蠅 。

（Kevin Fowler）和山姆．卡騰（Sam Cotton）[30]，在數個漫漫長夜中，他們戴著頭燈，觀察公柄眼蠅如何保護自己懸掛在半空中的地盤。

優勢公蠅會停在細根頂部，有時會來回搖擺牠的眼柄，在細根上產生一平緩，宛如漣漪般的波動。其他公蠅可以從遠處觀察起伏幅度，評估細根上公蠅的相對大小。當有公蠅前來挑戰，牠會在駐守的公蠅前徘徊，以眼柄對眼柄。要是外來者的眼柄比較小，牠通常就會離開。但要是來者和看守者的眼柄大

公蠅看守著一串母蠅群。

小相等或更大，那就會展開一場戰鬥。

入侵的公蠅會降落在細根上，往駐守的公蠅走去。牠們會將前肢伸開，給對方「蠅」頭痛擊，爭取細根控制權，幾乎在每一場打鬥中，都是眼柄長的獲勝。勝利者會在夜裡與細根上棲息的每隻母蠅交配。對牠們來說，防禦領土所帶來的繁殖優勢似乎遠大於製造和攜帶武器的成本，即便這對眼柄真的大到很怪異的程度。

在研究親緣關係相近但是缺乏大型眼柄的蠅類時，發現無眼柄和有眼柄的最大差別是，無眼柄蠅類並沒有在夜間成群棲息的習性。以五斑柄眼蠅（*Teleopsis quinqueguttata*）為例，雌雄都只有退化的眼柄構造，而且母蠅從未成群結隊，形成可讓公蠅看守的群體。跟親戚一樣，白天時牠們也是獨自吃食黴菌和蕈類。但到了晚上，牠們也獨自棲息，分散在植被中。而交配都在白天發生，在兩性偶然短暫接觸時結合。沒有決鬥，也沒有武器。

當蘭徹斯特在他的古代戰爭模型中模擬決鬥場景時，他想像的是捉對廝殺的士兵，不過他的邏輯同樣適用在大型武器實體的對抗。不論是艦艇之間、戰機之間甚至是民族國家之間的攻擊都適用。在衝突中，兩方互動的本質以及對手依序輪番出擊的特性也會引發終極武器的軍備競賽。比方說，將近一千五百年的時間，地中海海面上因為槳手所划動的戰艦而紛紛擾擾，當時的埃及人、腓尼基人、迦太基人和希臘人都想要爭奪這片海域的掌控權。[31]此時（公元前一千八百～五百年）船隻形式變化不大。狹長獨木舟式的船隊，載士兵來回戰鬥，若風勢得宜，便可使用風帆，不然多數只能靠著槳手的汗水和肌肉。船兩側排有槳手，節奏一致地拉著長槳，推進船隻。但到了大約公元前七百五十～七百年間，局勢丕變。有新武器被搬上戰艦：破城錘。

破城錘以當時最高級的青銅在窯中鍛造，能夠將其他船撞個粉碎，讓敵軍連人帶船沉沒。有了破城錘，軍艦得以超越一般船隻。它們搖身一變，成為一種武器。突然之間，船成了行動單位，可以面對面近距離單挑。海上戰爭變得像是古代步兵，船隻一字排開，向敵軍艦隊猛力衝撞。[32]破城錘讓海戰符合蘭徹斯特線性法則的條件：兩船在近距離內決鬥。從這時起，「大就是好」的原則在海戰中也成立，而擁有最大船隻的軍隊便會獲勝。[33]

盛大的海軍軍備競賽就此展開，造船匠拼命增加船隻速度和力量，而每當有一方出現創意，立即就會被敵方複製並反過來回擊。早期戰艦，像是古希臘槳帆船（penteconter），一側約有二十五位槳手划槳，起初要增加船速和力量時，曾經嘗試要延長船體以增加槳手。船身迅速地達到最大值，將近四十公尺，一旦超過這個長度，船體就會在大浪中變形。[34]到了約公元前六百年，船體變得更高，在槳手位置上方加上第二層槳座，以增加一倍動力。新型船隻能夠將動力集中在較短船體，比長形的船更強大，也更具機動性。[35]雙層槳座戰船（bireme）船體僅有二十四公尺長，三公尺寬，但現在每側能容納五十位槳手，一共有一百支船槳。隨後趕上的是三列槳座戰船（trireme），不僅船身高度增加，又加上第三層槳座。三層戰船增長到三十九公尺長，六公尺寬，由一百八十支槳來推進。不過三列槳座戰船已經達到最大值，船的長度再增加便會彎曲，而增加高度（為了再增加一排槳手）可能導致船隻翻覆。

此後將近兩百年，三列槳座戰船一直都是海軍艦隊主力，直到下次大改造，開始打造更大規模船隻。截至那個時期，每艘大帆船上都是一人一支槳，遠看像蜈蚣，軀幹是一長串連續不斷的體節，分別從兩邊長出腳，古老戰艦也是，從左舷和右舷分別伸出槳來。五十槳船曾被稱為「一一船」（ones），因為每一個單位是由一個人來拉一支往外突出的槳。雙層槳座戰船則被稱為「二二船」（twos），因為每一節裡坐了兩個人，一個上一個下，分別拉兩支槳中的一支。三層槳座戰船基於同樣的原因被稱為「三三船」（threes）。但到了公元前四世紀，造船工匠發現他們能在局限空間中塞更多人，如此便能增加動力，也就能加快速度。[36]

「五五船」是在三列槳座戰船上，在三支槳的中間再加上兩名槳手。五五船每側仍然只有九十支槳（一共三排，一排三十人），但船槳改由三百人來划，而不是一百八十人，在那個時代，大確實就是好，「五五船」在公平戰鬥中擊敗了三三船。到公元前三八七年時，在戰線上又增加了「六六船」，而在十年之間，戰艦不斷改進，從「七七船」、「八八船」再到「九九船」（九九船裡的三支船槳上每支都有三個人操作）。到公元前三百一十五年時，出現了一艘「十十船」，而在公元前三百零一年又嘗試了「十一」、「十三」、「十五」和「十六」。然而到這個階段，船身日益笨重，而且大多數單槳就超過十個船槳手的戰船都笨拙緩慢，儘管威力無窮，令人印象深刻。這場競賽最高潮是托勒密五世委託製造的龐然大物「四十」，這艘巨獸等級的戰船很可能是由兩艘平行船體組成的雙體船式，再以上層甲板相互連結（兩個船體的兩側都可安排槳手）。托勒密四十船身有一百二十八公尺長，需要四千名槳手，是古代最大的船隻。[37]不出所料，由於它大得離譜，所以毫無航海價值。

競爭再加上經濟防禦性，決鬥促使動物演化出終極武器。這個簡單道理其實具有非常強的解釋效力，因為它提供了一通則，說明何以特定物種會發展出終極武器，但與其親緣關係相近的物種則否。這就好比是為古老密碼解密，現在我們可以瞭解動物多樣性的部分因素。說得更具體一點，我們可以從物種演進史看出行為的改變如何促使軍備競賽要件出現，各分歧時間點的標示有助於解釋為何有些孤立物種脫穎而

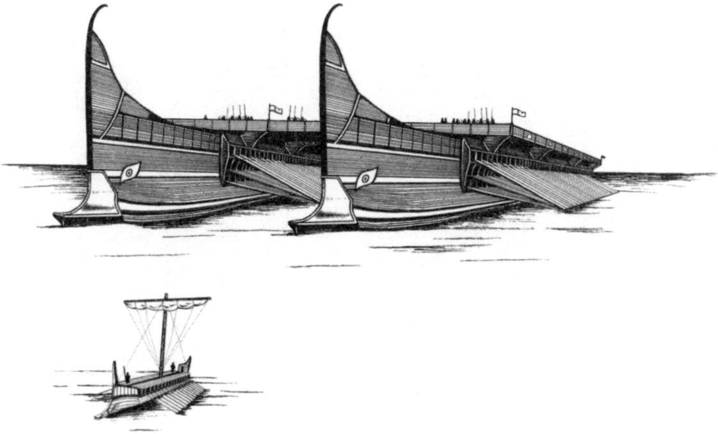

第一場海軍軍備競賽的前後差異：一艘五十槳船和托勒密的「四十」形成強烈的對比。

出，演化出強大武器，也可以解釋為何親緣相近的物種有時整群一起進入軍備競賽。一群同源物種在生理特徵學上的遺傳基因，可能誘發牠們全都進入演化。

生物族群隨著時間而歧異化，產生新譜系，演化出新種，但身上依舊帶著過去祖先的遺產。哺乳類中的肉食性動物（肉食目）全都繼承到相同的基本齒型（犬齒、前臼齒、臼齒等），因為所有肉食性物種都演化自這組牙齒的共同祖先。分散在世界各地的白足鼠（*Peromyscus*）剛剛超過五十種，牠們全都使用同種酵素將色素送入皮毛中，因為牠們約莫一千萬年前的祖先，也是使用同種酵素來改變毛色。

有時，一群物種，在動物分類學稱為一「分支」（clade），指的是在追蹤這群物種的過去時會回溯到一個共同祖先，牠們所繼承到的特徵，會引起這個分支上的許多成員都遭遇類似的強大選汰力量，讓配備有大武器的勝出。以雌性非洲象為例，牠們會在多年懷孕期和哺乳期投資可觀的時間、能量和營養在後代身上。這些都是牠們的生理和行為的主要特徵，投資的終極形式可能是這一象群分支上許多其他物種共同擁有的特點。事實上，從冰河冰層和無氧焦油坑中找到的古老大象標本，我們得知雌性猛獁象，如哥倫比亞猛獁象和乳齒象也花很長時間育幼。古生物學家可以從骨盆化石的形狀看出，現代大象所有滅絕的親戚都是這樣費心育幼的。[38]這意味著非洲象之間強烈的雄性競爭其實源自於一個非常關鍵的歷史背景——可立即交配的雌雄比例極其懸殊，這幾乎存在於此分支中所有物種中。在這分支中，有這麼多大象物種走上快速而極端的武器演化之路，也許不是巧合。

這就是為什麼我們經常會發現不只一個物種擁有龐大武器，而是整個分支都擠滿了這種以象牙為武裝的物種。這種親代不對稱的養育遺傳特性，促使分支上所有物種都往軍備競賽這一側發展。現在就只差另外兩項要件。要是這些物種多半也具有另一項特徵，即傾向的棲地可能是易於防守的洞穴或狹窄的要道，那麼天平會再進一步傾斜。結果可能促成動物多樣性大爆發，在分支上的物種會一個接一個地邁向武器快速演化的道路。

世界各地有一千多種鍬形蟲（stag beetle），幾乎所有雄性都具備終極武器。[39]鍬形蟲是甲蟲演化「樹」上一條獨立分支，和糞金龜與獨角仙兩類分開。鍬形蟲沒有長角，而是長出一對齒狀的大顎，在某些個體身上，甚至比牠們身體還長。鍬形蟲祖先可能經歷過強烈性擇，會捍衛樹木兩側流出樹汁的位置，今日幾乎所有現生的鍬形蟲都還是這樣做。這種共同特徵似乎會讓鍬形蟲物種群傾向升級成大型雄性武器。在這群物種的早期歷史中，至少演化出兩次極端大顎。[40]帶有大顎的物種隨後又輻射演化出數百個物種，時至今日都還處於強大性擇作用力中，雄性依舊要為了流有樹汁的少數位置而戰。

這同樣也有助於解釋蠅類的終極武器。果蠅（Drosophilidae）一科一共有三千多種，其中絕大多數都沒有配備厲害的雄性武器。但是，在這群昆蟲史中，至少有十一次不同的時間，在牠們的頭上演化出突出物，用於雄性戰鬥。（柄眼蠅和鹿角蠅都屬於果蠅家族中的「大頭」蠅這一分支。也就是說，牠們源自十一次演化出終極雄性武器其中某兩個分支）。美國自然史博物館的大衛．格里馬爾迪（David Grimaldi）仔細檢視過這些蠅類，他的結論是，所有例外的物種都展現出三種和其他果蠅物種的不同點。首先，在這些帶有大型武器的果蠅種類中，雄蠅競爭都異常激烈，再者牠們會看守有限資源，第三點是會正面交鋒，兩兩對打，通常這種戰鬥都描述成「撞頭」或是「對峙」。[41]

在恐龍滅絕後（約六千五百萬年前），哺乳類開始在地球上稱霸一方，尤其是有蹄類動物，牠們發展得特別興盛。這些以植物為主食的有蹄類迅速多樣化，一批接一批的擴大，發展出許多譜系分支，最終又消失殆盡。這段歷史的終點是充滿各式終極武器的分支。[42]

雷獸科（Brontothere）動物的體型一開始並沒有比現代的狼大多少，但牠們很快就演化成龐然大物，站立時肩膀離地有二點四公尺高，體重達到九千公斤。早期雷獸並沒有長出武器，晚期鼻子上長有寬扁骨板，可以長到六十公分。犀牛一開始體型也算小，約莫跟狗差不多，而且也沒有犀牛角，是後來才分化出許多巨大身形的物種，重達一萬三千六百多公斤，頭上還揮舞著巨大的武器。以毛犀（woolly rhinocero）為例，牠們長出一支超過一點八公尺長的角。在犀牛的輝煌時期，全球犀牛超過五十種，但今日大多數都消失，現生種類只剩四種。

約莫在同一時期，長吻的有蹄類動物也開始多樣化。從體型小、不具任何武器的原始大象開始，牠們輻射演化出一百五十幾個帶有武器的物種，如下顎長出近一公尺長的前彎「鏟子形獠牙」，也有向下彎曲、捲到下巴下方的「鋤子形獠牙」以及如同乳齒象和現代大象這類的「上獠牙」，甚至還有上下各長出一對獠牙的「四獠牙」。

有蹄類動物只不過是序曲。在豬的分支上，分化出有獨角獸般頭角的物種，也有帶有蜷曲長獠牙的種類。駱駝的分支爆發出種種瘋狂的武裝形式，如後腦勺長出一對巨大角，同時吻部又冒出一支分叉角的奇角鹿（*Synthetoceras*），以及從後腦長出一對向前彎曲的長角，又從鼻子上方兩側長出一對像鉗子的角的原角鹿（*Kyptoceras*）。叉角羚羊這一分支演化出十幾個長出各式角的種類，長頸鹿也輻射演化出至少十種怪異、樣式多變的物種。最後，同樣重要的是，鹿是從迷你的獠牙動物，像是今日的中國水鹿開始一路迅速演化出近百個物種，以變化多端、大小各異的骨質鹿角而著名。

這些模式顯示出一簡單但令人驚訝的通則：在軍備競賽的最後一項要素備齊後，分支上整個後代物種可以經歷終極雄性武器的快速演化。乳齒象和果蠅南轅北轍，毫無相同點。牠們生活在不同的時間、不同的棲地，吃不同的食物。一種比另一種大了一億兩千多萬倍。一種牙齒變得其大無比，而另一種則是從前額

早期帶有不尋常武器的有蹄類動物，兩腳獸和奇角鹿。

鹿類多樣化的武器

冒出幾丁質的突起。然而，在這兩個生物群內，卻由三種相同要件引發終極武器的演化。其他如胡蜂、甲蟲、蟹、蠼螋、大象和羚羊也是。儘管物種截然不同，但軍備競賽就是軍備競賽，而且導致大型武器發展的條件總是一樣的。

第三部　演化歷程

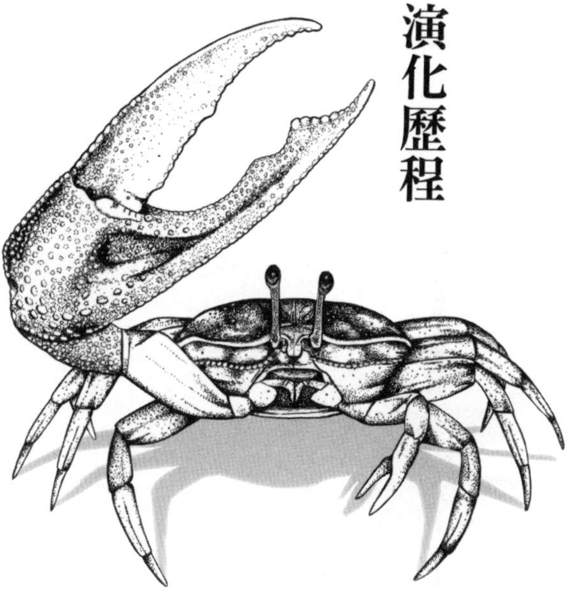

軍備競賽一旦觸發，武器開始變得非常地大，同時還會連續發生幾件事。認識軍備競賽的各個發展階段，可以看出物種之間驚人的相似性，所有終極武器，包括人類自己打造出來的在內，都展現一系列不可思議的共同點。

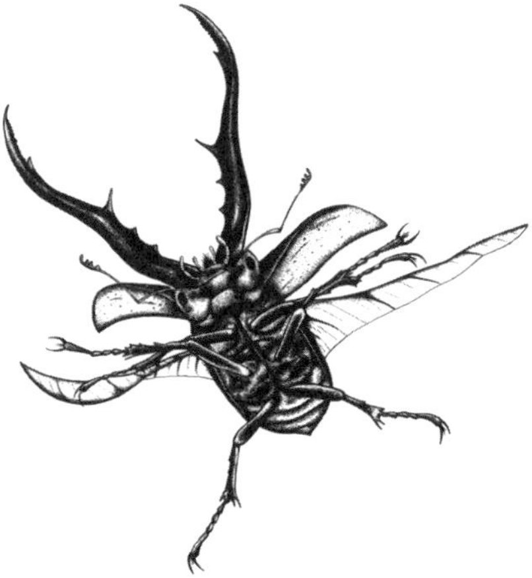

第七章　成本

加通湖（Gatun Lake）的水底發出紅綠兩色點點光芒，巴拿馬運河的河道標記在月光下閃爍著。此刻是凌晨五點，我坐在床上，盯著外頭熱帶雨林樹冠幾叢陰暗的樹枝。這次野外調查，我住在一間小型實驗室樓上，這間實驗室位於一處陡峭斜坡頂端，四周是鬱鬱蔥蔥的熱帶雨林。實驗室其實只是一棟簡便木屋，還有四間排成一排的宿舍。我住在最後一間，四面牆中有三面沒有封死，只有做篩檢實驗時才會封好。潮濕的風和滲進來的雨水直接打到我的臉和床單上。我聽到森林充滿各種聲響，有東加泡蟾的哼唧鳴叫，蔗蟾的恐怖顫音，還有持續不停的雨水不斷從樹葉和屋簷滴下的聲音。

一如以往，天還沒亮我就起床，為了聽一種特別聲音，它能指引我找到甲蟲，這是我來這座島的目的。一九九一年八月，非洲正值雨季。我還是個博士生，為了研究一種甲蟲頭上角的功能，前往巴羅科羅拉多島（Barro Colorado Island）進行野外調查。當年我所研究的甲蟲，個體數量很多，但體型很小，像是鉛筆末端附的橡皮擦，很難找到牠們的蹤跡。尋找牠們的訣竅是要找到牠們的食物，但很不幸地，是吼猴糞便。所以，每天早上的任務，便是在吼猴群離開夜間休息處之前，先找到牠們。吼猴群會在動身離開之際排便，所以能準確預測猴糞的出現時間，只要找的速度夠快，就可以在難以捉摸的小甲蟲到達時捉到牠們。

那天早晨，沒過多久，就聽到預期的聲響。像時鐘上緊發條一樣精準報時，黎明第一道曙光出現前，吼猴就會以沙啞吼聲向附近對手宣告自己的地盤。若吼猴就在附近，便可以清楚聽見嚎叫聲震耳欲聾。但對我而言，這還算是個美好的早晨，至少可以快速找出吼猴和甲蟲的位置。在其他早晨，吼猴的黎明怒吼只能從森林夜晚喧鬧聲中勉強辨識，可能要走上一兩公里的路才能找到。每天生活都很簡單：凌晨醒來拿出羅盤定方位，然後回去睡回籠覺。一小時後，有光線進入森林，我才會走進霧茫茫的林子裡，追尋吼猴群。

陽光穿過樹冠層的縫隙，斜射進的光線讓霧氣清楚顯現，我手拿羅盤慢跑，朝著現已沉靜下來的方向前進。推開眼前障礙物，穿過樹枝，踩在樹根上，聽著上方樹冠層的動靜。一根樹枝突然動了，發出響聲，找到了。十張吼猴臉向下瞪著我看，炭黑色的陰影映在樹葉上，其中一隻用力扔了一根樹枝下來。

一旦發現吼猴，糞便就快了，要不了多久，蟲子就會現身，每次都是如此。一群散發著金屬光澤的大型甲蟲砰然落下，攀附在樹枝和樹葉上。另一群迷你黃棕色甲蟲停在樹葉上，伸出觸角，偵測味道。要不了幾分鐘，到處都是蟲子，它們來來回回橫掃糞堆，奮力而笨拙地進入糞塊。不久後，豌豆大小般的甲蟲徘徊在外，再迂迴地進入糞塊。一群蒼蠅會先停在附近樹葉上，然後再飛到糞便上。不到一小時，森林裡的昆蟲全都聚集在糞便上，覓食和尋覓配偶。

那時我所尋找的物種，還沒有俗名，除了昆蟲學家之外，很少有人會注意到牠們。[1]當中個體最大的雄性頭上長有一對圓錐形尖角，在兩眼之間排成一直線。（不過體型較小的雄性則沒有長角，只在那個地方長了一顆小突起。）我的目標是研究尖角的演化。我打算親手對甲蟲施加選汰壓力，於是找了一處塵土飛揚的棚子充當實驗室。我在巴拿馬市買了一大包還沒貼標籤的洗髮精空瓶。在野外研究站的木工那裡，用鋸子切掉每個瓶子的頂部，讓它們變成約三十公分高，直徑約十公分的圓柱管。在我小小的實驗檯上，塞滿了近千個瓶子，每一個都裝滿濕潤土壤。一勺冰淇淋大小的猴糞就放在頂端，最後以篩網和橡皮筋封住瓶口。這一千個家園，隨時可入住，如果你剛好是隻糞金龜。

每根管子會放入一對甲蟲，這將會是牠們聯姻成家之處，甲蟲會將糞塊拉進隧道，塑造「育幼糞球」（brood ball），看上去像是一條條手指大小的密實香腸。每球頂端都下了一顆卵，卵就位於一根微小的柄上，外面有一層薄薄的土糞殼。卵孵化後，幼蟲會在小糞球裡度過整個發育期，獨自攝食和成長，準備一個月後破土而出，長大成蟲。在一星期內，每對甲蟲可以生產六到八顆含卵糞球，我會一直餵養牠們，每隔幾天就提供新鮮猴糞，直到我從每對甲蟲身上得到二十或三十個子代。

我用一百隻野外捕捉到的甲蟲做實驗，一半雄性，一半雌性。先在顯微鏡下測量雄性的角，選擇五隻角最長的當作「種蟲」。這五隻雄性，會分別和兩隻不同的雌性連續交配。（雌性是隨機從實驗室裡的甲蟲族群中選出，反正雌性都沒有長角。）交配後的母甲蟲會各別安置在不同的洗髮精空瓶中，我會嘗試從中蒐集二三十個子代。十隻母甲蟲乘上三十個子代，表示每次配對會產生約莫三百個子代。我會再測量一次，選出公甲蟲中角比例相對最長的五隻個體，當作種蟲。再次與兩隻母甲蟲交配，然後不斷重複這個過程。

人工選汰的實驗，邏輯非常簡單。就我而言，育種計畫是一代又一代地在甲蟲族群中選擇角有增長的個體。真正的問題在於，族群是否會因應選汰壓力而演化。雄性的角是否逐代變長？

每一項科學實驗中的測試都需要一再複製，盡可能降低隨機發生的可能性。甲蟲族群在世代之間的逐漸轉變也許僅是一場美好的意外。想像一只裝滿五十種不同顏色糖果的大瓶子，糖果在裡面混合均勻。從中取出一千顆放到新瓶子中。在新瓶子中，很可能包含大多數顏色，但也許不是全部。每次抽樣，有些結果會比較接近原本瓶內的顏色比例，有些會有一點出入，但新瓶子間糖果口味比例的差異可能很微小。新瓶子裡的糖果口味應該和舊瓶子比例相似。

但要是你只從原來瓶子拿出五顆糖，放在新瓶子中，它們肯定無法取代原來整體。新瓶子缺少原本五十種口味中大多數口味。要是複製這五顆糖果，把新瓶子裝滿，糖果總數可能和先前總數接近，但混合比例會截然不同。這種糖豆「族群」的演化可能只是機率造成的。

在我的實驗中，每一代只選擇五隻雄性和十隻雌性個體。樣本數量太小意味著實驗中的甲蟲族群，可能只是因為機率才改變外形。實驗結束後，要是甲蟲族群中雄性的角比以前更長，也不能排除隨機發生的可能性。

為了確認，我得重複一次實驗。要是你有兩個獨立甲蟲族群，都經過特定人工選汰，才選出角較長的甲蟲個體，而不是只用一個甲蟲族群作實驗。要是結果同樣出現角更長的雄性，就會更加令人信服。在相同條件下，不太可能連續出現兩次隨機的演化。當然，另一種更棒的做法是，加上反向選汰的實驗對照組，即同時選擇甲蟲族群中角最短的雄性當種蟲，餵養同樣食物。一再選擇角最短的個體當種蟲，重複製造出好幾批數量相同的子代再行比較。

要是幾代之後，發現在兩個選擇長角的族群中，雄性的角都比以往長，而在兩個選擇短角的族群中，雄性的角都比以前更短，那麼我們就可以開始排除隨機的可能。事實上，在實驗中，我同時針對六個甲蟲族群進行人工選汰。在兩個族群中，選擇角長雄性，在另兩個族群中，選擇角短雄性，在剩下兩個族群中，隨機選擇。要餵養這麼多甲蟲，意味著有很多很多的早晨，我得穿越森林尋找吼

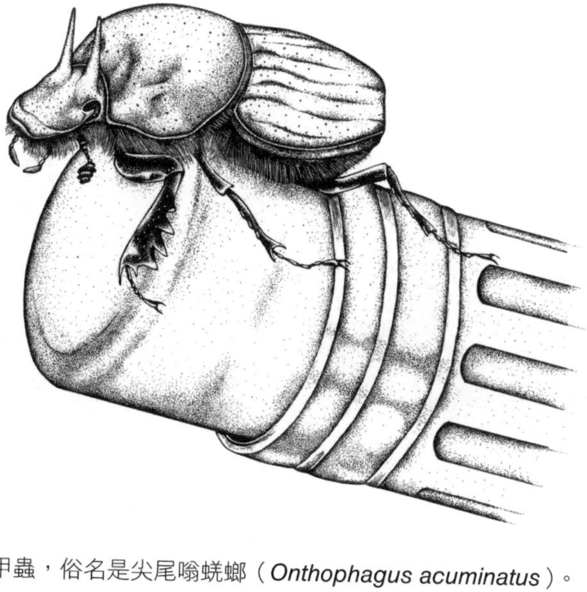

巴拿馬甲蟲，俗名是尖尾嗡蜣螂（*Onthophagus acuminatus*）。

猴。整整六百個早晨，我在破曉時分，進入潮濕的森林，在林間蒐集一袋袋的吼猴糞便，帶回實驗室，好養活這一大群甲蟲。[2]

兩年後，也就是在養了七個世代的甲蟲後，我得到了答案。武器演化了。在選擇長角的甲蟲族群中，雄性武器和身長比例均大於祖先，而在選擇短角的甲蟲族群中，甲蟲的武器身長比小於祖先。這些實驗組和控制組（隨機挑選）出現顯著差異，這項實驗充分證明動物武器可以快速演化。[3]但不是只有武器特徵改變，角變長是要付出代價的。

武器愈大，製造成本就愈高，現在角最長的雄性甲蟲有一對發育不良的雙眼。實驗結束時，選擇長角的族群和選擇短角的族群相比，角長的

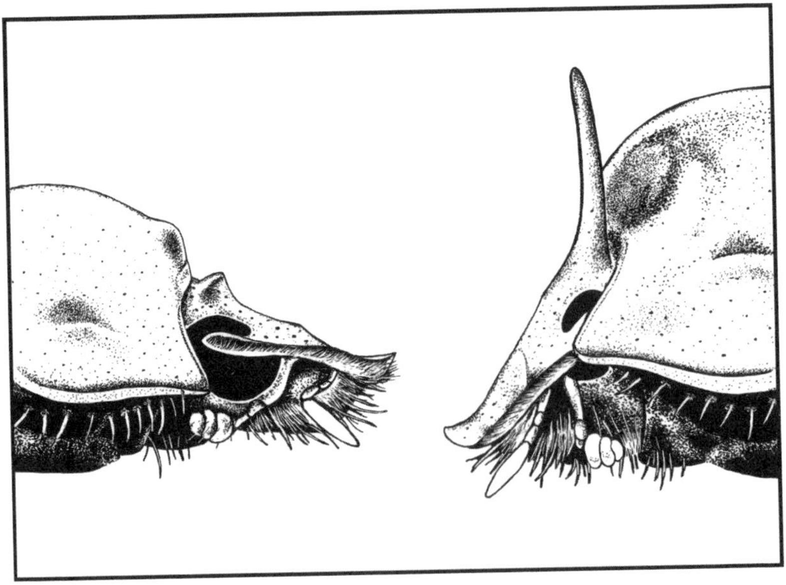

角長的雄性糞金龜其眼睛翅膀會等比例縮小。

雄性甲蟲眼睛小了百分之三十。之所以發育不良，是因為養分有限。生理組織需要能量和營養，若將資源分配給某個構造，那就意味著另一個構造的生長資源不足。

資源分配的取捨，會決定所有動物身形的發育。通常影響不大，然而，當動物開始在特定生理構造上大量投資，權衡取捨的效果會變得十分明顯。動物會陷入軍備競賽，武器迅速變大，大量資源用於武器製造，會嚴重影響身體機能。在昆蟲身上，有時身體的成長將會減緩。[4]

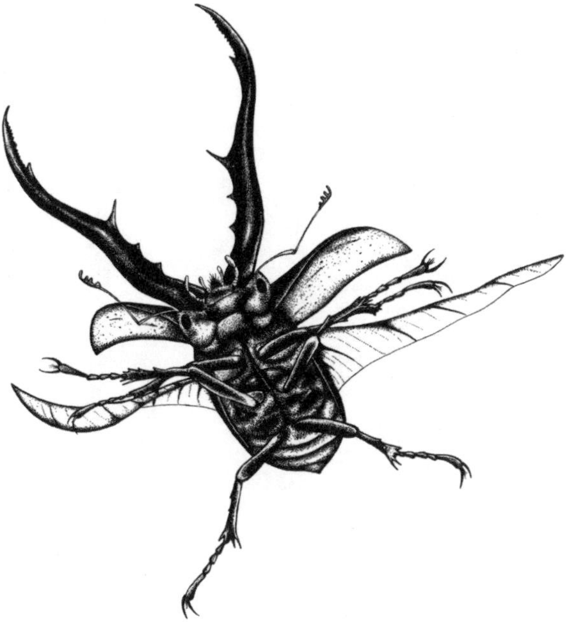

長有大顎的鍬形蟲其翅膀會等比例縮小。

現在我們知道，糞金龜角的增生會因物種不同而影響到眼睛、翅膀、觸角、生殖器或睪丸的成長。[5]為了換取戰鬥力，雄性可能會犧牲視力、飛行敏捷度、嗅覺與交配成功率，這就是生產武器的代價，而同樣的取捨效應也出現在種種具有終極武器的物種上。比方說，長有大角的巨型獨角仙，翅膀會等比例縮小，[6]擁有寬闊大顎的鍬形蟲也是。[7]就連雄性柄眼蠅，也出現睪丸發育不良的問題。[8]

不過在這當中，最極端的是社會性昆蟲中的士兵個體，翅膀會嚴重退化。蜜蜂[9]、螞蟻[10]和白蟻中的大頭兵，翅膀和翅膀肌肉嚴重萎縮，實際上，大部分士兵個體完全沒有長出翅膀。贏得戰鬥的代價不僅僅是飛行能力受損而已，是完全喪失飛行能力。

身體部位發育不良，僅是雄性物種付出的其中一種代價而已，武器愈大，成本愈高。馴鹿的鹿角超過一百五十公分長，重達九公斤，占一隻雄鹿總體重的兩成以上。麋鹿的鹿角將近兩公尺長，重達十八公斤，已滅絕的愛爾蘭麋鹿（Irish elk）中，體型最大的鹿角有四點二公尺寬，重達九十公斤。不過，若以相對體重的比例來看，擁有「最大動物武器」頭銜的並不是麋鹿，不是甲蟲，而是招潮蟹，大螯的重量占公蟹體重的一半。[11]發育中的公蟹，其體內一半的能量和營養都用來長武器。

粗壯的螯和巨型生理構造不僅要費力打造，也要耗費許多能量維持。蟹螯並不是空洞的裝飾，裡面其實有強壯的肌肉，足以粉碎雄性對手的外骨骼。肌肉組織非常耗能，而且肌肉細胞內的粒線體濃度特別高，它們負責將儲存的養分和氧氣轉化為可用能源。一般都稱粒線體為「細胞發電廠」，在肌肉細胞中，它們提供收縮肌肉和開關蟹螯所需的能量。

肌肉細胞含有許多粒線體，維持的成本十分高昂，即使處於休息狀態也是。帶有大螯的公招潮蟹，體內肌肉最多，為了要維持肌肉細胞活性，必須大肆燃燒能量。休息中的有螯公蟹，新陳代謝率比雌性（沒有巨螯）幾乎高出百分之二十。[12] 揮舞大螯或打鬥時，所消耗的能量又更多。螯愈大，消耗能量愈高。[13]

帶著一隻巨螯跑步也很耗能。本特．艾倫（Bengt Allen）和傑夫．李維頓（Jeff Levinton）巧妙地設計出一種欺騙招潮蟹的伎倆，讓牠們到氣密箱內的跑步機跑步。招潮蟹跑步時，肌肉會不斷收縮，燃燒氧氣，在氣密箱中釋出二氧化碳。艾倫和李維頓測量每隻招潮蟹在跑步機上跑步時，兩種氣體的濃度變化，從實驗所得出的數據中，他們計算出招潮蟹跑步的新陳代謝量。想像一下，抱著一大包狗餅乾跑步會有多累，就知道螯大雄性跑步時比螯小雄性、或是沒有巨螯的雌性燃燒更多能量也不足為奇。讓我們對招潮蟹公平一點，以適當角度來看待他們，想像你背著和自己體重相當的東西，這正是螯最大的招潮蟹所要面對的（所以，對我來說，等於是手上抱著三包二十三公斤的狗糧，外加一塊煤渣空心磚在跑步）。我只能說，祝你好運！大螯招潮蟹燃燒的熱量比小螯的招潮蟹多，而且很快就累了[14]，因為身上沉重的負荷，讓牠們的肌耐力大幅降低。

損耗的例子不勝枚舉。母招潮蟹有兩個攝食螯，可以在泥沙間尋找各種食物碎片。這是一種精細但乏味的攝食方式，招潮蟹撿拾食物時得不停地使用攝食螯。公招潮蟹只有一隻攝食螯，另一隻已經特化成戰鬥用的武器。公蟹「主要的」巨螯沒有辦法用來覓食，所以只能用另一隻來覓食。對已經能量短缺的公蟹來說，等於攝食速度慢一半，因此公蟹必須花費更多時間來進食[15]，或用剩下這隻螯加速覓食[16]，以補償不足的能量。

花在覓食的時間愈長，表示暴露在天敵眼前的時間愈長。張牙舞爪的巨螯公蟹，行動起來有點麻煩、沉重和笨拙——這三項特點組合起來真是危險。幾項針對招潮蟹的田野調查顯示，落入鳥類口中的公招潮蟹不成比例地高。我個人最喜歡引用的一個例子是約翰・克里斯提（John Christy）和他的同僚，包括派翠西亞・拜克威爾（Patricia Backwell）和古賀恆則（Tsunenori Koga）等人的研究。他們調查了巴拿馬太平洋沿岸泥灘地上的畢比氏招潮蟹（*Uca beebei*）自然族群，發現大尾擬椋鳥會大量捕食這種招潮蟹，而且這些鳥類會使出一種古怪的捉招潮蟹招數。大尾擬椋鳥在追招潮蟹時，經常會使用一種「反轉跨步假動作」（feinting reverse lunge）。牠們不會直接對招潮蟹下手，而是瞄準招潮蟹側邊，看起來像是擦身而過。一旦牠們擦過招潮蟹，就迴旋轉身，出其不意地從對角線上攻擊，往往使招潮蟹來不及反應。採用這種方式的大尾擬椋鳥，捉蟹成功率比直接衝向招潮蟹高出兩倍，值得注意的是，採用反轉假動作的鳥，幾乎都是抓到公蟹。[17]公蟹身上那隻巨螯，成為鳥衝刺而下時的首要目標。在這個族群中，公招潮蟹被捕食的數量比例遠高於母蟹。

暴露在外的時間愈長，遭到捕食的風險就愈高，這成了每隻公招潮蟹製造和揮舞武器所要負擔的普遍成本。在招潮蟹族群中，雄性遭到捕食的機率偏高，可歸因於更加顯眼的外型[18]、耐力降低和笨拙的行動[19]，甚至可說掠食者刻意挑選這樣的獵物（公蟹螯中大量的肌肉比母蟹更具營養價值）。[20]

對鹿的研究讓我們看見武器成本的最佳實例。我們無法將鹿塞進小塑膠管，而且牠們的發育過程遠比糞金龜來得長，要用牠們做人工選汰的實驗困難重重。不過還是有其他方法可以研究鹿群中的性擇怎麼作用，而且事實證明相當適合。主要原因是鹿體型大，很顯眼而且容易觀察。鹿的個體也很容易標記與追蹤，在十幾隻雄鹿間追蹤贏得戰鬥的鹿戰士和成功交配的成熟個體數量，以及吸引到的雌鹿個體數量是可行的。此外，雄鹿每年都會掉鹿角，來年重新長出。脫落的鹿角可拿來秤重與測量，甚至還能夠磨碎或燃燒，進而計算武器的熱量消耗狀況和礦物質含量。

長期監測雄鹿個體，可以確定牠們用於覓食、追逐雌鹿和戰鬥等活動所花費的時間。朝牠們發射鎮靜劑後，生物學家約有一小時左右的時間接近雄鹿，測量身高、體重和年齡（從牙齒來判斷），同時計算體外寄生蟲數量，以抽血樣本來估量體內寄生蟲和感染狀況。在繁殖季，也就是發情期前後，分別蒐集這些資訊，並比較前後數值的差異，可以讓我們看出交配機會對雄鹿而言多麼重要。事實上，發情的雄鹿體重會快速下降，發情期間身體狀況也直線下降。武器、身體耐力還有睪固酮，以及隨之而來的侵略戰，可能會毀掉一隻雄鹿的健康。

在現存生物種中，黇鹿和馴鹿的鹿角是最巨大的。黇鹿原產地在歐亞大陸，以色列考古證據顯示，黇鹿肉是人類重要食物來源，而且早在舊石器時代（一萬九千年前至三千年前）人類就開始食用鹿肉。

最遲在公元一世紀時，由羅馬人引進歐洲，傳至英國。如今，最常被研究的黇鹿族群，分布在一個相當不尋常的地方，是愛爾蘭都柏林市的城市公園裡。

鳳凰公園（Phoenix Park）可不是一般的市區公園，這是歐洲數一數二大的封閉式公園，占地超過七百萬平方公尺，當中有草原、丘陵與森林。當中有林蔭大道和人行道穿林而過，動物偶爾也會亂入人類的野餐，或是參加慢跑和少許遊行活動。此地鹿群，自十七世紀以來就在此地不受干擾地生活，很容易觀察到牠們豐富且具戲劇性的交配行為。

黇鹿的鹿角呈扁平彎曲的巨大掌形，外緣環繞叉狀物，像是手掌上張開的手指。大型鹿角外緣可能長有七十多根分叉，寬度可達二點七四公尺，超過雄鹿自己的身長。在每年九月到十月，有五週時間，發情的雄鹿會揮舞著笨重鹿角，在牠們竭力固守的一小塊地盤上，顯現雄性魅力，咆哮不已。牠們不斷以沙啞聲音叫喊，直到聲嘶力竭，牠們會刨土，在翻起來的每一土塊，灑下充滿睪固酮的尿液，以此來吸引雌鹿，並威嚇前來競爭的雄鹿。

托馬斯．海登（Thomas Hayden）和艾倫．麥克利戈特（Alan McElligott）追蹤這個黇鹿族群超過十五年，在這段期間，鹿群平均數量在三百到七百隻之間擺盪。他們觀察了三百一十八隻雄鹿一生的發情行為以及戰鬥和交配的成功率，記錄贏得戰鬥的個體、成功交配的個體，以及牠們的後代數量。他們還檢視了雄性為求偶所付出的成本：每隻雄鹿將失去多少體重，最後會變得多麼體弱多病，以及是否能夠在冬天來臨之前補足失去的體重。

並非所有的雄性個體表現都相同。事實上，以繁殖成功率而言，絕大多數下場都很悲慘。四分之三的雄鹿在還沒來得及長好武裝前就戰死了，而且高達九成的雄鹿一生之中從來沒有機會能和雌鹿交配。[21]在體型長到足夠大，武裝達到一定等級的雄鹿中，多數都會在地盤捍衛戰中受重傷，並損害身體健康，在此過程中牠們累積了壓力、互撞所留下的傷口、寄生蟲和病原體，但雌鹿通常對牠們拼死維護的地盤不屑一顧。

為了展示地盤與吸引雌性，鹿必須戰鬥，這是一項沒完沒了的任務，在發情期間，雄性平均每兩個小時就要打鬥一次，不分晝夜。多數時間牠們都沒有進食，但不論是向雌性展示，還是與雄性打鬥都非常耗能。最後，雄鹿會在這個時期失去四分之一以上的體重。對一隻普通雄鹿來說，相當於二十七公斤。等到發情期結束，大部分雄鹿又餓又累，身上長滿寄生蟲，還有一堆在戰鬥中受的傷，有擦傷、瘀傷、骨折和砍傷。在冬季來臨之前，受創的雄鹿只剩下短短幾週時間來恢復健康和體重。無法恢復的雄性通常在春天之前就會死去。

榮恩・摩恩（Ron Moen）和約翰・巴斯特（John Pastor）用另一套完全不同的方法來衡量雄性麋鹿所付出的代價。他們將一隻麋鹿個體所吸收的礦物質、醣類、脂質和蛋白質精確量化到毫克，然後將資料送入生化模型中分析，這個複雜模型是以脊椎動物生理學為基礎所建構的，能夠準確計算出一隻雄性要犧牲多少生理需要才能長武器。[22]結果顯示，在整個生長季期間，雄麋鹿初長鹿茸時，每天需要投入總營養攝取量的百分之五十，等到鹿角生長期高峰，需求量更是達到百分之百（身體的基礎代謝率增加一倍）。整個鹿角生長期，能量需求是維持平常身體基礎機能的五倍。[23]

鹿角對蛋白質需求也很高，但研究發現，對麋鹿而言，蛋白質不虞匱乏，雄鹿可以透過大量進食來確保鹿茸生長所需的額外蛋白質。真正的關鍵其實是鈣和磷，兩者都是長骨質的必須材料，並且都不容易從攝食中取得。在麋鹿和馴鹿兩種鹿身上，鈣和磷需求量非常高，牠們不得不從體內其他骨骼「借用」。由於無法從日常飲食中足量攝取，牠們會從骨骼中析出鈣和磷，再分配到鹿角中。這無異是一種赤字開銷，是一種不可持續的透支。在發情期之後，牠們必須趕緊攝食，補充耗盡的骨本，要是沒有補好，下場將會十分淒涼。

總之，鹿角之於雄性，就跟生殖繁衍之於雌性一樣，成本極高：打造和使用鹿角的能量和所需的營養，等同雌鹿生產與哺乳兩隻小鹿到斷奶。長鹿茸時，全身骨質大幅減少，使雄鹿骨骼變得更脆弱，更容易骨折。從本質上來看，長鹿茸會引發季節性的骨質疏鬆症，偏偏這時又是一生中最需要體力的危險時候。對雄鹿來說，在發情期骨質脆化可是再糟糕不過，因為這是測試實力的時機，牠們會一遍又一遍地在無情而殘酷的戰鬥中爭奪優勢和繁殖機會。在許多大型鹿科動物中，長鹿茸所引發的季節性骨質疏鬆症，使他們在戰鬥中容易受到嚴重傷害。雄麋鹿出現肋骨和肩胛骨骨折的比例甚高。[24] 在歐洲紅鹿族群中，四分之一的成熟雄鹿會在發情期戰鬥中骨骼斷裂或遭其他傷害，每年有百分之六的雄鹿受到無法復原的永久性傷害。[25] 在駝鹿族群中，每年有百分之四的雄性在發情期間因為不斷打架受傷而死，而繁殖期中，有三分之一會因為戰鬥受傷而死去。

摩恩、巴斯特和約瑟夫・科恩（Yosef Cohen）又以非常高明的研究方法做了延伸，他們將這套脊椎動物生理機能模型應用到已滅絕的大角鹿（*Megaloceros giganteus*）上，即俗稱的愛爾蘭麋鹿。從生物學來看，這些鹿既不是麋鹿，也稱不上是愛爾蘭麋鹿。大角鹿是黇鹿的近親，曾經廣泛分布在整個歐洲、北亞和北非，直到約一萬一千年前滅絕為止。只是大多數化石標本都來自愛爾蘭（這就是牠們得到這個綽號的原因），主要是在一萬兩千到一萬一千年前阿勒勒（Allerød）時期的湖水沉積層中發現的。這些體格壯碩的鹿所頂的鹿角是目前已知最大，超越所有物種，在最大雄鹿個體身上，寬度可達三點六七公尺。

從化石骨骼可以確定大角鹿的身體尺寸和比例，摩恩、巴斯特和科恩將數值整理好，用來估

「愛爾蘭麋鹿」的鹿角是所有鹿種中最大的，一旁站的是黇鹿。

計生長成本，如何才能長出頭上那對令人難以置信的武器。果不其然，大鹿角造價高昂，比麋鹿和馴鹿所耗費的能量又多出一半，而且每天所需的基礎代謝能量是麋鹿和馴鹿的二點五倍。對鈣和磷需求更大，而季節性骨質疏鬆症可能特別嚴重。大角鹿消失的時間恰逢地球的「新仙女木期」（Younger Dryas），這時氣候變化劇烈，可能導致鹿群食物品質降低，讓雄鹿更難以補充鈣和磷，使他們長不出大角。[26]

在阿勒勒時期，大角鹿住在有高大柳樹和雲杉的森林，那裡長有相對豐富的草。然而，根據花粉紀錄，在「新仙女木期」的晚期，因為進入短暫冰河期，氣溫驟降，植物種類組成有了大幅轉變。大角鹿族群棲地相對快速地變成了凍原，能夠食用的草品質大不如前。可能因為食物質量突然下降，營養取得變得更加困難，成本更高，甚至影響到雄鹿補充每年從骨骼挪用掉的鈣與磷。若真是如此，那麼打造雄性武器的高昂成本，可能也是促使這個物種數量縮減乃至滅絕的一大因素。

最終，只有最大的、適應力最強的以及武裝最完備的雄性會在這場繁殖競爭中勝出。在鳳凰公園的黇鹿群中，十隻雄鹿只有一隻有機會交配，而且多數交配機會（百分之七十三）都被百分之三的雄鹿壟斷。九成以上的雄鹿都失敗，只有極少數成功，就是因為這樣極端的成功繁殖率，才會產生強大的性擇，而且，都偏向體格好、耐力強和具備大型武器的個體。對最健壯的雄性而言，投資在武器上的一切，都因為有機會繁衍後代而有了回報，足以抵消所有代價。但對其他雄性動物來說，投資終極裝備的成本確實所費不貲。

第八章　可靠的訊號

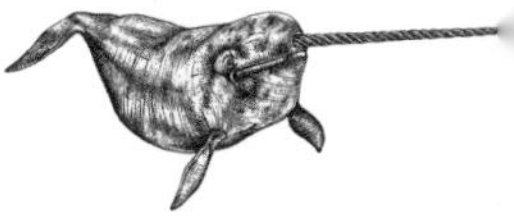

軍備競賽有其爆發時機與成因，理解這些有助於解釋為什麼有些物種會身懷大型武器，有些則否，讓我們一窺動物多樣性的全貌。此外，探究軍備競賽，還能洞悉物種**內部**究竟發生什麼變化。在所有具備終極武器的物種中，軍備競賽皆是以相同方式展開，並依序經過幾個演化階段才完成。由於類似演化歷程會導致相同武器屬性，所以我可以拿一個物種，好比說在甲蟲研究中所蒐集到的資訊，用來準確預測其他物種武器的發展。不論是果蠅的角、長臂天牛的前肢，還是獨角鯨和大象的長牙，這些身體構造除了大，還有許多相似處。但在比對共同點之前，我們先轉移一下焦點。在思考物種間武器大小變異之前，先把重點轉移到物種內部，看看個體之間的變異。

隨便從所有武裝物種中挑一個出來，詳細觀察雄性個體身上帶有的武器，就會發現在該物種族群內，其實潛藏另一種模式：不是所有雄性都會產生終極武器。若是測量一百個雄性樣本，會發現大多數個體武器並不特別大。當然，有些雄性個體確實頂著魔鬼般的武器。有幾個組織，像是布恩和克羅克特俱樂部（Boone and Crockett Club）會詳細記錄角超級大的牛和鹿。但他們之所以能這樣做，正是因為雄壯威武的牛、鹿標本其實很罕見。大多數公牛角都進不了布恩和克羅克特的紀錄。公牛都會製造武器，只是大小普通。

即便性擇導致物種演化出終極武器，但僅有極少數個體能真正擁有完美武裝，大多數雄性只產生可憐的過渡性構造而已。若是擁有最大武器的雄性個體真能贏得一切，贏得每一場戰鬥、每一隻雌性的青睞，並且留下後代，那為什麼不是所有雄性個體都會長出大型武器呢？答案很簡單：牠們負擔不起。

如果我想的話，我可以買一艘十幾公尺長的大遊艇。好吧，也許我實際上買不起，但應該可以買到差不多的。一艘義大利製的阿茲慕四十號（Azimut 40S）擁有優雅曲線和時尚造型，配有兩架四百八十馬力的引擎、寬敞客廳、主臥室、客房、廚房，還附有最新導航設備。但它要價四十萬美元，比我的房子再加上周遭一共十四畝的地產還要貴。但如果我真的想要這艘遊艇，我可以拿房子貸款，然後每月支付高出房貸兩倍的貸款，基本上，把日常生活所有的開銷都算進去，再加上一些退休金，也許我也能開著它招搖過港。但若真是如此，在未來十年，我就無法養活孩子，或是帶狗去看獸醫，也不能去看電影，除了償還這艘閃亮新船的貸款外，我買不起任何東西。我甚至無力負擔汽油，連把遊艇移動到碼頭停放的油都買不起。但至少我擁有這艘船，可以停在我的車道上，讓所有鄰居都看到它耀眼的光芒。

美國國家廣播電臺（CNN）的創辦人泰德·特納（Ted Turner）就住在我家兩個郡之外。我還沒有見過他，但我很想跟他碰個面。據說他是全美第二大地主，不知是否確有其事，不過我確定他做了一件相當了不起的事，他復育了洛磯山脈一帶的草原，以供養當地野牛。泰德住的那個郡，土地產權全在他名下，他大可隨時走進一間店，用現金買下一艘十幾公尺長的遊艇。實際上，他可以輕鬆買下兩三艘，但他這個人跟一般人不一樣。一般住在蒙大拿州的人，平均年收入只有三萬七千美元。對我們大多數人來說，買一艘阿茲慕遊艇是可望而不可及的夢想。

上述聽起來像是大學的普通經濟學，但它確實說明了一個關鍵：對每個人來說，機會成本並不相等。我們當中有些人會花很多錢買比較好的玩具。特納和我一樣都要花四十萬美元來購買遊艇。但重點不只是遊艇的絕對價值而已。

特納和我的起跑點不一樣，我們擁有的資源不同，而且養一艘遊艇在各自的成本中，所消耗掉的資源比例天差地別。相對於每個人所擁有的，我為那艘船付出的遠超過他。這裡要強調的是，資源較少的人要為奢侈品付出高昂的代價。

當武器演化到終極尺寸，它們也變得非常奢侈，相當於動物界的遊艇或是藍寶堅尼。一般而言，雄性的最大武器恰恰是牠們所能負擔的。但雄性個體間的資源比例也有相對差異，牠們能夠處置的資源量並不相同，而有限的資源迫使大多數雄性個體產生不良的身體構造。

當然，人類世界也如此，每個人能動用的資源不同。在我們當中，有些出生在富裕家庭，財富能直接從父母傳到孩子身上。這些孩子會進入私立學校，也能接觸到最好的教師和醫生，成長過程已經跟得上市場脈動，很快就能進入最有前景的企業。而有的人天生苦命，住在貧民區或是破敗公寓。這些孩子可能因為形勢所迫，提前開始工作，錯過唸大學的機會。這樣一來，他們未來通常只能找到沒有機會晉升的低薪職位。大多數的我們則介於兩者之間，但在美國社會中，我們分配財源的方式還是有很大的出入。

富人可以直接買棟房子，無需借款。其他人必須償還房貸，多付幾萬甚至幾十萬美元的利息給銀行，增加實際購屋的成本。銀行對低收入者或信用差的客戶又會收取更高的利息，所以我們當中最貧窮的，實支利息最高，這讓購買自用屋的成本又高了一些。貼在豪華遊艇上的標價不會因人而改變，但如果特納付現金，而我要貸款，那我為遊艇所付出的總金額會比他高出許多。舉例來說，如果我的貸款利率是百分之五，分三十年還，那我實際上是貸款七十五萬美元，比船價貴了整整三十五萬！所有因素都加劇我們之間的階級差異，擴大富人與窮人之間的鴻溝。

動物也是生來就不平等，每個動物個體的天生資源也不同。生在父母體型最大、餵養環境最好的小麋鹿一開始就占優勢。牠們出生時體重比較重，營養比較好，免疫系統也比較強健。牠們生在最好的環境，最安全無虞、無壓力，還能獲得品質最好的食物。其他小麋鹿出身貧寒，父母健康狀況不佳。牠們生來就比較弱小，棲地也比較簡陋。生長速度慢，很快就被其他鹿超越。因為體格小，難以搶到食物，這又進一步使牠們更加瘦弱，讓牠們倍感壓力，增加疾病感染的風險。種種遭遇強化了一開始的體型差異，放大了優勢者和弱勢者之間的差距。即使是生命早期的細微差別，在動物生長過程中也會被不斷放大，等到小麋鹿長大，個體之間將會展現出巨大差異。只有極少數個體能夠產生最大、最耀眼的武器。

我買不起那艘阿茲慕遊艇的真正原因，是我無法輕易動用名下所有資產。除非我極不負責任的拋家棄子，不然我不可能抵押房產，或動用退休金帳戶。我也沒辦法把每月房貸和車貸、稅金或是伙食費都拿去買遊艇。我絕大多數的身家財產都不能動，只有固定支出之外的剩餘現金，也就是我的自由支配基金，才是真正任我花用的私房錢。原則上，我可以隨意花這筆額外的錢。問題是，一旦扣除我的固定支出，實在所剩無幾，用這些私房錢實在不該妄想去買艘豪華遊艇。每個人能夠自由支配的資源比例差異甚大，遠遠超過總體資源所造成的差異。

動物世界的運作方式也是如此。牠們必須先應付必要開銷。先滿足基礎代謝的能量需求，諸如保持心臟跳動、肌肉收縮、消化道以及大腦運作等等。所有基本生理功能都會燃燒熱量和消耗養分，這是動物維生所需的代價，無法討價還價，否則必死無疑。只有營養的盈餘，相當於是動物界的可自由支配基金，才能拿來用在跑步、戰鬥或是打造大型武器。這就是為什麼武器構造的發育都比身體其他部位來得晚。不管是牛角、鹿角、蟹螯還是獠牙，在發育過程中都不會長大，一直要到雄性接近成熟，才開始成長，在牠們完成自己身體的基本建構，確定必要支出都已付清[1]，如果資源還有剩，才會拿來製造武器。

就另一個角度來看，長武器的養分確實也比較適合從自由支配資源裡取用，畢竟這不是動物生存所必須的。就拿雌性來說，沒有武器也可以過得一樣好，甚至連個頭小的雄性個體也是如此。[2]相較於身體其他必要構造，就算不長武器對身體也毫無影響。所以比起身體其他必要部位，武器尺寸應該對可用性資源更為敏感。幾年前，我和同事，試圖干擾獨角仙幼蟲的食物供給量，我們改變發育中的雄性獨角仙個體的資源取得量，如此便能夠測量身體不同部位對資源庫大小的敏感度。

獨角仙以腐爛木頭為食。我們在巨大的堆肥筒中發酵木屑，再混合有益蟲體健康劑量的陳年楓葉，為牠們製作人工飼料。大約一個月後，這些肥料變成巧克力色，聞起來就像是雨天枝葉茂密的溪邊，獨角仙特別喜歡這個味道。這些獨角仙都是體型比較大的甲蟲，一般幼蟲跟小老鼠一樣大，在實驗中，我們將一半幼蟲放在半公升大的罐子內，當中已裝滿肥料，然後將另一半的幼蟲放進約三公升的罐子中，裡面也裝滿肥料。兩組唯一差別就是當中每隻幼蟲能夠使用的食物量。幾個月後，當成蟲出現時，我們便測量牠們

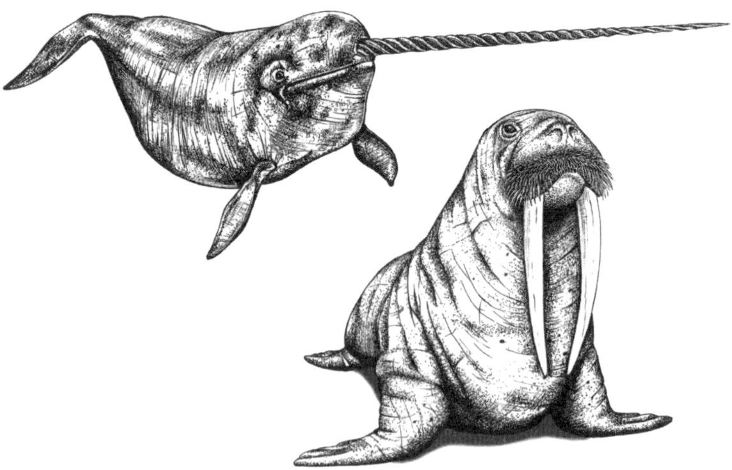

只有在身體其他部位發育完成後，武器才會變大。

的體長，比較兩組之間雄性的差異。

果不其然，養分對甲蟲的生長影響顯著。在營養條件不佳的這一組，雄性生殖器比營養好的組小了百分之七。翅膀和腿也分別小了將近百分之二十。然而，角的長度差了百分之六十，這意味著身體各部位對養分的感受程度有極大差異，角對養分的敏感度是翅膀和腿的三倍，而幾乎是生殖器的九倍。[3]

所有大型武器都對養分極為敏感。就像彩券中獎的人會搬到豪宅一樣，獲得豐富人工養分的公甲蟲，成熟後也會長出較大的身體和更長的角。減少食物，就會看到相反結果。營養豐富的公蠼螋會比營養不良的長出更長的尾鉗[4]，而營養豐富的果蠅眼柄也比較長。[5]同樣道理也適用在鹿角[6]、麋鹿角[7]和羱羊的角[8]上。食物如同動物的收入，會儲存起來，以便身體日後花用。能夠儲存較多養分的雄性便具有較大的自由支配資源庫，也就有能力製造大型武器。其他一開始資源就比較少的雄性，可能會把一切都用在必要開銷上，無暇顧及武器。

基於同樣理由，疾病對武器成長幅度影響更大。感染會將資源庫的營養耗盡。在發育期間抵抗疾病的雄性，無法將一切投資在武器上。寄生蟲會啃食組織，病原體會攻擊免疫系統，一切都在蠶食鯨吞體內資源。武器和身體構造首當其衝地受牽連。生病的雄性個體，角長得遠比健康個體來得小[9]，非洲水牛的牛角[10]和招潮蟹的螯都是如此。[11]

跟武器相關的一切都很昂貴，從挪用體內資源開始，要快速增生，保持最佳狀態、移動時的負重以及戰鬥，全都造成體內資源不斷流失。這就是為什麼武器大小對環境變異如此敏感的緣故。

同齡雄性麋鹿和甲蟲個體武器大小皆有差異，是直接反映戰鬥力強弱的指標。

在人類所發明的武器中，最大和最好的設備一直以來造價也最高昂，少數財力雄厚者才能擁有。以中古歐洲為例，騎士的盔甲極昂貴。[12]但在一切耗費中，首重機會成本的選擇。要當騎士，身家必須富裕，不愁吃穿無須工作。立志成為騎士的少年，自幼鍛鍊戰鬥技術，往往要十幾年時間全心投入，才能有所成就。對當時絕大多數歐洲青年來說，其實根本沒有機會選擇，大部分人都是領主的佃農。即使是貴族，也並非所有人都有相同機會，只有少數人能夠請到好老師來培訓。[13]

在戰鬥中，騎士會穿上好幾層防護裝，每一層都很精緻，而且昂貴。最裡面的防護衫（aketon）是由塞滿痲布和馬鬃的厚纖維布製成的防震軟墊。再來罩上一整套鎖鏈甲，由環環相扣的鐵環排列而成，用來降低揮砍所帶來的衝擊。上好的鎖鏈甲當然是量身訂做，如此才能緊密包覆所有關節，不致妨礙活動。接著還要穿上盔甲，由鐵匠將各式鐵片敲打成形，包住肩膀、手肘、手臂、雙腿還有軀幹和頭。[14]

盔甲品質差異很大。貴族騎士會穿上特別訂做的盔甲，用上好材料量身打造，才能完全合身。其他騎士會直接買現成盔甲，價格便宜許多。但是量產盔甲都只有「固定規格」。不合身的便宜盔甲會讓騎士在行進或戰鬥時感到惱怒，也會限制動作。[15]最後，在盔甲外頭，騎士還會套上印有族徽或其他識別符號的精緻彩色長袍，而當中最好的，當然也是訂製的。

騎士還需要長矛，在戰鬥中會耗損很多很多長矛及其他武器如刺矛、劍、匕首、狼牙棒和盾牌。[16]

他們還需要馬。騎士的戰馬，在裝備中最重要也最昂貴。當時最好的戰馬不但高大、強壯、快速而且可靠。最稀有、最珍貴的馬有「駿馬」（destrier）之稱。[17]戰馬從小開始受訓，命令再微弱都要能立即反應，還會訓練牠們走直線。不管旁邊干擾有多大，不論是尖叫聲、戰鬥中的廝殺怒吼還是步兵朝著牠們揮動斧頭和棍棒，牠們都得泰然處之。在激烈戰鬥中，騎著一匹猶豫不決的馬非常危險。要養出最好的戰馬，需要花上一大筆錢育種和訓練，而最富有的騎士會有三、四隻戰馬隨侍在側。

戰馬也得配戴盔甲，其造價成本甚至超過騎士自己身上的，畢竟馬的體型比人大。從防震軟甲、鎖鏈甲到盔甲和奢華罩袍，全都比照騎士規格。上好的戰馬盔甲都是特別訂做，才不會相互摩擦或是阻礙運動。

騎士一年裡會有好幾個月時間，得出外尋找機會證明自己，他們會帶著花式帳篷，一車車的服裝和裝備、地毯、廚房設備、廚具和家具。成群馱獸會搬運行李貨物。另外還有鄉紳、學徒、僕人與廚師隨行。[18]從良馬的育種到帳篷、服裝、盔甲和隨行人員派頭與規模，一切讓最好的騎士脫穎而出。就跟甲蟲或麋鹿頭上的角一樣，騎士那套展現實力和貴氣的閃亮盔甲透露出他的地位和財富，而且由於訓練、移動的敏捷度和護具都是和高價的盔甲相匹配，一個騎士的外形也透露出他的戰鬥力。

動物武器的尺寸差異，反映個體本身的健康條件、營養攝取量、整體狀態與個別雄性的先天遺傳，綜合成一個有意義的訊號，可做為單一個體戰鬥力的視覺表徵。當然，身體其他部位也能鑑別出身體素質。在公麋鹿裡，最占優勢的個體站起來比較高，頭比較大，尾巴也比較長。但有兩個原因讓武器更適合當能力指標。

首先，動物武器的變異程度遠比身體其他部位來得顯著。比方說，沒有一隻麋鹿站起來是矮小的。所有麋鹿都有龐大身軀和肌肉，但很多沒有長出角。武器尺寸從無到有，從迷你到巨大，在雄性個體間造成的差距遠比身體其他部位都來得大。[19]要辨識一對巨大鹿角和一雙小肉瘤，比區分兩隻身高只差幾

騎士訓練、馬匹、武器和盔甲全都非常昂貴，一般人無法企及，僅有貴族家庭的兒子能夠擁有。

公分的公麋鹿要容易許多。就連細微體型或是戰鬥力的差異，表現在武器的相對尺寸上都很明顯。[20]

其次，武器都很大。武器是巨大而顯眼的衍生物，是動物的廣告看板，可以向全世界宣傳一隻雄性個體有多強悍。最重要的是，廣告誠實且可靠。一隻弱小公麋鹿無法長出巨大鹿角，倒是我還有可能不顧死活地買下一艘阿茲慕豪華遊艇來充場面。

假設我真的買了那艘遊艇，我可能沒有錢去登記、買油料或是在它壞掉時花錢保養維修。同樣地，身體條件差的公麋鹿，要是真的莫名長出巨大鹿角，也無法使用。牠沒有足夠的體格、體力、儲備能量以及戰鬥力。一切長角的努力都將徒勞無功、付諸流水。[21]

擁有一艘大船的代價，就跟大型武器一樣，成本隨著尺寸呈倍數增加，而一般人還是傾向於購買他們能夠負擔的最大尺寸。下一次你經過碼頭或在海港散步時，在那裡多停個一分鐘。看看船隻大小的變化。從迷你船、中型船到大船都有，偶爾還會有停在港口外或是專用碼頭的超級大船，也許是一艘將近五十公尺長的豪華遊艇，鶴立雞群地漂浮在水面上。遊艇之所以能象徵身分地位是有原因的。就跟武器一樣，船身大小能準確地反映主人的財務狀況。

雄性個體盡可能地將資源投資在武器上，但不是每隻雄性個體都擁有同樣資源可供花費，因此最終產生的武器大小各有差異。不過說到底，這確實滿有用處的。因為武器能展現健康狀態、戰鬥力與雄性個體的整體素質等重要訊息，也因為它們顯而易見，讓競爭對手在戰鬥前能評估對方實力，不致任意投入危險的對決中。

153　　第八章　可靠的訊號

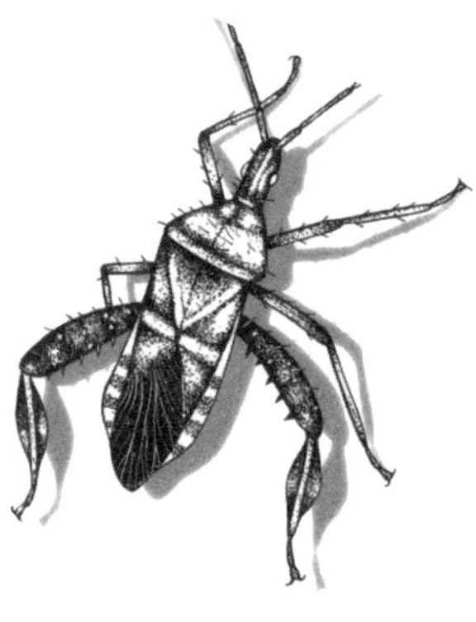

第九章　嚇阻

突然之間我醒來，感覺帳篷底下泡著水，像氣球一般鼓脹，只有我頭部下方的位置凹陷下去。我坐起身，蹲在尼龍布上，剛剛躺的地方迅速膨脹起來，並輕輕地擠壓我的手腕和膝蓋，就像坐在一張巨大的水床上。外頭風吹雨打著，帳篷也滴答作響。暴風雨來襲，大雨傾瀉而下，但可不只是這樣而已，還有更慘的。波浪。我們完全為波浪所包圍。不知怎麼回事，潮水漲得比預期高出許多，浪潮湧上岸，不斷拍打推擠我們的帳篷，彷彿要將我們吞噬。

在一片黑暗中，我們逃出帳篷，雨水傾盆而下，溫暖的水流已淹到小腿肚。我們三人各自抓住帳篷的一角猛拉，只見帳篷倒下來，亂成一團，支架被原本放在底部的睡袋壓彎。我們奮力抬高這不斷滴水的玩意兒，一面歇斯底里地為這荒謬處境狂笑，一面趕忙跑到地勢較高的地方。（一直到隔週，我們才知道那天晚上有半徑達數百哩的颶風北上，引發創紀錄的大潮。）

撇開全身濕淋淋的逃脫經驗不談，那一夜十分奇妙，讓我永生難忘。我的妻子凱莉和我們的共同朋友麗莎在旅遊手冊中注意到這座質樸純淨的哥斯大黎加海灘。因為要徒步走上八公里左右的路才能抵達，只有少數衝浪者會來，換言之，我們可以完全獨占。此處風景如畫，就像明信片上印的美景，熱帶森林和白色沙灘相鄰，寶藍色海水蕩漾，還有棕櫚樹葉在微風中輕輕飄揚。在午間的探索後，我們決定在樹林外圍紮營，這樣從帳篷內就能看到海景。不過最棒的還是夜晚大秀。

由於方圓幾哩之內都沒有路燈或建物，夜幕一降，天色全暗，天上星星閃爍，令人眼花撩亂。海面上的浪花也是。翻騰的海浪泛著藍綠色的磷光，每一道波浪捲起時，都散發著光芒，先在天空中形成一道道綠光，撞擊到岸邊化成沙灘上閃閃發光的泡沫。整片沙灘為波浪點燃，閃耀著綠色光芒。當我們在黑暗中摸索前行，留下的足跡和腳印也閃亮著。我們還在沙灘上以足跡創作螢光畫。[1]

沙灘還會以另一種形式展現生命力。沙灘上，滿是俗稱鬼蟹的白沙蟹（ghost-white crab），牠們神出鬼沒，忽隱忽現，在我們跳舞時快速掠過腳下，像硬幣大小的子彈四處彈射。在水邊，小螃蟹在發亮的泡沫中覓食，尋找殘渣碎屑，身上也因此沾染一點點磷光。成千上萬拇指大小的洞四散，每個相隔只有二十幾公分，好似在沙灘上覆蓋了點狀細網。每個洞穴旁都有一隻白沙蟹擺好姿勢守著，要是掠食者靠得太近，它們也隨時準備衝入洞穴尋求掩護。另外，還有成千上萬的白沙蟹在一旁晃蕩，偶爾向洞穴主挑戰。要是我們站著不動，牠們會在我們兩腿之間，甚至是腳趾頭上衝刺。

我們正在目睹一場鮮少有人注意到的奇觀，即便這樣的海灘在太平洋、大西洋和印度洋等熱帶地區隨處可見。夜復一夜，日復一日，這群迷你的甲殼戰士在沙灘上對決而不肯罷休。每天晚上，光是在這片海灘上，就會有上萬場戰鬥，而這樣的海灘世界各地都有。鬼蟹和招潮蟹並不難找，也不算是難觀察的動物。任何人只要待在海灘上一段時間，都一定見過牠們，只是我們很少花時間去看牠們到底在做什麼。

不過有個人真的去觀察了，這個人是約翰．克里斯提，而且這一看就超過三十五個年頭。約翰研究招潮蟹行為，不知花了多少時間在巴拿馬海灘和潮間帶觀察牠們打鬥和求偶。在一九七〇年代，還是博士生的約翰自己一個人到佛羅里達州夏洛特港的一座小島，身旁沒有人可以說話，只有他養的寵物鳥滑嘴犀鵑（Smooth-billed Ani）和招潮蟹。就跟絕大多數研究生一樣，他也十分貧窮。於是他說服附近野外研究站的管理員，讓他免費住在島上。就這樣，島上唯一一棟建築物，一間尚未接上電線與其他管線的鋁製組合屋，成了他的家。這塊長約六百公尺，寬約三百公尺的地方，名叫魟魚礁（Devilfish Key），炎熱、潮濕而且長了一堆蚊子，與我們在哥斯大黎加找到的人間樂園相去甚遠。但在那片小小海灘上，布滿了數以百萬計的招潮蟹。

沒有人會去魟魚礁觀光，所以約翰在那裡盡情地做實驗，完全不受外界干擾。他在沙灘上插了數百面彩旗，標出各個洞穴，並製作位置圖。他挖開隧道，測量洞穴的深度，結果發現裡面有母蟹在育幼。那時強力膠剛發明，於是他在五百隻招潮蟹背上黏上小片彩色標籤，記錄每一隻個體的體型和螯的大小，並觀察牠們的行為。他記錄誰走近了誰，以及牠們近距離對峙時如何互動，是否會打鬥，要是有的話哪一隻贏了，以及哪些公招潮蟹個體得以成功繁衍。[2] 最重要的是，約翰想看看牠們手上那非凡武器能做什麼。

他發現，公招潮蟹會揮舞大螯。上上下下，一次又一次地，舉高放下。每分鐘十幾次，每小時達數千次。當競爭激烈時，大螯顯然是武器，如同一支強力的鉗子，能夠造成真正的傷害，非常危險。然而，巨螯也可作為一種訊號。事實上，公蟹真正對打的時間只有幾分鐘，真正打起來之前，牠們會揮上幾十個小時的螯，以示威嚇。大多數時候，招潮蟹是將螯當成一種警示標誌，而不是戰鬥武器。

要知道你是否可以在戰鬥中擊敗對手，最好的辦法當然就是戰鬥。把裝備全都準備好，毫不保留地開戰，在打鬥結束時，你就會知道答案。問題是，打鬥十分危險。有時純粹只是分心，就讓你無法及時反應。螃蟹能夠彼此攻防，因為牠們外骨骼就像盔甲有防禦功能。但戰鬥中的螃蟹只要一分心，容易成為海鷗和白頭翁攻擊的目標。對其他動物物種而言，這樣的分心有時是致命的，端視戰鬥發生地點而定。大角羊和北山羊都是在陡峭狹窄的懸崖上對決，一個不小心就是一場災難，有時摔斷腿就等於送命，所以雄性個

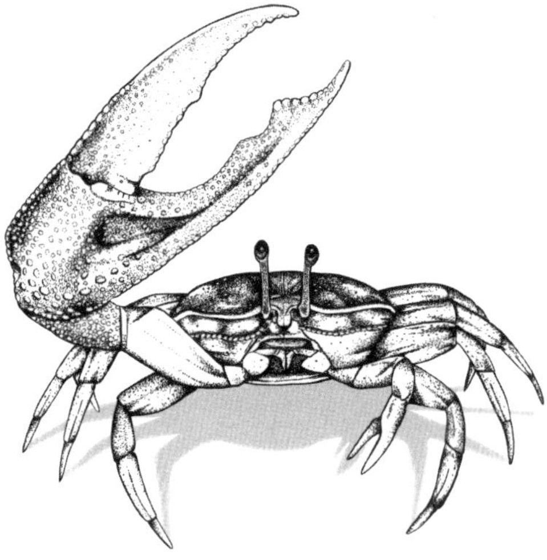

雄性招潮蟹揮舞著螯，主要是用作嚇阻，只有偶爾才會真正動武。

體在打鬥時經常要同時注意對手和自己所處的位置。

大多數時候，戰鬥本身就是危險的。海象身上總是帶傷。我曾看過海象打鬥時，傷口上掛著十幾公分長的皮肉。各種角上的分叉能夠對抗對手的推力，但分叉有時會使雙方糾纏在一起，只能無奈地等死。獨角仙的外殼上留有孔洞，通常是當初對手以角刺穿的。肉食目動物的獠牙可以粉碎骨頭，造成深深的傷口，並引發感染。幾乎每場戰鬥都有受傷的風險，而在動物世界中，到處都是負傷的雄性。

如果有一種方法，能在危險的戰鬥展開前，得知誰會贏呢？如果一隻雄性能夠看出自己贏面很低，可能會選擇一走了之。一隻雄性放棄戰鬥，放棄交配機會，但起碼得以存活下去，日後再戰。要是在可能贏的時候掉頭就走，好像很瘋狂，但放棄戰鬥，會節省時間精力，也不用冒險。對條件差、體格小的選手來說尤其是如此，因為牠們最有可能在戰局中受傷。要準確預測哪一方會勝出，必須用最簡單的方法來評估。此時需要一明顯指標，一眼就看出潛在對手的戰鬥力等級。[3]

公招潮蟹在相互較量時，會看彼此的螯。原因很簡單，螯非常巨大，而且在許多動物物種中，顏色十分鮮豔，容易觀察。這也是蟹身上變異最大的部分，從極小到碩大無比，各種尺寸都有。最後一點，就跟所有大型武器一樣，螯對寄生蟲、疾病和營養條件敏感，所以長有大螯的健壯個體確實最有可能打贏。[4]這些因素讓螯更值得關注，而在動物世界裡，公蟹會以螯來比大小，評估是否開戰。

招潮蟹打架時會圍繞著洞穴。原本居住在此的公蟹會捍衛洞穴所有權，只要一有空閒，便會加以整理、擴大以及美化。母蟹會參觀好幾隻公蟹的洞穴，詳加檢查後才會從中選出一個滿意的。選好洞後，牠們會和公蟹交配，並待在地下花好幾個星期育兒。母蟹對洞穴的偏好都一樣，洞穴通道的寬度和深度合適，離海邊的距離也要適中，能夠避免被漲潮淹沒，又要保持洞穴底部濕潤。[5]

公蟹會爭奪洞穴所有權，如此一來體型最大、武裝等級最高的公蟹最後往往住在最好的洞穴。在任何一個時間點，遍地洞穴都是守備中的雄性，彷彿有繩索將牠們拴在洞口，還揮舞著旗幟般的大螯。但海灘上也有許多公蟹四處流浪，實際上，招潮蟹會在這有無洞穴兩種狀態之間反覆轉換。看門的公蟹無法外出覓食，因為食物都遠在沙灘另一邊的水面下。牠們只能靠體內儲存的養分維生，每天消耗一點。最後，即使是條件最好的公蟹也會被迫放棄洞穴，出外覓食和補充能量。牠們一離開，就會有其他公蟹趁虛而入，占據洞穴，所以等到牠們再度回沙灘時，就會想辦法挑戰其他公蟹，占領新洞穴。

每座海灘的螃蟹族群規模都很大，動輒數十萬隻，不斷交換流浪者與守門員的角色，結果導致對峙總次數驚人。每隻看守洞穴的雄性，每天面臨高達上百次的挑戰，驅逐和易主的戲碼經常上演。不過，要是每次狹路相逢都要來一場激烈戰鬥，那牠們的生活也太過危險了。大多數的公蟹對決，根本還沒開始，就早已結束。

以一隻流浪公蟹的角度來想像，牠們的眼睛就位在眼柄上，僅高出沙灘兩三公分。放眼所及，想必都是地平線上不斷上下擺動的螯。螯一次又一次地起落，而四周攻勢不斷。一隻流浪者公蟹並不是直接走到第一個洞穴，長驅直入。牠也不是隨機挑選。當牠徘徊在揮舞大螯的公蟹之間，會評估一下局勢——愈大的螯舉得愈高，然後牠會朝螯大小和牠相等或較牠小的看守者前去。[6]

懂得評估真的很了不起，這不僅意味著公蟹知道自己的螯有多大（不然牠怎麼能從一定距離外分出哪些螯比較大？），也表示雄性之間懂得在遠處用視覺一較高下。絕大多數的競爭在還沒有開始之前就結束，幾乎看不出來有戰鬥跡象。光是讓對手看到自己的大螯，就足以阻止個頭小的公蟹前來挑釁。

只有當公蟹找到實力相當的對手時，才會進入下一個階段。當一隻流浪者公蟹逼近，看守者會正面迎擊。守門者會向前伸出螯，而流浪者則會回防，以螯對螯的方式非常有紳士風度的攻擊。[7]如果入侵者研判錯誤，此時才發現看守者的螯遠大於牠，便會馬上打退堂鼓。如果勢均力敵，這時互推的力量會更大。兩隻公蟹會沿著對手的螯摩擦，在過程中會不斷推動彼此的螯。此時，也有很多入侵者會選擇和平離開。除非牠們真的旗鼓相當，不然屈居弱勢的個體通常都會掉頭就走。[8]

要是兩隻公蟹經過這個較量階段還沒完，情勢就會更緊張。這一次會更暴力，兩螯扣得更緊，彼此使出全力擠壓。最後，要是雙方僵持不下，就會進入死纏爛打的無限制格鬥殊死戰。看守者會躲到安全洞穴中，躲避入侵者舉螯相攻，並持續對峙，直到一方放棄離開為止。[9]

這時戰鬥達到高峰，雙方都處於憤怒狀態，耗盡一切體力，身陷險境。不過這樣激烈的打鬥場景並不多見。以海灘上每天公蟹相互較量的樣本數來看，實際爆發戰鬥的情況算少。在每一場全力對決之間，有數百次都是和平解決。在現有動物物種中，以體型相對大小來看，招潮蟹擁有全動物界最大的武器，但是，螯的主要作用是嚇阻，幾乎不會用來打架。

只要線索足夠，就能夠推斷雄性個體的潛在戰鬥力，利於其他雄性個體評估及留意。[10]看來真有明智挑選戰場這回事。若每一次戰鬥都全力以赴、肆意攻擊而且毫不保留，最終勢必會弄得全身是傷，疲憊不已，甚至送命。在進入耗費大量資源的戰鬥前，先評估對手能力，而且只有在進攻贏面大於傷害或失敗的風險時，才會真的出手攻擊，如此雄性個體便能更有效地評估得失。

和招潮蟹類似，雄性長角緣蝽象也用身上的武器震攝對手，偶爾才戰鬥。牠們長出一對巨大後腿，結實有力，上面還長了鋒利的刺，在打鬥時能壓碎或刺穿對手外殼。在竹子新芽上，雄性將雌性集中守衛，好面對來犯雄性。當對手靠近時，看守的雄性會在空中揮動厚實的腿，讓入侵者見識牠的威力。通常一招就足以震攝對手。只有當雙方勢均力敵，才會進一步戰鬥。[11]

山羊的角是有蹄類動物中最長的，但牠們幾乎不打架。公羊會昂首闊步不斷示威，有時會相互追逐。但要到角對角卯足全力相撞的情形卻很罕見。[12]馴鹿的態度也同樣謹慎。有一項超過兩年的研究，追蹤超過一萬一千六百場的雄鹿衝突，結果只有六次升級為戰鬥，連百分之一的二十分之一都不到。[13]

這是大自然的一項有趣悖論，終極武器最少用在實戰上。[14]體型最大、條件最好的雄性揮動著能夠嚇唬大多數對手的大型武器。這些武器的存在本身就足以嚇阻所有挑戰者，除了更大的競爭對手之外。

對只具備中小型武器的雄性來說，只有旗鼓相當的對手才值得一戰。

嚇阻是軍備競賽中的一個必要階段，動物會非常直觀地判斷戰與不戰。隨著武器尺寸增大，成本也愈來愈高[15]，付得起代價的雄性物種會愈來愈少，這更拉大強弱差距。演化愈是往極致武器發展，強弱之間的差距就愈大。弱勢無產階級永遠不得翻身，但強勢重裝軍備動物勢力日益坐大。由於同時有指標可參照，威脅變得更真實、更明顯，進一步助長嚇阻效應。

嚇阻效應也會回過頭來助長軍備競賽，使武器加速演化。武器一旦能夠表徵戰力的高低，就等於出現另一個發展終極武器的誘因。現在，具備最大型武器的雄性物種因兩種因素而贏得勝利，其一是在戰鬥中戰勝對手，其二是武器大到能嚇阻敵人，能夠不戰而勝，減少對峙次數。[16]加上嚇阻作用，武器等於具備複合功能，不但能省去打鬥，也是一項對雄性的獎勵。

長角緣蝽象一般只是揮動武器嚇唬對手，只有勢均力敵時才會展開實際戰鬥。

雄性不是唯一會注意武器大小的。在許多動物物種中，雌性也會研判武器尺寸。[17]為什麼不呢？這是展現雄性實力最明顯而且最可靠的廣告。母蟹多靠近具有大螯的公蟹[18]，而且她們偏好顏色鮮豔的大螯。[19]雌性柄眼蠅偏好具有長眼柄的雄蠅[20]；雌性蠼螋喜歡鉗鉅最長的雄性[21]；雌性歐洲紅鹿[22]和羚羊[23]都喜歡大角雄性。

最後一點，嚇阻是雄性在戰鬥前評估對手的一種方式，這會強化雄性競賽中的單挑傾向。一系列的戰前評估，某種意義上，類似隧道或樹枝的作用，會迫使雄性動物兩兩對決。即使戰鬥是發生在開放場域，如馴鹿和羚羊，也是會在經過一系列評估後，選定欲較勁的對手，這樣全面對決時，一定都是正面單挑，而武裝強大的

公山羊會相互較量，比較武器的大小，但是絕大多數的對峙都無疾而終，不會演變成真正的戰鬥。

雄性多會勝出。

隨著武器日益增大，最具嚇阻作用的武器在演化上更占優勢。軍備競賽和嚇阻力相互推動，在演化的螺旋梯上不斷爬升。這時終極武器的演化，就像花式溜冰選手將手臂收回胸前那樣，轉速愈來愈快。

全盛時期的大英帝國，控制了全世界五分之一的人口，在各大洲都有殖民地。對一個小型島國來說，這是一項了不起的成就，全要歸功於皇家海軍獨霸世界的軍力。[24]在十八、十九世紀，英國皇家海軍船堅炮利不可一世，帆船艦隊都是以高大桅杆和實心橡木打造而成，上面載滿了大炮，火力十分強大。

建造軍艦的成本可觀。光是一艘載有七十四炮的戰艦，光船體就得用掉三千五百棵橡樹，而且全都是樹齡至少超過一百歲的成熟硬木，若是造一艘百門大炮的戰艦則得用掉將近六千棵。[25]當時歐洲國家的森林幾乎被砍伐殆盡。唯有掌控全球航線和殖民地網絡的國家才有能力進口上等木材，直接在殖民地組裝船隻還更省事。再加上船廠、工程師、造船師、船工、大炮、索具以及經過訓練的軍官和船員，大型軍艦的總造價遠遠超過當時世界上多數國家所能負擔的程度。艦隊規模和軍艦大小成了一個國家戰鬥力指標，也具備完美的嚇阻作用。

就跟招潮蟹一樣，當兩國海軍發生衝突時，軍艦也會尋求大小相當的對手。當艦隊一字排開，由最大一艘領航，其他依大小順序尾隨在後。[26]敵軍艦隊也是如此，大的軍艦會對抗大的。大型軍艦多的海軍具有優勢，因為「重軍」能夠將戰線延伸得更遠。即使最後整個戰線陷入混戰，重量級的船還是會尋找同量級的。大船一定能打敗小船，但體積和噸位會使大船速度降低，小船便有機會逃之夭夭。中型船也能從大船魔掌下逃脫，但速度也追不上小船，依此類推。軍艦無可避免地會和敵軍較量個別戰船的大小和速度。[27]

海軍指揮艦（flagship）是戰線上的「一級戰艦」，是當時噸位最大的船。一級戰艦上火力強大，一次大炮齊發就能擊沉小型軍艦。指揮艦看起來也十分震撼人心，足以宣示海軍火力有多強大。只要看一眼這些壯觀的船艦，就能夠得知在戰鬥中它火力會有多強大。光是把巨大軍艦停泊到有事端的港口，就足以平息暴動，或是擺平任何地方的外交糾紛。[28]

在世界上絕大多數國家都沒有一級戰艦的時代，英國海軍有十幾艘。以十八世紀末期歐洲爆發的拿破崙戰爭（Napoleonic Wars）為例，當時英國海軍有一百八十艘七十四炮戰艦等級以上的軍艦。[29]西班牙、荷蘭和法國海軍都相繼和英國爭奪過海域控制權[30]，但沒有一國軍力比得上英國海軍，等到拿破崙戰爭結束後，英國稱霸整片海域。整個十九世紀，長期都被稱為「大英盛世」（Pax Britannica），這時大多數地方衝突都沒有升溫成戰爭，原因通常只是那裡停了一艘英國軍艦。就跟螃蟹和馴鹿一樣，巨大武器和嚇阻作用迎來了一段相對和平的戰事空窗期。

時至今日，先進武器的製造成本仍然十分驚人，只有最富有的國家才買得起最好的武裝設備。船身超過三百三十公尺長，吃水量達十萬公噸的尼米茲級（*Nimitz-class*）核動力航空母艦，能夠搭載九十架戰鬥機、多組防空飛彈以及超過六千位機組員。[31]這種規模的軍艦，造價高昂，一艘成本是四十五億美元，還不包括上面所搭載的戰鬥機。超級大黃蜂（**F/A-18 E/F Super Hornet**）這類現代戰鬥機每臺要價六千七百萬美元[32]，這讓一艘航空母艦的總成本逼近一百零五億。要是再加上六千位軍事人員的培訓費用和薪水，還要繼續往上攀升。除此之外，航空母艦本身很容易受到攻擊，所以從來不是獨自出任務。在一支航空母艦艦隊中，除了母艦之外，還有一群船身較小的支援艦，一般包含兩艘導彈巡洋艦，二到四艘反潛艦和防空驅逐艦，通常還會有一潛艇尾隨。要擁有這樣的航空母艦戰鬥群，需要的經費超過兩百億美金。最近還有一項研究估計，一個戰鬥群的運作成本每天六百五十萬美元起跳。[33]

美國現在有十個尼米茲級航空母艦戰鬥群，全世界沒有任何一個國家能夠望其項背，連接近都談不上。今日的美國海軍之於美國，就類似十九世紀皇家海軍之於英國。規模大、火力強並且造價昂貴，美國的航空母艦艦隊同時具有武器的功能和嚇阻的效力，運用起來就像在下棋一樣，派遣艦隊到情勢動盪地區，展現軍事實力，便能穩定動亂。

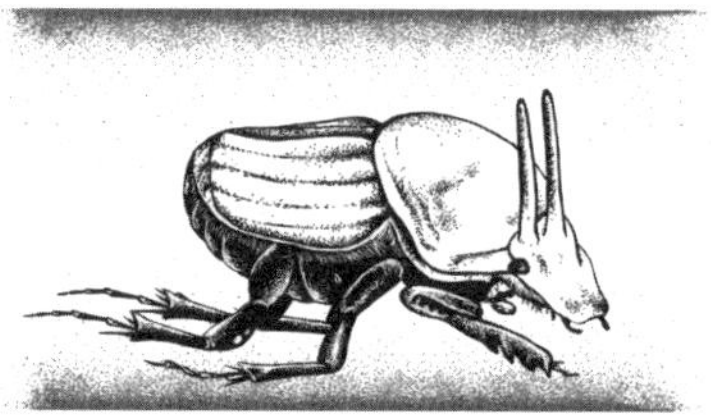

第十章　偷拐搶騙

在巴拿馬做研究的最後一年，除了每天破曉時進入森林尋找猴子和做人工選汰實驗外，我也花了很多時間待在黑暗中，就在辦公室一塊厚布下。我把布掛在天花板上，讓它像帳篷一樣垂下來。這一次，我純粹觀看。我想看看甲蟲的生活，牠們的一切，之前沒有人研究過牠們的行為，我急於想看到雄性甲蟲如何使用牠們的角。

問題是，一切有趣的活動都發生在地底下。我的甲蟲，不像螃蟹，成千上萬隻都在腳邊打架，也不像水雉，會在浮動的水草團上戰鬥。這些小傢伙進入鉛筆大小的洞穴後，就消失在土壤中。十九世紀末，法國博物學家讓．翁利．法布爾（Jean-Henri Fabre）在研究一種歐洲糞金龜的地下交配行為時，克服了類似問題。他在吃完甜點後，留下一個裝派的盤子，當中有一個洞，然後插進一根塞滿土壤的玻璃管。

一百多年後，玻璃管已經發展到「玻璃三明治」。我打造了一間「昆蟲農場」，在兩塊透明板之間填滿土壤，並以透明塑膠板取代盤子，固定在昆蟲農場的頂部。甲蟲要挖隧道時，牠們別無選擇，只能在玻璃板之間挖掘，這樣我便能窺視巢穴內部。明亮的燈光會干擾甲蟲，隧道內部通常不會有太多陽光，所以我不得不模擬出黑暗。幸好長臂天牛無法看到紅色，我可以在黑布帳棚中內使用紅光，不至於造成干擾。

每天我會在裡面待上四小時，寫下潦草筆記，瞇著眼睛在昏暗燈光下看豌豆大的甲蟲在小隧道內鬥毆。燈光讓小帳篷內溫度飆升，發酵糞便的氣味更讓人無法招架。但在玻璃三明治裡，甲蟲倒是過得很快活。牠們打鬥、交配並且照料下一代，我得看清楚這一切。

要不了多久，我就馬上確定雄性甲蟲會用角打架。這並不意外，但親眼見到還是很興奮。打架完全是一片混亂。守護者戒備嚴謹，以腿部的刺插入隧道土牆固定自己，入侵者會推牠，硬往下擠，彼此以頭和角相互扭轉。當兩隻公甲蟲埋頭互推，角會卡在一起。要是兩隻雄性勢均力敵，打鬥場面會愈演愈烈，雙方都更加狂熱，在扭打和翻轉之間，隧道也因此變得更寬。在一來一往之間，牠們可能會互換位置，因為對手會設法擠得更裡面，那可說是打鬥的獎賞。有時決鬥會一路後退到雌性甲蟲所在，直接撞到牠身上。也有時候，牠們會往隧道外移動，翻滾到頂層。在最瘋狂、激烈的戰鬥中，我根本無法分辨誰是誰，但等混戰結束後，幾乎總是角較小的雄性甲蟲離開。[1]

在觀察多次鬥毆後，我就不再那麼專注了，畢竟每次結果大同小異。看到贏家並不會讓我特別興奮，倒是輸家讓我吃驚。假如一隻大型雄性個體戰敗，牠會去尋找另一條隧道，展開另一次挑戰。在野外，牠大概只要移動一兩公分，便能到達下一條隧道，但在我的農場裡，可沒這麼幸運，牠得沿著玻璃盒的四周不斷繞圈圈。但個頭小的雄性則採取截然不同的策略。被趕出來後，牠們只會短距離移動，也許一兩公分，然後開始挖掘隧道。挖隧道是典型的雌性行為，但是小型雄性個體卻在有雄性看守的隧道旁另挖一條新隧道。

第一次看到這場景時，我興奮不已，以為小型雄性想要趁機溜進主隧道。但是，牠只是等著，幾個小時過後，牠還是待在那兒按兵不動，我整個人心浮氣躁。沒錯，就是在我去廁所的那一刻，牠動了。等我回來後，發現一切都結束了。小傢伙又回到牠原本的隧道，但我看得出來，牠從側邊挖了一條隧道，鑽到主道去。於是，我組合起五六個巢穴，把大大小小的雄性個體全都混在一起，果然，終於親眼看到牠們偷偷摸摸闖進別人巢穴的畫面。在靜坐幾個小時後，小型雄性突然忙活起來，往主隧道挖去，目標對準雌性。在短短幾分鐘內，牠可以和雌性糞金龜交配，然後離開，而在上方守著入口的雄性渾然不覺。

當我跟博士論文口試委員會討論隧道支線的事情時，他們質疑這是在玻璃箱內的特殊狀況，畢竟

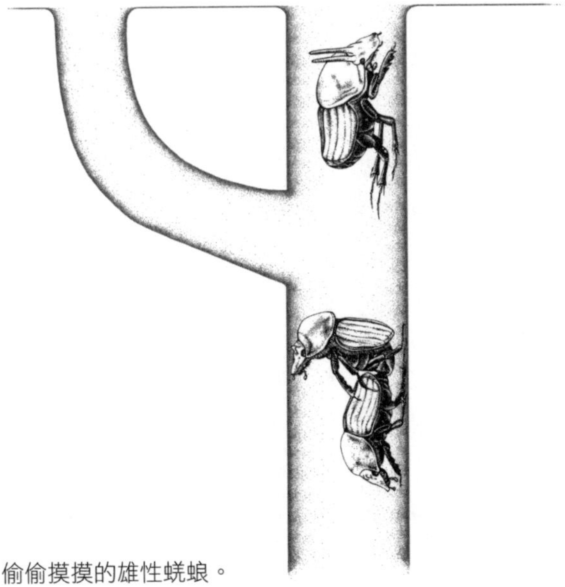

偷偷摸摸的雄性蜣螂。

箱裡是個二維宇宙，不然那些小甲蟲還能往哪裡挖？要是空間有限，鑽到主要隧道去也不足為奇。真正的問題是，野生糞金龜是否也會做出同樣舉動？於是我準備好幾條矽膠和熱熔槍，到森林裡，把白色的熔膠灌入甲蟲的隧道。猴糞不大，約莫一個硬幣的大小，往下挖就可見到甲蟲洞穴的入口，分別通往十幾個甚至二十來個獨立隧道。我將隧道全都灌進矽膠，再整個挖起來，用車子運回實驗室，以便能輕輕刷去泥土，看到隧道的模型。

結果發現，野外的小型雄性糞金龜也會有挖隧道支線的行為，而且次數相當頻繁。從巢穴翻模能夠明顯看出，鬼鬼祟祟的雄性糞金龜可能靠著密道，偷偷潛入別人地盤約四、五次。[2]現在，我明白為什麼大個頭的雄性糞金龜會定期巡邏隧道，也瞭解為什麼體型小的雄性糞金龜不長角。這個物種，就跟許多隧道型的同類一樣，體型大的雄性都會長出一對長長的角，體型小的則不，甚至連中間過渡型的角都沒有長出來，牠們似乎完全停止了角的生長，個體成熟時比較像是雌性。[3]體型小又沒有長角的雄性，在隧道裡的機動性比體型大、有長角的雄性來得好，部分原因是牠們頭上沒有角來礙事。[4]感謝西澳大學（University of Western Australia）約翰·杭特（John Hunt）、喬·湯姆金斯（Joe Tomkins）和利·西蒙斯（Leigh Simmons）的研究，我們現在也知道，在許多具有這種「二形性」（dimorphic）的甲蟲物種中，高度特化的小型雄性個體具備種種鬼祟行事的才能。牠們的交配速度快、精子傳遞的時間也短，有相對較大的睪丸和較多的精子。[5]牠們和雌性的交配頻率也許沒有在入口守衛的長角雄性來得高，但也善用了任何機會。由於在戰鬥求勝無望，這些小傢伙轉換跑道，改採B計畫。

當少數幾隻優勢雄性壟斷群體裡的生殖機會時，就會促使剩下的雄性打破常規。要是按照正常方式卻贏不了競爭，那就作弊吧！偷偷摸摸的雄性比比皆是，幾乎在所有的動物物種都如此。[6]大角羊的公羊會在洛磯山脈斜坡上守護牠的母羊群。體型最大、年紀最長的公羊擁有最大的角，優勢公羊自始至終都能控制母羊群。然而，有高達四成的小羊是來自小個子公羊的後代。[7]這些偷偷摸摸的公羊稱為「尾隨者」（**courser**），牠們會衝進大公羊的地盤中，在還沒有被優勢公羊驅逐前，和母羊快速交配。

公翻車魚和鮭魚也會守在母魚前來產卵的一塊塊沙地前。母魚會選擇體型大、有吸引力而且守在最佳產卵地點的公魚，並讓公魚在卵上灑下大量精子。體型小的公魚沒有機會守衛地盤或是得到母魚青睞，所以牠們會趁隙偷偷靠近，把自己的精子灑在卵上。[8]

分布在歐亞大陸凍原帶的過境候鳥流蘇鷸，體型大的公鳥能夠占領地盤，在求偶儀式中展現牠蓬鬆的黑色和板栗色羽毛，還有頸帶黃色、褐色、白色的多彩繁殖羽，稱為「禦地鳥」。母鳥向來都是挑選體型最大、最耀眼的公鳥為伴侶。於是，體型小的公鳥會以兩種方式來欺騙母鳥。一類公鳥會褪去黑色和栗色羽毛，改披上一身白色羽毛。白羽公鳥被稱為衛星鳥，在禦地公鳥地盤的邊緣打轉，攔截前來尋找禦地公鳥的母鳥。[9]禦地公鳥會容忍牠們，某種程度上，母鳥之所以前來此地，是因為同時受到禦地公鳥和衛星公鳥的吸引。

衛星公鳥一身白羽非常顯眼。但第三種類型的公鳥則融入禦地公鳥的地盤，很難發現，要察覺牠們的存在非常困難，研究流蘇鷸幾十年後，科學家才發現牠們的存在。[10]這些外觀和行為與母鳥完全一樣的公鳥被稱為「父鳥」（faeder，古英文的「父親」）。牠們能光明正大地進入資源最多，環境條件最好的地點，在禦地公鳥面前佯裝成母鳥。[11]

各式各樣的物種中，都有這種雄性模仿雌性的例子。有一種海洋等足類甲殼動物，稱為「海中鼠婦」（swimming pill bug）──實在是找不到更好的辭彙來形容這種動物──守衛著手掌大的海綿空腔，等待雌性前來覓食和交配。[12]大型雄性長有一對駭人的鉗狀爪，用來打架。爪子最長的雄性會獲勝，成功捍衛海綿。但其他雄性也有辦法進入海綿。雄性放棄武器，長得酷似雌性。就跟流蘇鷸一樣，模仿雌性的雄性等足類也都能安然進入海綿內，而不被禦地雄性認出。[13]

澳洲烏賊模仿雌性的技巧非常高明。海洋軟體動物對色彩很敏感。牠們堪稱是動物界的偽裝大師，能夠幾秒鐘內改變體色，與周遭背景融合得天衣無縫。牠們一生之中大多數時間都離群索居，隱形不見烏賊影，只有在短暫的交配季，數百隻烏賊才會聚集起來，雄性開始顯示耀眼體色，從成熟單調的保護色變成綠色、藍色、紫色的美麗色彩組合。

每隻雌性烏賊可能一次就會有十幾隻雄性追求，競爭激烈，而雌性會靠近體型最大、色彩最豐富的雄性。[14]一旦雌性選定，這對配偶會游到群體外圍，準備找地方交配、產卵。但這時，狡猾的雄性會介入。軟體動物在面對競爭時，有很多種應變方式。有時小型的雄性會趁優勢雄性分心作戰時，轉換體色，用豔麗外貌來討好雌性。也有時候，牠們會偽裝成岩石，與海底融為一體，然後偷偷靠近這對配偶。通常雄性會模仿雌性的外表，這樣牠就可以大搖大擺地游過去，不會受到優勢雄性盤查。當這隻偷摸摸的雄性游到優勢雄性和雌性之間，牠會在雌性旁邊以明亮耀眼的外表求愛。但是僅活化面對雌性的那一側，面對優勢雄性的那一側仍然維持雌性外貌。[15]

在人類族群中，欺騙和偷偷摸摸的行為也很普遍，就跟其他動物一樣，有時還會騙過最強的軍隊。「突襲」或「游擊」戰術至少可追溯到公元前六世紀的《孫子兵法》。[16]孫子的策略很簡單：要是具壓倒性優勢的大軍入侵時，防守方就突破常規，不按牌理出牌。利用當地地形掩護我軍，然後發動快攻，如此小型軍隊也可以使大軍人心惶惶、士氣降低。他們永遠不會戰勝大型軍隊，但也沒有必要這麼做。光是靠埋伏倖存下來，慢慢消耗大軍的意志和補給，這場戰爭就不算「輸」。[17]當非正規軍拒絕以傳統戰鬥方式直接迎戰，大軍幾乎不可能鏟平敵人，面對神祕突擊，規模龐大的正規軍反而礙手礙腳。

要是當年英軍贏得戰役，那段歷史就不會被稱為「美國革命」（American Revolution）。當時美國反抗軍避免和訓練良好、組織更為完善的英國軍隊在戰場上直接交鋒，轉以小規模快攻與突襲，在英軍行軍或是經過狹窄要道、過河時開火攻擊，逐漸削弱英軍的數量優勢。[18]越共也曾用類似戰術對付美軍，阿富汗也曾以小駁大對抗蘇聯軍隊。今日，美軍每天都得應付伊拉克和阿富汗武裝分子的偷襲。

游擊隊也算是一種「偷偷摸摸」的力量。除了破壞傳統交戰規則外，他們隱藏身形、利用地形掩護來接近敵軍，理論上，發動攻擊時才會受到注意。就某方面來說，他們也將自己「隱藏」起來，他們很少穿著軍裝。藏身在平民百姓間，敵軍很難區分敵友，這使入侵者落入一種「雙輸」局面，要是不夠謹慎，遭遇恐怖攻擊的風險提高，但要是反應過度，殺害沒有武裝的平民，失去民心，也會降低政治支持度。[19]

有時就連火力最大、最昂貴的軍事技術也敵不過偷襲。若是直接對抗坦克步兵，根本毫無勝算，但要是悄悄溜進艙口，丟入一顆手榴彈或燃燒彈，局勢就可能不變。地雷和簡易爆炸裝置（improvised explosive device）也算是一種欺騙，避免直接對戰，游擊部隊潛伏在陰影裡，藏在廢墟或地下。這些簡易而低技術門檻的武器可以讓幾百萬美元的坦克和盔甲車動彈不得，炸彈就能使數十億美元的戰艦沉沒。在公元兩千年十月，一艘小船緊靠著美國海軍的飛彈驅逐艦科爾號（*Cole*）前行，這艘戰艦長一百五十二公尺，造價高達九億美元。小船看起來很友善，但事實上，上面滿載炸藥，最後在驅逐艦上炸出約十二公尺的大洞，造成十七人死亡，三十九人受傷，並造成一億五千萬美元的損害。[20]

對現代軍隊而言，有一種偷襲最危險，可能也最不受重視。網路攻擊聽起來並不特別可怕，除了偶爾信用卡密碼或個人帳戶被盜這類麻煩事之外，很難想像會如何威脅國家安全。但駭客可能會是美國當前面臨的最大危險，他們足以削弱國家的整體軍力。

過去幾十年來，軍事科技日趨電腦化。從導彈發射系統、導航系統到指揮控制潛艇、航空母艦和飛機，完全依賴高科技電腦軟體。現代飛機的飛行速度與卓越技術讓人類能隨心所欲地快速移動，然而最高科技的飛機要是少了電腦操作系統根本無法飛行。[21]從設定目標、導航甚至是指揮和控制全都依賴複雜的電信設備和軟體。

駭客可以破解防火牆，進入美軍指揮控制系統，再偷偷植入外來代碼，這足以造成一場災難。以二〇〇三年至二〇〇六年這段時間為例，中國駭客針對美國的國防和航太系統，發動了一系列精心策畫的網路攻擊。[22]在發現和防堵安全漏洞之前，「泰坦雨」（Titan Rain）攻擊已經從美國國防部、五角大廈、太空總署、洛斯阿拉莫斯實驗室（Los Alamos Laboratories）、波音公司、雷神公司和其他各單位竊取到許多機密軍事數據。「泰坦雨」攻擊清楚說明中國如何以網路戰這種以小搏大的非對稱戰術來瓦解敵軍的正規軍力。[23]

二〇一三年時，中國故技重施，這回潛入美軍諸多高科技武器控制系統中，包括F-35聯合攻擊戰鬥機（F-35 joint strike fighter）、V-22魚鷹傾斜旋翼飛機（V-22 Osprey tilt-rotor aircraft）、終端高空區域防禦導彈系統（Terminal High Altitude Area Defense missile system）、愛國者先進能力反導系統（Patriot Advanced Capability antimissile system）、宙斯盾彈道導彈防禦系統（Aegis Ballistic Missile Defense System），甚至是美國非武裝的飛行器系統「全球鷹」（Global Hawk）。[24]光是機密武器情資外流已經夠嚇人，但在這些事件中，真正可怕的地方在於中國人不只是要情報而已。現在看起來，他們到時只要輸入專案控制碼，便能擁有美軍的完全控制權。[25]

駭客的「零時差」（Zero-day）攻擊，是最棘手也最危險的武器，利用連軟體廠商也不知道的漏洞，將控制碼埋藏在控制系統深處，直到啟動的那一天才會顯現。[26]要是二〇一三年駭客發動網路攻擊時，美國沒能發現他們所安裝的控制碼，人類歷史上最昂貴和最高科技武器可能完全喪失攻擊能力，甚至會反過來對付美軍自身。

從羊群的尾隨者到趁隙偷灑自己精子的魚類、環伺在側的衛星型流蘇鷸以及種種模仿雌性外表特徵的雄性，動物界欺瞞的方法千奇百怪、不勝枚舉。除了與對手正面對決這條傳統的路子之外，原先占優勢的雄性現在面臨許多打破常規的行為策略與威脅。在人類世界中同樣如此，舉凡游擊隊、地雷、簡易爆炸裝置以及網路駭客，都可以破壞常規軍事力量。若是在整個族群中，作弊者影響力有限，局勢就不致出現太大變化。不過，要是行騙伎倆太成功，便足以結束軍備競賽。

第十一章　競賽的終點

中古世紀騎士的武器裝備發展到最後，盔甲強度、重量與製造成本都達到前所未有的極限。在競技場上，騎士和旗鼓相當的對手一對一單挑，通常是裝備最好加戰技最強的騎士勝出。[1] 在傳統戰場，上好的盔甲具有防禦優勢，因為士兵向前迎敵時，必須與敵軍直接硬碰硬。然而，到最後盔甲愈改愈沉重，使人和馬行動不便，動作變得十分笨拙，[2] 迫使雙方最後只能直接迎戰，無法從側邊突襲，更確切地說，不可能變化任何攻擊的方向。[3] 不過，只要敵人的武裝同樣笨重、行動困難，那麼在對戰中，受過良好訓練、盔甲裝備最高級的人還是會獲勝，而盔甲所提供的保護，依舊合理化它的高成本。事實上，騎士確實得到周密保護，所以戰鬥傷亡率出奇地低。身敗名裂所帶來的痛苦大過死亡或受傷。[4]

然而，一切在十字弓和英格蘭長弓等新型武器出現後完全改觀。[5] 就跟動物界鬼鬼祟祟的雄性物種一樣，新技術破壞了過往交戰規則，消除昂貴盔甲的好處。在十字弓發明之前，一個騎士可以乘馬上陣，毫髮無傷地對抗其他騎士。他可以奔過農地，從高處砍殺馬下的步兵，靠著一身盔甲、板甲、盾牌與頭盔的保護，不致受到步兵的傷害。只有騎士才具有優勢，他們鼎立在沒有保護裝備和武器粗糙的草莽村夫間，根本不屑與之戰鬥，只願與地位相當的敵軍一戰。[6]

然而，只要有一把十字弓在手，即使普通農民也可以擊落戰技出色、全副武裝的騎士。突然之間，騎在馬上反而成了缺陷，在戰術上喪失優勢。騎士成了最顯眼的攻擊目標。從遠方發射的箭頭可以滑進盔甲，比方腋下，或是完全穿透盔甲直接命中。馬匹可能失足跌倒，一大團肉和金屬轟然倒地，騎士四腳朝天地躺著，活像隻被翻過來的無助烏龜。[7]

十字弓和長弓破壞了盔甲演化所依據的每一項重要原則。跟盔甲不同的是，弓和箭頭價格便宜，也相對容易使用。它們不是貴族富豪的專利，也不需要經過長時間培訓，也因此反應不出使用者的地位或階級。[8]最重要的是，十字弓和長弓改變了交戰模式。軍隊採用新武器，並發明新戰略，也因此，戰場上騎士的頂尖對決場面逐漸消逝。[9]

以克雷西（Crécy）戰役為例，英國軍隊集中弓箭手，迎戰不斷往前推進的法軍。[10]愛德華三世選擇一處平坦農田，兩側是森林和其他自然障礙，命令部下下馬等待，而不是騎在馬背上。他們兵分三路，每一隊配有千名穿盔甲的士兵，共排成六排，兩側各安排了五千位弓箭手。另有一千位後備的武裝騎兵，準備事後追殺法軍。

英軍總兵力約兩萬人，其中四千人有武器。而法軍兵力是英軍三倍，包含一萬兩千名武裝騎兵。[11]第一批進攻法軍是六千位十字弓手，還是聘請來的傭兵。在他們身後則是一排排武裝軍人。法軍不斷推進，最後只離英軍不到一百五十碼（約一百三十七公尺），法國十字弓手開始射擊，但多數都射不進英軍陣地。於是他們再次推進，但這次只迎來一陣長弓箭頭，破壞了他們的陣形，並造成前方士兵的恐慌。在後頭等不耐煩的法國騎兵，決定直接向前衝刺，沒想到穿過亂成一團的十字弓手後，才發現自己深陷困境。馬匹不是相絆互撞，絆倒在垂死傷者身上，就是遭到射殺，騎士紛紛倒地。少數幾個到達英軍戰線的騎兵都遭個別擊潰。在發動十幾波攻擊後，他們全都困在屍體堆裡，死路一條。當法軍終於撤退時，死亡人數已超過一萬五千人。而英軍只損失兩百人。[12]

七十多年過去了，阿金庫爾（Agincourt）之役又得到同樣結果。儘管這次法軍和英軍兵力差距達到五比一，法軍的數量優勢在一陣陣金屬箭頭襲擊下仍然徹底瓦解，騎士因為成堆屍體而倒地落馬，陷在泥裡難以動彈。[13]事實證明，全副武裝的騎士如今不再占盡便宜。以往傳統戰鬥中被他們厭惡鄙視的村野莽夫直接朝他們射箭，過去大家求之不得的華麗盔甲，如今則變成致命笨重的廢鐵。就這

在面對英格蘭長弓以及日後的火槍這類打破傳統交戰規則的武器，落馬的騎士毫無招架之力。

樣，便宜好用的新武器讓精心製作的盔甲毫無用武之地。[14]

軍備競賽總有停止的一天。隨著武器變大，製造成本也提高。最後，整個族群會達到新的演化平衡，打造武器的高成本和生殖利益相互抵消。變大不再有利於基因存續，軍備競賽於是陷入停滯。這個生物族群開始穩定下來，新的武器尺寸只會微幅調整，不再大變。至於武器大小的停損點究竟在何處，以有性擇行為的動物為例，牠們的武器可以大到不可思議，並且得承受龐大成本，為此付出代價。

任一生物族群在武器和生理負擔的兩端來回擺盪，尋求平衡，這過程將持續一段很長的時間，但大型武器的構造很快就會固定下來，由優勢個體傳給子代。假如你去檢視一個有武器的生物族群，量測選汰對武器的作用力，會發現這力量相當薄弱，或根本不存在。[15]當人們看到長有巨大武器的物種時，很難相信選汰對武器的作用力道這麼弱，但這樣的結果其實並不意外。理論上，每一生物族群演化到後來都會在武器與生理系統間平衡，而且一旦到達平衡點，就應維持不動。只要想想武器演化多麼快速，以及多少物種已經擁有這些武器長達百萬年甚至千萬年的時間，唯一合乎邏輯的假設，便是很多物種都早已穩定下來，牠們的軍備競賽已經停止。這場拔河比賽的兩方參賽者很快就僵持不下，兩股強大的力量因為相反方向的拉力而相互抵消。

會作弊的雄性，在族群裡就是優勢雄性所要負擔的成本，牠們抵消了大型武器持有者的生殖優勢。

對於完全靠武器得利的優勢雄性來說，在戰鬥中成功，是為了成功留下後代。在完美的童話世界裡，勝利的雄性會和所有牠能支配的雌性交配，以產生後代。但在現實中，鬼鬼祟祟的雄性會暗中在優勢雄性看不到的地方與雌性交配，偷偷地釋放精子，突破巨大武器的防線。

若是一隻鬼祟行事的雄性甲蟲，能夠讓被看守的雌性產下後代，假設當中有四分之一是牠的血脈，這就降低優勢雄性原來享有的生殖機會。優勢雄性還是得付出長角的成本，並且要耗費力氣戰鬥，才能不讓入侵者進門，但現在牠所能獲得的獎勵卻是原本的百分之七十五。[16]

平均而言，在整個生物族群中，部分雄性靠著取巧伎倆而得以成功交配。畢竟，欺騙戰術在動物界無所不在，幾乎每種生物族群中都有善欺瞞的個體。只要偷偷摸摸的雄性沒有留下太多後代，牠們對武器演化的影響可能微乎其微。然而，一旦牠們表現出色，就會危害優勢武裝雄性的好處。再加上其他成本，優勢雄性因為作弊者而損失的生殖率將為武器演化踩剎車，族群內部的演化開始穩定下來。事實上，若是族群內部的騙子表現太好，甚至會大幅抹消動物武器的好處，逆轉選汰方向。大型武器反而成了包袱。這時族群內部的軍備競賽不僅會停滯，甚至還會崩解。

一旦大型武器不再占優勢，選汰迅速開始作用，武器就會縮小。理論上來說，持有貴重武器的動物族群要是武器縮小的速度不夠快，甚至可能滅絕。拿大角鹿來說，我們永遠不知道那些頂著雄偉鹿角的大個子，到底發生了什麼事？不過最近一個模擬大角鹿鹿角生長成本的實驗模型顯示，牠們的鹿角已經發展到極限，生長成本極為昂貴，即使是最強壯的雄鹿也難以在冬天來臨前及時補回失去的鈣和磷。[17]此外，重建當時的氣候資料顯示，大角鹿當時所吃的植物，其礦物質含量顯著降低，這表示有可能因為棲地氣候及環境改變，使得大角鹿族群再也無法支付奢侈武器的成本。我們唯一肯定的是，食物品質下降碰巧與牠們的滅絕同時發生。[18]

我個人認為，在多數例子中，族群會延續下去但武器會消失。當馬來西亞河岸的幾種柄眼蠅不在空中氣根休息時，軍備競賽的三要素頓時少了兩個：雌蠅不在懸掛氣根上聚集（氣根因此不再具有經濟防禦價值）而且個體間的戰鬥不再是兩兩對決。少了這兩項要素，柄眼蠅的軍備競賽就此結束。牠們也失去了終極武器。[19]

有一種鍬形蟲，牠們不會為了樹洞所流出的樹汁戰鬥，而是爭先恐地進入空心樹內部，因為樹幹內部的表面積比洞口大，資源不再具有經濟防禦價值也難以看守，於是牠們用於打鬥的下頜骨也縮小了。[20]類似狀況也出現在另外三種鍬形蟲身上，當雄性開始和一隻雌性形成穩定的長期配偶關係，並且幫助育幼後，就失去了軍備競賽的理由。現在，雄性鍬形蟲不再為局部樹汁而戰，牠們根本不用再打鬥。而且雄性生殖週期幾乎與雌性同步，雌雄容易配對，因此幾乎沒有競爭。如今，牠們的下頜骨也演化得十分迷你。[21]

環境會改變，沒有一個先驗條件可以假設軍備競賽會永久持續下去。演化樹上配備有重型武器的多數物種，都有武器丟失的完整演化過程和生物證據。重建這些物種的歷史，可以看出演化過程的多次得失，武器演化是一種動態，甚至循環的過程，起起伏伏。當我的同事和我在探討武器演化模式時，以當中有五十種樣本的糞金龜為例，我們發現有十五次出現新角的獨立事件。一旦先決條件備齊，就會接連引發一次又一次的軍備競賽。但是，角在糞金龜演化過程中，也有可能消失。光是糞金龜的軍備競賽就瓦解九次，讓糞金龜失去武器。[22]也有對羚羊角的類似研究，顯示羚羊角大小也會增減變化。[23]軍備競賽就像是紙牌屋，看起來氣勢恢弘，實際上弱不禁風。

每當少數富國發展其他國家無力負擔的昂貴武器時，在某個地方，總是會有某個人能想出簡單便宜的方式反撲。每隔一段時間，最輕便的武器就會顛覆巨獸般的大型武器。早在公元前五世紀，火船就曾造成海軍艦隊的恐慌和混亂，當時居住在今天義大利西西里島沿岸的敘拉古人（Syracusan）找來一艘老商船，裝上樹脂和松木，然後放火燒船，任它順風漂向雅典人軍隊。[24]

兩千年後，人類仍以相同方式利用火船。木頭船體，再加上船上現有的炮彈火藥，讓敵軍戰線上的帆船淪為火攻目標。[25]當裝滿易燃材料或炸藥的拋棄式小船漂進戰場，輕而易舉就可以造成嚴重損害。一整隊戰艦，在海面上一字排開，戰線可延伸到兩公里長，各自有確切的備戰位置，它們一艘接一艘前後排好，卻也成了攻擊目標，即使是小船也能輕易發動攻擊，再加上火船體積小，不易擊中，反而能冒險靠近大船。

儘管火船很少讓戰艦沉船，但常迫使艦隊改變陣形，此時便有利於突襲。[26]比方一五八八年，英國送出了八艘火船飄向西班牙無敵艦隊，那時西班牙艦隊共有一百四十艘軍艦，全停泊在暗夜的加萊岸邊。英軍不能讓無敵艦隊停泊在那裡，西班牙援軍很可能正趕來，一定要迫使艦隊散開才行。西班牙人看到火船前來——其實這在他們的意料之中，於是攔截其中兩艘，並驅逐他們。但其餘六艘火船溜過外圍防線，得以離間無敵艦隊。那天晚上沒有一艘西班牙戰艦起火，但艦隊被迫在黑暗中拔錨移動。第二天破曉時，英國海軍便和整夜拔涉的西班牙海軍展開戰鬥。[27]

不過真正結束帆船海戰年代的，並不是偷偷摸摸的火船，而是一種新型槍炮。先進的槍炮，尤其是膛線炮管和炸彈，徹底淘汰掉帆船軍艦。[28]往後三百年間，軍艦上的槍炮全都改成發射實心鐵彈的長筒大炮。[29]槍炮和彈藥愈來愈大，但操作和製作技術仍相差無幾。不過到了一八五〇年代，大炮的炮孔，或稱炮管，改鑄成螺旋紋，使得炮彈射出後得以旋轉。具有「來福槍膛」（Rifle-bore）的大炮能更準確擊中目標，而且射程更長。大約在同一時間，炮彈也被裝滿炸藥的彈頭取代，徹底改變海戰造成的損害。

鐵球會在船體砸出孔洞，造成桅杆倒塌，產生一堆亂飛的木材碎片，並刺傷船員。但要用很多鐵球才能擊沉一艘船。因此在這樣的戰鬥型態中，船身愈大，就愈穩固。大船可以塞進更多大炮，火力就更強大。厚木製成的船殼和大型側舷讓大船無懈可擊，只有同樣等級的對手才能與之抗衡，正有利於發展軍備競賽。

炸彈可說是一種欺騙戰術。爆炸時把金屬片彈得到處都是，把船炸裂，還能裂到水線下方，引發大火。[30]木製船體根本抵擋不住。只要命中一發炸彈，就可以擊沉一艘船。此外，新的槍炮可以安裝在小型、廉價的船上，破壞了傳統作戰規則。幾乎一夜之間，原本最令人讚嘆的豪華戰艦成了移動最遲緩的目標。

解決方案是在船兩側加裝金屬隔板，但鋼質船體太重，船帆推不動。[31]於是帆船的軍備競賽就此畫下句點。在以蒸汽為動力的螺旋槳問世前，海上攻防一直處於僵局，等到螺旋槳取代風力，戰艦不再有重量約束，又展開新一輪的軍備競賽。[32]

英國皇家海軍「無畏號」（HMS *Dreadnaught*），以劃時代的氣勢占據整場海戰的舞臺中心。船體覆有成套防禦盔甲，旋轉式炮臺上配有螺旋膛線的大炮。新式「鐵甲艦」從遠處就看起來殺氣騰騰。當新的炸彈發射技術成熟，鐵甲戰艦已能在好幾哩外擊沉敵方船隻。[33]從此，戰鬥不再是近距離搏鬥，但巨大船隻的決鬥仍然持續著，新的槍炮創造出一種愈大愈好的條件，足以引發又一次的軍備競爭。

鐵甲能夠抵禦小口徑炮彈，這為載有大型槍炮的船帶來優勢。搭載大型槍炮的船，也會反過來配備厚甲，兩者都需要大船才能負重。與此同時，工程技術的革新也提升蒸汽引擎的推進功率，自此展開一場追求速度的競賽。各國海軍爭先恐後打造更大、更快、配有厚重防禦盔甲與搭載大型槍炮的戰艦。這時期突然興起一股戰艦建造潮，堪稱是史上最快速、最多產的一場軍備競賽。[34]

起初英國、法國、德國、俄羅斯、義大利、美國和日本都展開大規模造船運動，但是，到了二十世紀初期，打造海軍艦隊的龐大成本，和令人瞋目結舌的戰艦尺寸導致競賽崩壞，只剩下英國和德國兩個超級大國在競爭。[35]到第一次世界大戰爆發時，無畏號戰艦演化成更大、更快的「超級無畏號」，而這兩個國家都想盡辦法組出十幾艘同樣昂貴的船。[36]

儘管新式海軍以驚人之姿出現，它們卻從一開始就面臨敵人威脅。此時火船也演化成魚雷船，不僅船身小，速度快，能夠溜到戰艦附近，放出電動魚雷。大型戰艦機動性較差，迴避不了小壞蛋，因此海軍打造小型驅逐艦，專門攔截和擊沉魚雷船。[37]不久後，驅逐艦本身也配備魚雷，從此能守能攻。[38]就跟蟻群同時有頭大的強壯兵蟻和小巧、動作快的工蟻一樣，艦隊現在也在大船周圍部署其他任務不同的小型船隻。

不過，道高一尺魔高一丈。很快地，軍方就研發出可攜帶魚雷的潛艇，發射魚雷時潛艇不用升到海面。終極騙術就屬潛艇為最，它可以潛行到大型戰艦附近，從水下擊沉戰艦[39]，削弱海軍主要火力和戰術。就像農民使用十字弓一樣，潛艇也破壞了傳統的交戰規則。超級戰艦成為易受攻擊的笨拙目標，最大的優勢又成了一種包袱。唯一解決方案就是派遣其他船隻在周遭圍繞，嚴加戒備，但這做法無疑減損了艦隊實力並且限制行動，現在每艘超級戰艦出航時都必須要有一群驅逐艦護送，而護送勢必造成干擾。

德國人顯然意識到他們永遠趕不上英國海軍的造船狂熱，於是暗自將一部分造船經費挪用到潛艇研發上，祕密打造出一對水下隱形部隊，暱稱為「U艇」（U-boat）。[40]諷刺的是，德國潛艇發揮最大影響力的地方不在於瞄準和擊沉有驅逐艦隊保護的敵軍戰艦，而是攻擊在大西洋往返而沒有保護措施的商船。[41]英軍（或任何）海軍無法護送所有商船。它們成了潛艇最容易下手的目標，藉此削弱戰備物資和人力運送，破壞同盟軍戰力。

潛艇也激出另一種騙術。英軍將軍艦偽裝成無防備的商船。這種「Q船」（Q-ship），正如其名，看了讓人莫名所以，是一次大戰期間的最高機密。[42]它們能引誘潛艇靠近，並誘使它們升到水面上。潛艇攜帶的魚雷數量有限，要是商船看起來不堪一擊，潛艇可能會浮出水面，改用甲板上的大炮來擊沉船隻，省下寶貴的魚雷留待之後再用。Q船會佯裝沉沒，釋放出煙霧，並且讓船員棄船，登上救生艇，以此來引誘U艇浮出水面，再擊沉U艇。潛艇浮出瞬間，Q船上的剩餘船員拋下遮板，露出甲板上隱藏的大炮，立即開火攻擊。Q船的雙重騙術確實是大膽而高明的策略，但事實證明這麼做太危險，最終付出的成本並沒有產生足夠效益。Q船在戰爭期間擊沉十四艘德國潛艇，但損失的Q船是德軍的兩倍多。[43]

到一九一四年，即使英國也看得出來，儘管超級戰艦很雄偉壯觀，但在戰爭中卻起不了決定性的作用。原先超級戰艦是設計來對付其他戰艦的，但幾乎不曾有機會交戰，作為一種防範戰略又顯得過時。[44]雖然多年之後，它們仍是海軍戰力的一部分，但稱霸海洋的盛名早已不再，在海軍中繼續服役的超級戰艦最後淪為運送戰鬥機的載具。[45]

到最後，所有武器的命運都取決於效益和成本。在軍備競賽早期，投資在大型武器的收益可能飆升。但是，隨著情勢變化，成本上升，加上敵方又會耍詐，抹消大型武器的優勢，當大型武器能得到的效益不再能合理打平花費時，它們就只是包袱。

夕陽很美，在巴羅科羅拉多島幾乎總是如此。色彩繽紛的鸚鵡從四面八方飛來，聚在水邊一棵鳥兒一起過夜的樹上，發出嘈雜鳴聲。我們前方空地飛來一隻彩虹巨嘴鳥，溫柔劃過天際。這是一九九二年二月，我終於完成在巴拿馬森林研究站的工作，準備回到研究生的正常生活。所有的甲蟲都量完角的長度了，昆蟲農場也拆掉了，成千上萬的塑膠管都裝進盒子

潛艇是海戰中最終極的「騙術」。體積小又隱匿於海中，甚至能夠擊沉當時最大的戰艦。

裡，堆放在儲藏室深處。我的實驗室都清理好了，行李也幾乎打包完。在將近兩年的時間裡，我都在島上的史密森研究站生活，和一群為了瞭解生命細節的生物學家一同勤奮工作。現在是回家的時候了。

我們幾個一派輕鬆地在門廊上俯瞰著運河，冰涼的啤酒瓶凝結出水珠。運河上經常會看到大船，這裡是大西洋和太平洋之間往返的航道。大多數船隻都是無聊的貨船，船上堆疊著滿滿的金屬貨櫃。偶爾也會有遊輪出現。不過到目前為止，讓我們最興奮的還是軍艦。今天晚上，有一整隊美國海軍艦隊平靜地經過，從驅逐艦、巡洋艦到最精采的超級戰艦——它宛如一隻灰色的龐然大物，上面搭載巨大的槍炮與矗立著天線、雷達和衛星盤，看了頓時讓人肅然起敬，望而生畏。據說，美國戰艦是能夠通過運河的最大船隻。船身將近兩百五十公尺長，寬度超過三十公尺，在擠進運河時，這艘愛荷華等級的戰艦只剩不到三十公分的滑行空間。

我這輩子都不會忘記那個夜晚，我在驚天動地的爆炸中忽然驚醒。在刺眼的閃光中，我從床上被震到一兩公尺外的牆上，然後跌在地上。我坐在那裡，在突然而來的黑暗中發抖和疼痛著。一定是開戰了。我第一個想到的就是那艘戰艦。但為什麼它要對野外研究站開火呢？這其實沒有聽起來那麼荒謬，畢竟就在兩年多前（即一九九〇年），美國曾在代號為「正義之師作戰」（Operation Just Cause）的軍事行動中，入侵巴拿馬，推翻獨裁者諾列加（Manuel Noriega）。至今在十幾公里外的甘博亞，還可在斷垣殘壁上見到留下來的彈孔。

當然，根本沒有戰爭爆發。戰艦只是碰巧經過。我狂奔到宿舍搖搖欲墜的脆弱牆壁另一邊，那裡架了一座約三十公尺高的無線電發射塔，雖然它理當是接地的，但那天晚上被雷擊中後，還是累積足夠的電荷，將我彈到地板上。幾年後，這棟建築物被拆除了，這起雷擊毋庸置疑這就是拆遷的其中一個原因，而空地也回復成森林。

那時，我並不特別欣賞戰艦，但這艘自豪地航進夕陽餘暉的雄偉大船，是密蘇里號（USS *Missouri*），是全世界上最後一艘服役中的超級戰艦。她在同年一個月後退役。我親眼目睹了最後一艘超級戰艦的最後航程。

第四部　人和動物的平行線

本書的前三部皆著重在動物武器，在必要時才偶爾穿插人類的軍事歷史片段，以呈現論點，或是說明人獸之間武器發展的平行關係。但這些相似之處到底有多深多遠？在最後這幾章我將深入而完整地探究人類史上的大型軍備競賽，顯示出和動物之間驚人的相似性，以及重大的區別。

第十二章　沙石城堡

非洲軍蟻，就跟牠們在中南美洲的親戚一樣，是凶猛的掠食者。體型最大的兵蟻，下顎足以咬穿一支鉛筆。不過非洲軍蟻其實是以數量取勝。從蟻巢湧出的突擊軍隊可以高達五千萬隻，排成一列螞蟻大軍，穿越叢林。蟻軍一波接一波，足以剷除所經之處一切能夠移動的事物，萬物無不面臨可怕的死亡。遇到蟻群的動物會被切割成螞蟻大小的肉塊，然後由工蟻扛在身上，一一將血肉運回巢。一長串的工蟻會將食物搬上牠們的螞蟻高速公路，這是由好幾條牠們清出來的運輸道匯集而成，像是一大條暴露在外的血管，要將血液輸送回心臟。當牠們扛著食糧沿路回家時，兩側都有一層層宛如城牆的兵蟻護衛著，在某些地方，兵蟻還會以牠們的身體交織成牆，將運輸道完全覆蓋。[1]

肯亞馬賽族（Maasai）非常喜歡這種他們稱之為siafu的非洲軍蟻，因為牠們會清掃房子裡的蟑螂、碎屑、其他螞蟻，甚至是老鼠。馬賽人也會將siafu當作緊急縫線使用，就跟多年前我在伯利茲所用的方式一模一樣。不過，非洲軍蟻也有黑暗面。偶爾，牠們會圍攻牲畜，在阻止牠們逃逸的同時，便將獵物吞噬。短短幾個小時之內，牠們可以將農舍裡滿滿的雞、羊和乳牛生吞活剝，只剩下骨頭。有時甚至連老人或醉漢也會受害。十八世紀的探險家曾描述過當地人利用軍蟻來執行死刑的殘酷方式，他們會將罪犯綁在蟻群行經的路線上，任其被吞蝕。[2]但最悲慘的傷亡案例則是嬰兒床上無人照顧的嬰兒。螞蟻大軍從幼兒園窗口進入，從嬰兒床側邊蜂擁而上，爬入嬰兒的口中，進入肺部，在剝肉之餘，造成嬰兒窒息。非洲每年有多達二十位嬰兒死於蟻群襲擊。

二〇〇五年一月，目前任職於柏林自由大學的生物學家卡斯帕・荀寧（Caspar Schöning），在他前去的野外觀測站後方草地邊，觀察到一場螞蟻大軍正展開襲擊。早在一年前卡斯帕就完成了他的博士研究，主題就是行軍蟻的群體行為。他那時在奈及利亞和著名的自然攝影師馬克・莫菲特（Mark Moffett）拍攝蟻軍突襲的畫面，結果拍攝到了非比尋常的場景。起初，螞蟻運走的是甲蟲和蟋蟀的碎片，這很稀鬆平常，偶爾也會參雜蜘蛛和蛾，昆蟲屍體的碎片隨著螞蟻前行，來來回回被搬運著。但隨後開始出現一串串柔軟的白色幼蟲。這些螞蟻運送的是白蟻。螞蟻一群群傳遞淺色的白蟻屍體回巢，成千上萬的碎片就這樣在眼前經過，白蟻中的大頭兵蟻也遭到肢解，一塊塊地漂流過去。一隻工蟻負責扛頭，幾隻扛腿，還有幾隻負責抬腹部。不久後，就連白蟻的育雛區也淪陷，數以萬計的卵和幼蟲沿著這條螞蟻輸送帶被送出來。荀寧和莫菲特估計，那天晚上螞蟻大軍至少搶走五十萬隻白蟻，包括白蟻巢中的幼蟲。[3]

這批非洲軍蟻成功搶劫白蟻巢，相當令人難以置信，因為siafu基本上不吃白蟻。事實上，荀寧和莫菲特所發表的這次紀錄，到今天為止，仍是人類唯一一次觀察到非洲軍蟻襲擊白蟻的案例。[4]軍蟻並不挑食，牠們食性廣泛，從蜘蛛一路吃到牛，以及大大小小的一切，而白蟻巢分散在大地之間，可說是最豐富的食物來源。白蟻身體柔軟而肥嫩，充滿脂質、蛋白質和醣類，而且，除了當中的兵蟻之外，其他白蟻毫無防衛能力。只要裸露在地表，所有生物都會來吃牠們。這一切讓人覺得，siafu的菜單上竟然獨漏白蟻，實在不可思議。白蟻之所以能保持安全，其實有個祕密，牠們會蓋堡壘。

白蟻丘是個了不起的構造[5]，那天遭受siafu襲擊的大白蟻，其學名是*Macrotermes subhyalinus*，牠們以沙子和泥土在地面上打造出三公尺高的城堡，比白蟻本身高出兩千倍。蟻丘的圓錐底面可以達到一點二公尺寬，但隨著高度往內收縮，形成一個中心尖頂，由上層至頂部，約有兩公尺高的突起物，就像是一根指向天際的煙囪。白蟻丘外有一層牢固的牆，是由百萬隻白蟻工蟻精心搭建，外牆是由沙粒、糞便和唾液混合成的水泥。以太陽烤乾而成，就和窯燒磚塊一樣耐用。需要用一根大錘子或斧頭才能敲開白蟻丘，敲打時經常還會冒出火花。

要是你有辦法突破這道牆，會發現裡面空無一物，連一隻白蟻都見不到。眼前只見一道內牆，內外牆之間的區隔相當於昆蟲界的城堡壕溝，是一處無人區。這個只有空氣的地方形成一處約莫十五公分寬的溝槽，只有在打破第二道牆壁後，才會進入真正的白蟻窩。白蟻本身是透過小門進出，約有六個小通道，從無人區延伸到外界。這些管狀通道有著堅若磐石的管壁，並且有大批大頭兵蟻把守著。

在白蟻要塞的核心，是一座喧囂的昆蟲城市。[6]上百萬隻工蟻來回在幾十個椰子大小的腔室間川流不息。就跟椰子一樣，每間腔室都有一層堅硬的保護殼，在土壤中層層疊疊，以迷宮隧道相連接，被同心圓的外牆包圍，與世獨立，絲毫不受外界干擾。有些腔室貯存食物，那是白蟻在黑暗涼爽的地下所培養的真菌。另一些腔室則擠滿卵或幼蟲育嬰中心。在這座結構複雜的城市中心，有一間保護最嚴密的腔室。就像一座戒備森嚴的中世紀城堡，這是蟻后專屬的宮殿，閒雜人等不得進出，而且開口非常小，連蟻后都鑽不出來。

白蟻蟻后特化了生殖功能，就如同兵蟻專事戰鬥一般。白蟻蟻后基本上就是臺產卵機器，身軀臃腫，不斷抖動的腹部比我的拇指還要粗大，牠們每天會產下上千顆卵。小工蟻則在她身邊等著，從她身上取出新產下的卵，運送到育嬰室。蟻后肥胖到無法動彈，完全依賴工蟻的餵養與照料，只能待在寢宮裡，足不出戶，通常會在保護重重的皇宮內室活上十幾年。

百萬隻忙碌的工蟻再加上不斷增長的真菌孢子球，會消耗掉城堡內大量的氧氣，並且釋放出二氧化碳，同時還會產生熱量，這些都必須從白蟻巢中排放出來，才能讓白蟻城繼續發展。值得注意的是，白蟻丘的建築結構擁有排氣功能。雖然它像岩石一樣堅硬，其他昆蟲無法進入，但白蟻丘的牆壁間其實含有上億個微小氣孔。換言之，牆壁是會呼吸的，允許氧氣進入，二氧化碳逸出。風吹過煙囪時，甚至會直接穿牆而入，將蟻巢空氣帶走，以新鮮、含氧的空氣替而代之。雙壁設計也有類似絕緣體的功能，能保持蟻巢內的溫度恆定而涼爽。[7]

白蟻丘提供存儲和溫度控制的功能，但主要用途還是在於保護。堅不可摧的牆壁能夠讓每個白蟻丘倖免於難，不用擔心外來攻擊。要是沒有怪物哥斯拉來翻頂，白蟻巢就安然無恙，對於荀寧所觀察的白蟻巢而言，要是沒有那些暱稱為蟻熊的土豚使出銳利爪子來攻城，唯一能夠進入蟻丘的途徑，就只剩那些又小又戒備森嚴的門。守門的白蟻衛兵頭部巨大無比，大到讓牠們無法行走，眼睛和其他脆弱器官也不復存在。當兵蟻搖搖擺擺地加入戰局，遇到敵人便張開巨顎，試圖咬下任何擅闖昆蟲。牠們的巨顎會狠狠咬住入侵者的腿，割斷頭部、砍斷觸角，將其支解粉碎。與此同時，工蟻則會從蟻巢內部封住通道。一旦偵測到有外界螞蟻來犯，就會發警訊通知，大批工蟻便會湧向各個通道。像是城堡會放下鍛鐵吊門來阻擋外人進入一樣，小小工匠也會用沙子和泥土完全封死每處通道。只有在螞蟻大軍撤退後很長一段時間，才會重新打開。

縱觀歷史，人類也基於和白蟻同樣的原因，在城市外圍建造一圈圈城牆。就軍事術語來說，牆壁好比是「力量倍增器」，讓少數捍衛者能夠抵抗龐大侵略軍。人一旦開始定居，群聚人口數量穩定增加的那一刻起，就變得脆弱起來。農業社會無法像先民過著遊牧生活，因為農民的作物根植於土地。多餘糧食可存儲起來，留待日後時節艱苦時再拿出來發放，如此人口便能不斷增長。不過存糧也會遭搶。就跟白蟻一樣，早期農業文明的人發現自己處境艱難，需要想辦法來保護食物和牲畜，同時還得抵禦游牧民族的襲擊。最古老的城鎮遺跡，像是分布在底格里斯河、幼發拉底河和尼羅河沿岸的考古遺址，全都有蓋過城牆的遺跡，有些年代甚至可追溯到公元前五千五百年。[8]

第一批防禦工事似乎僅是溝渠，還有擋在外頭的木製柵欄，不過到了公元前三千五百年，先民開始以泥磚和石塊打造城市。[9] 埃及的古城亞斯科（Askut）和塞姆納（Semna）以及位於今日伊拉克的烏魯克（Uruk）和巴勒斯坦的傑里科（Jericho），都曾經有上萬居民居住，每座城都受到高大磚牆或石牆保護，僅能從戒備森嚴的通道進入。[10]到公元前一千五百年，城市開始試驗雙牆結構，這種構造提供連續兩道防禦線。城牆頂部設有人行通道，以城垛、交替板和箭孔縫隙來保護弓箭手。城牆上，每隔一固定距離，便會蓋有一座塔，守城者可以在其中開火，可從側面，甚至是後面，攻擊企圖潛入或翻牆的軍隊。城垛通道會從牆面向外突出幾英尺，懸在半空中，就像是個陽臺。這些突出城垛的地板鑿有孔洞，讓守城者能夠丟石塊到入侵者頭上，或是倒下滾燙的油，甚至把空的夜壺和垃圾往下扔。[11]

猶太古城拉吉（Lachish）就是這種古代築城風格的範例。它矗立在一岩石山丘上，整座城市坐落在約六十公尺高的海平面上，俯視下方平原，城中滿是房舍，供八千市民居住，還有市場、猶太教堂和一道兩百四十公尺深的石砌城牆。[12]一條狹窄石板路延伸到小山丘另一側，穿過兩座巨大石塔，這裡便是管制進出的門樓。每座門樓塔約有十五公尺高。環繞著附有箭孔和板洞的突出城垛，門樓能夠朝四面八方開火，可以發動猛烈攻勢，任何試圖闖關的人，門樓士兵都能給予致命的交叉攻擊。在門樓之後還有另一道門，接著還有一道。總體而言，拉吉的門樓一共有六道連續「狙擊區」，入侵者需要通過毫無遮蔽的通道，在這裡他們會受到來自四面八方的攻擊，包含弓箭、熱油和大石頭等。[13]

還有兩道高大的城牆，外牆高約十二公尺，厚約三公尺，把整座城市一直到約莫山腰懸崖處圍繞起來，人幾乎不可能爬上來，或者至少使上山變得危險而不切實際。在外露城牆的最高層，還立有另一道牆，比第一道更高更厚，這兩道城牆上，都設有陽臺般的突出城垛。[14]雖然在當時，稱不上是獨一無二，但拉吉的堡壘建築確實令人印象深刻。位於石山頂部，這座城市結合高聳且難以到達的地勢，讓任何入侵者，望之生畏，深覺是難以突破的障礙。

但亞述人可不是一般軍隊，他們所向無敵，已經準備好要面對這一挑戰。就跟非洲軍蟻siafu一樣，亞述人社會以爭戰為主，他們有一批數量龐大、訓練有素的專業常備軍，任統治者調度。沒有人敢在開放戰場上與亞述弓箭手和戰車正面對決，也就是說，他們擁有很多打破防線，攻城掠池的經驗。當亞述人在公元前七百〇一年進軍拉吉時，就在鄰近山丘紮營，準備攻破城牆。

亞述的攻城策略是以壓倒性軍力，同一時間針對堡壘的各個區塊發動攻擊。亞述人藉此分散勢單力薄的守軍，迫使他們要同時防守多個攻擊點，大幅提高襲擊的成功機率。但是攻擊城牆需要準備。能成功攻城的工具，體積非常龐大，必須現場打造，這工程需要好幾個月才能完工。因此，除了步兵和戰車，亞述軍隊還隨軍配有上千位工程師，以及能熟練架設臨時營地、攻城塔和隧道的工匠。[15]

亞述人的攻城塔有三層樓高，能夠讓攻擊者和守城者在相同高度對戰。頂部是木造城垛，能夠在弓箭手射擊時提供防護。每座攻城塔附有一座吊橋，當塔與城牆靠得夠近時，便會垂降下來。塔的第二層有軍隊部署，當吊橋放下來時，會準備衝上梯子。最底層附有一攻城槌，這是一個前端附有巨大鐵尖的圓木，掛在樑柱上，可以前後擺動來衝撞城牆。就像一根巨大撬棍，其上的楔形撞錘也可以前後擺動，一旦牆上開始有裂縫，便可從牆面撬出石頭。[16]

攻城塔的問題在於，如何將它們推到定點，而且埋伏在溝渠、護城河以及外牆上的守城軍隊都會阻礙塔樓前進。這意味著工程師得先鑿開護城河，放光河水，再用岩石和土壤填滿，然後再造一條通往城牆的路才行。在攻擊拉吉城的例子中，問題不是護城河，而是懸崖峭壁，以及半山腰上十二公尺的城牆。牆外山坡太陡，攻城塔根本上不去，於是工程師便打造了一個斜坡。

就這樣一塊堆一塊，亞述人鋪設出一條底部約有六十公尺寬，隨高度上升逐漸變窄的大道，最後只離城牆十五公尺遠。一旦完工，斜坡便從下方平原直抵半山腰懸崖，足以讓攻城塔頂部與外城牆上的城垛等高。同時，亞述人讓附近捕獲的戰俘來堆石塊，對抗守軍的火力攻勢，也迫使拉吉守軍得先攻擊自己的鄉親同胞，才能減緩斜坡上不斷進逼的軍隊。[17]

在建造坡道的同時，工程師也開始組裝五座攻城塔，各自安裝在巨大木輪上。他們還製造了幾十把附有鉤子的長梯，可以在戰士衝到前線時，迅速拋出，勾在城牆上。在所有工程完工後，亞述人便發動了這場籌畫完備的攻擊。在攻城塔底層的士兵，肩並肩地將這大塊頭推上斜坡，朝城牆而去。木製塔樓由揹著弓箭的士兵層層戒護，還用浸泡過水的皮革覆蓋所有露出來的表面，以防止火攻。一排排的弓箭手跟著塔樓爬行，朝城垛發射大量箭頭，每名弓箭手都配有一位盾牌手，以便弓箭手靈活使用雙手，隨時射箭。[18]

當輪式攻城塔抵達拉吉城的城牆下，攜帶長梯的士兵便發動另一場攻擊。在快速射擊的弓箭手掩護下，攜帶盾牌、長矛與刀劍的步兵迅速從四面八方逼近城牆，在攻城錘撞擊城牆時，分散城門和斜坡上方牆頂的守軍。攻城塔突破防線後，亞述士兵一舉湧入城裡。結果當然是慘無人道的殺戮與全面性的毀滅：城牆四分五裂，建築物遭到拆除，城主活生生地遭到剝皮。攻擊者以木樁刺穿守軍將士的身體，或以劍刺瞎雙眼，還屠殺數千位居民。沒有當場遭到屠殺的人，則被驅逐出境，流放到遠方當奴隸。[19]就跟遭到非洲軍蟻肆虐的白蟻巢一樣，拉吉城就此灰飛煙滅。

這兩場戰役之間存在有驚人的相似度，都是一靜態族群如何保衛自己免於受到強大入侵者的攻擊。兩座城市都覆有堅若磐石的牆壁，戒備森嚴的大門。而且，在這兩個例子中，堡壘建築在一般情況下就能夠防止大多數可能的威脅。

在拉吉城時代，多數軍隊都沒有能力養工程師、取得軍備補給，也沒有那麼長的時間可以圍城。要圍困一座城市，讓守軍挨餓，或是撞破城牆，都需要動員成千上萬的士兵，在遠離家園的敵軍領土上紮營好幾個月，有時甚至耗時數年。在這段期間，侵略軍必須保護自己，通常會在營地周圍搭建堡壘，這需要數量龐大的糧食和木材。此外，由於長時間遠離家鄉，入侵者還需要留下大量軍力來捍衛家園。也就是說，他們的軍隊必須要十分龐大，組織良好，才能調度萬人大軍遠離家鄉，又不致於讓自己的城市屈居弱勢。總而言之，要發動一場成功攻城戰所需的後勤補給，遠遠超過當時絕大多數軍隊的能力——除了最富有的軍隊之外。[20]在大多數的時候，侵略者唯一的選項就是強攻牆壁和城門的門樓。而在這種情況下，門樓多能發揮很好的抵禦效果。

為城市築牆，就像另一種隧道。迫使入侵者要穿過狹窄入口才能進入，如此城市便能降低侵略軍的數量優勢。不管有多少士兵在城外，一次只有少數幾個能進來，而在門樓的狹小空間中，守軍被保護著，他們周遭有一層層石板屏蔽，但入侵者可沒有。[21]

狹窄門戶對白蟻來說作用相同。非洲軍蟻的優勢就在於數量。當螞蟻大軍襲擊獵物，會在同一時間撕咬血肉並加以肢解。倒楣的蝗蟲或蜘蛛，完全承擔不了成千上萬兵蟻的同時啃咬。蘭徹斯特的平方法則有助於解釋這個現象。就跟集中火力攻擊敵軍一樣，即使是最厲害的昆蟲鬥士也抵擋不了數千隻同時發動攻擊的螞蟻。白蟻丘則抵消掉軍蟻數量上的優勢，因為每次只有少數螞蟻能夠擠進入口。狹窄通道將大規模攻擊轉成個體對決，相當於是捍衛隧道的甲蟲。[22]在這類型的戰鬥中，武裝完備的士兵才會勝出。

非洲軍蟻的兵蟻有顆碩大的頭，還有可怕的巨顎，但白蟻兵蟻所配備的武器更大。這是因為非洲軍蟻還要執行其他任務，必須要在大頭與行動力間取得平衡，但白蟻兵蟻只有一項任務。非洲軍蟻需要遠距離行軍，離開巢穴、發動攻擊及捕殺獵物。在牠們身上，天擇會在行動力、巨頭和上下顎之間取得平衡，必須在演化上妥協。但是白蟻兵蟻，幾乎不用移動。牠們唯一要做的事，就是守住出入口，咬住一切試圖闖入的外來者。白蟻兵蟻的體型和力氣都比非洲軍蟻來得大，只要戰場是在隧道內，就絕對會勝出。白蟻會守住地盤，大量非洲軍蟻只能搜索其他更容易掠奪的目標，移往別處。

只要城牆夠穩固，這兩類城市都安全無虞。不過，一旦被突破屏障，就會發生很悲慘的狀況。拉吉城碰上當時世界上最強大的軍隊，在他們的運籌帷幄下城牆還是倒了。而白蟻堡則難敵蟻熊的利爪。[23]重達一百四十磅的蟻熊，體重是白蟻兵蟻的十萬倍，可說是一臺會走動的推土機，這頭行動笨重的野獸，長有強壯的腿和長爪，專門用來挖白蟻丘。土豚會撕裂白蟻丘的其中一側，用牠們細長且具有黏性的舌頭吸食白蟻。牠們飽餐一頓後，就會悠閒地離去，但是牠們所挖出的洞卻需要不少時間才能修復。要是非洲軍蟻發現白蟻丘門戶大門，可能導致一場災難。一旦突破牆壁這道防線，優勢就回到數量龐大的攻擊者一方。侵略軍隊大舉入侵，造成整個城市滅亡。

在這本書中，我經常將動物武器和人類武器做對照[24]，試圖展現兩個武器演變史之間的相似處，包括武器起作用的環境、選汰力量對武器效能的影響，以及武器尺寸如何隨著時間變化形式。我特別著重終極武器在什麼有利條件下會出現，即引發軍備競賽的要素和武器各個階段的演化序列，不論是在人類世界還是動物界都一樣。但是，到底有多相似呢？

牙齒和角是動物身體的一部分。麋鹿的鹿角是在胚胎時期便製造出來的，詳細設定都儲存在麋鹿DNA裡。當公鹿製造精子時，精子會攜帶一份DNA複本。要是牠成功使母鹿受精，這份DNA便會成為牠兒子打造鹿角的模板。DNA編碼的訊息會從父母傳給後代，因此子代的鹿角就會長得像父親的鹿角，就在父傳子子傳孫的過程中，不斷複製這項武器。[25]

文化傳統，也就是一切關於穿著、行動、溝通以及建造房舍或武器的知識和技術，也會從親代傳給後代。而且，隨著物換星移，時空交替，文化也會變，就跟動物身體各部位一樣，會在族群內展現出豐富多樣性。不過，文化訊息並不是編碼在DNA中，長久以來生物學家早已畫出一條分界線，一邊是「生物」演化，一邊則是「文化」演化。[26]不過現在，這條分界線正在消失之中。

雖然我個人認為，將兩種發展過程相提並論，既啟發人心，也令人興味盎然，不過其間差異，還是值得我們稍微停下來，好好思考一下。我們人類在製造武器時，是從環境中尋找材料，武器和我們的身體是分開來的，如果我們不想要的話，可以把它們扔掉，或是修改，但動物的武器可是長在牠們自己身上。

當然動物也會搭蓋建物。[27]白蟻堡壘便是一個完美例子，其他如海狸的水壩、燕窩、蜘蛛網和老鼠洞等，也都是建造出來的。它們並不屬於動物製造者的身體，但也是以同樣方式複製。關於製造建物的資訊，是從一個個體傳遞到下一個，一代接一代地搭造起相同結構。通常這種訊息也是透過基因遺傳，偶爾透過學習和謹慎的練習而習得細節，人類屬於後者。而所有建物都不斷在演化。

文化演化和生物演化之間的第二項區別，在於文化訊息會比DNA傳播得更為廣泛和迅速。文化訊息通常是從父母傳到子女，但不必然如此。製造步槍或搭蓋城堡的方法也可以教給學徒，或是透過在外駐軍而傳開來，甚至會遭到間諜竊取。由於文化訊息是習得的，而不是繼承的，它在人際之間的轉移可以比DNA更自由。至少，我們通常是這樣想的。

但事實證明，以DNA來傳遞訊息遠不如當初生物學家所設想的嚴謹。隨著愈來愈多物種的基因組被定序，科學家發現，DNA片段一直以來都有遭到置換的情況。[28]細菌會吞噬其他物種的DNA，甚至是親緣關係甚遠的物種，如病毒、植物和動物，就像間諜竊取外國政府或公司的機密一樣。細菌基因組中，約莫有五分之一是借用外來DNA。在考慮周遭世界時，很容易就忽略掉細菌，畢竟，牠們真的很小，而且難以分辨。但在現實生活中，全世界可能有多達千萬種細菌分布各處，包括現在就在你我身體中的四萬種細菌。[29]在地球這顆星球上，最主要的生物便是細菌，各自以不同型態存在，因此任何關於生物演化的概念，都必須考量到細菌比文化更容易進行訊息交換。

事實上，DNA並不是訊息傳遞的唯一介質，這樣的事實意味著其他東西也可以演化。有些病毒的遺傳密碼是儲存在核糖核酸或稱RNA的分子，而不是DNA中。病毒勢必會演化，牠們也到處重組自己的基因組，像是一九一八年

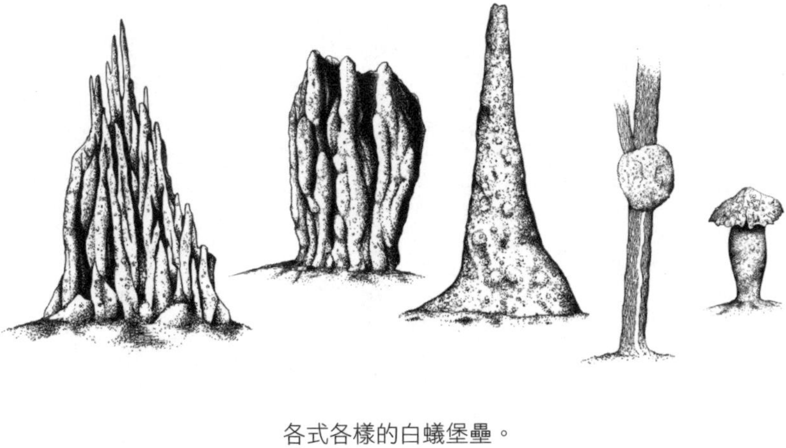

各式各樣的白蟻堡壘。

時禽流感病毒和人類流感病毒混合，形成致命的流感病毒株，或二〇〇九年豬流感、禽流感和人類流感病毒混合成的H1N1「豬流感」。[30]而程式碼就像是數位電腦世界的自我複製單位，儘管當中並沒有RNA或DNA，其演化方式竟然也跟自然族群十分類似。[31]雖然演化基本上需要有訊息傳遞的方式和複製過程才能成立，許多機械的進化過程也都滿足這個條件。

不過，生物演化和文化演化之間，確實有幾項重大區別。在生物系統中，新變異的來源是突變，當DNA在細胞分裂複製自身時，複製過程中的錯誤納入了遺傳密碼內。突變並不常發生，而且發生時也都是隨機的。[32]武器的新設計也可能隨機發生，比方說，在生產過程中突然出錯。但人造武器通常是刻意修改的，好比說透過工程師和設計師來改善武器效能。如聰明絕頂的阿基米德、達文西和歐本海默，他們都致力開發更新更好的武器，而且試驗各類變化都經深思熟慮。這意味著，在文化演化中，新變異出現的速度會比生物特徵演化快，而且這些變異多半是有建設性的。但不論是哪一種，變異就是變異，天擇也會以同樣的方式驅動演化。

這之間最重要的差別在於，文化特徵的成功和使用者的繁殖成功率並沒有關聯。麋鹿的鹿角之所以演化，是因為優勢個體比其他個體生下更多後代。鹿角是透過繁殖才複製的，在求偶戰鬥後，贏家會比輸家生下更多鹿角副本。鹿角的演化是隨著麋鹿本身演化，這過程密不可分，因為武器複製的機制和麋鹿基因複製的機制是相同的。當我們在講鹿角「族群」時，同時也指的是生長和揮舞著武器的麋鹿族群。

但文化演化並不是這樣。想想看步槍。步槍是在槍枝專賣店或工廠製造出來的，可不是在子宮裡。它的製造技術可以重複，並且再傳給另一個人，但製造方法是記錄在文獻之中而不是DNA。最重要的是，不管一個人製造出多少一樣的槍，都和後代數量沒有關係。一類型的步槍比其他類型的好，和製造者、使用者的繁殖成功率一點關係都沒有，而步槍族群，即在一定時間存在的所有步槍，和人類族群是不一樣的。

就這點來看，文化演化和生物演化會在不同層面上發展。偶爾，這兩個層面會重疊交錯，比方說拉吉遭到滅城時肯定會影響到當中居民的繁殖成功率，但大部分的時間，這兩者各自獨立。人類會演化，人類的武器也會，但武器進化和人類社會繁榮與否是各自獨立開展的。只要明瞭當中的分野，沒有理由不能將動物武器的演化和人造武器的演化相提並論。

到一次世界大戰末期，大家都心知肚明，步兵需要配備新武器。工程師努力地將攜帶便利的步槍與現有槍枝的速射能力結合[33]。然而，第一代俄羅斯費德洛夫自動步槍（Fedorov Avtomat），即日後成為「突擊」步槍的始祖，從未真正量產過，因為其彈匣所使用的手槍彈藥火力太弱，只要超出幾十公尺，準確度就大大降低。反觀法國的紹沙輕機槍（Chauchat）則略勝一籌，在戰爭結束前，大約生產了二十五萬支。但這種槍所使用的彈藥火力太強，自動發射時無法控制後座力。不久後陸續出現法國的全自動卡賓槍（Ribeyrolle 1918）、丹麥的新型輕機槍（Weibel M/1932）以及希臘的ＥＰＫ，這些全都是新的開發，採用中間口徑子彈，在從數百碼射程內的準確度、降低後座力以及槍身控制三要素之間取得平衡。但是，這些槍還是很不好用，而且相當沉重，就跟美國的白朗寧自動步槍一樣（M1918 Browning Automatic Rifle）。到一九四二年時，德國推出了MKB 42（H）和STG 44這兩種新型突擊步槍，三年後美國又修改了M1步槍，增加了二十個可拆卸彈匣，並且可以在手動或自動模式間切換，但彈藥火力還是太過強大（美國後來在M16步槍中縮小了子彈，改採中間口徑彈藥）。

一九四九年，俄羅斯的卡拉什尼科夫自動步槍（Avtomat Kalashnikova），簡稱AK-47，加入了這場突擊步槍競賽。它結合了其他類型的步槍優點於一身，幾乎堅不可摧。AK-47採用中間口徑的彈藥筒，並且還有一個弧形、可拆卸的彈匣，能夠順暢開火。槍比早期突擊步槍短，重量輕得多。最棒的是，這種步槍成本低廉，可以快速量產。組裝容易、用法簡單，即使是在極端條件下也很耐用，AK-47真的是叱吒風雲縱橫沙場。時至今日，在推出超過六十年後，AK-47也催生出一系列類似型態的突擊步槍，全部加總起來，是目前全世界辨識度最高也是數量最多的槍枝，估計約有一億支，也就是說地球上每七十人，就有一人擁有這類型的突擊步槍。[34]

即使只是簡短的回顧一下槍枝史，也可以明顯看出突擊步槍史充滿所有演化過程所具備的要素。雖然製造步槍的相關訊息是透過文件和電腦傳遞，而不是ＤＮＡ，但製程也要忠於原先設計，複製一模一樣的步槍。從AK-47組裝線生產出來的步槍都是AK-47，不會是M16s系列或是STG 44系列。然而，工程師可能會因為意外或刻意設計而不斷調整步槍設計，嘗試種種可能性，並且測試各種變化。這些實驗大多都失敗了，但偶爾會設計出強大的新功能，並且迅速納入新槍型中。最重要的是，現實中的市場和戰場，就如同一股選汰力，會剔除掉生產成本過高、造成槍管堵塞或是誤發的步槍類型，或是繁瑣不好使用的突擊步槍。現代戰爭左右著突擊步槍的演化，基本上就是類似於天擇的作用方式，如同雄麋鹿間的戰鬥影響到鹿角的演化一樣。

只要我們專注在武器上，像是鹿角和步槍，而不是使用它們的動物或人類身上，那麼比較各自的演化路徑，就會發現其中相呼應與對照之處，而且充滿各種豐富的資訊。除非我們將步槍的演化與人類的演化混淆，才會讓事情變得太過複雜。突擊步槍顯然會影響到人類的生存。畢竟，它們就是用來殺人的。死人不會有孩子，所以步槍也影響到繁殖成功率。但凡此種種對步槍的演化並不重要。真正事關一種步槍類型成敗與否的關鍵，在於它和其他同時代的步槍類型相比時，其成效有多傑出。同樣的邏輯也可以用在船隻、城堡和投石車上。有用的設計會被複製和傳播，失敗的則遭到揚棄。正是這些條件有利武器演化，是我想在動物和我們人類之間做參照的。在我看來，這些條件在本質上是一樣的。

在偶然下，我第一次見到馬雅文明的城堡。一九九〇年，我在伯利茲叢林搭帳篷待了兩個星期，這是普林斯頓大學熱帶生態學課程的一部分。這兩週，降雨不斷，我們在帳篷周圍挖的溝渠雨水疏導速度不夠快。當我們搖搖晃晃地穿上膠皮靴，泥水已經濺得滿臉都是，還沾上衣服、睡袋和所有設備。在樹木之間拉起來的布篷是我們的「廚房」，另一間用曬乾棕櫚葉搭建起來的則是「實驗室」。這是我有生以來第一次住在熱帶雨林中，除了拇指差點被鐮刀砍掉、某個晚上被溜進帳篷的蠍子螫到之外，此行還算順利。我為這個地方著迷不已。我們的課程目標是設計及完成自己的生物實驗。但第一天探索環境時，我跌跌撞撞地找到一個森林中的不可思議之地，那個地方縈繞我心頭良久，於是我說服教授讓我做一些非常不同的事，來代替原本作業。

在森林深處，約莫離營地一兩公里遠，隱藏著一座失落的馬雅城。從森林陰暗的地上，隱約可見許多約莫十五公尺高的金字塔。歷經幾世紀以來，熱帶森林的增長和消退，在每座金字塔上布滿了樹根和藤蔓，就像一座天然山丘，還有樹木從其斜面發芽竄出。一千多年前，這裡曾是繁榮大都市的中心，是古老城市的中庭。現在，它為森林包圍，遭到世人遺忘。

我計畫要繪製這座馬雅城市的地圖。完全沒有製圖經驗的我，拿了一個指南針和一本速寫本，開始在古城裡踱步。每天我在森林中來回穿梭，素描我面前聳立的土堆，拉開糾結的樹枝藤蔓，爬過樹枝，也不斷在泥濘和雨水中滑倒。我可以從金字塔斜面的洞看出哪些金字塔曾遭洗劫。那裡還散落著一些長形石碑或是標示，都豎立在金字塔前，記載著已故領袖事蹟。我完成調查時，一共在伯利茲叢林發現超過二十五座散落各處的金字塔。

當地人稱這座馬雅城為拉米爾帕（La Milpa）——我不是第一個發現它的人——在我穿梭廣場的兩

年後，開挖工程正式開始。現在看來，拉米爾帕城的歷史約是從公元前四百年持續到公元八百五十年，人口最多時居民達到一萬七千人。[35]這座城市盤踞在陡峭懸崖上，就跟拉吉城一樣，聳立於周圍平原之上。不過除了地理位置之外，拉米爾帕並沒有受到嚴密保護。就連旁邊更大的蒂卡爾城（Tikal）也只有一道深溝和低牆保護著。這兩座城市的結構反映著世界古文明的巔峰，然而馬雅人是一群以戰爭為主要活動的社會，為什麼這兩座城沒有使用更好的防守裝置呢？

人類的堡壘歷史在大部分地區都很無趣，沒什麼大變化。大多數軍隊都沒有足夠的資金和後勤系統，組裝出日益先進的攻城塔，好攻打遠方的堡壘，即使敵軍規模很大，有時守城方光靠地形天險就足以防禦。幾百公尺高的懸崖還有寬闊峽谷，就讓外人難以靠近安地斯山區的城市，而中美洲的沼澤和廣袤的熱帶雨林則讓人行動不便。輪式守城塔和發射器在這裡毫無用武之地，就算有足夠財富、軍力和政治組織，不論是印加帝國、奧爾梅克、馬雅或阿茲特克帝國，在軍事紀錄中，全都不曾使用攻城武器。[36]

少了攻城武器的威脅，就沒有必要強化城牆。簡單的牆壁就堪

作者一九九〇年所素描的拉米爾帕。

用，因此這裡防禦設計不太有變化。從最早的文明遺跡，即公元前五千年前的印加文明村莊，一直到西班牙人在十六世紀初抵達中美洲和南美洲這段期間，這裡的堡壘建築僅有水溝、土塚、木條或石頭柵欄。[37]大多數城市都有城牆，少數像是特諾奇蒂特蘭（Tenochtitlan）則四面環水，僅有基本型的堡壘建築。這種情況也出現在大部分亞洲地區、非洲和北美洲。溝渠和木欄看起來跟十八、十九世紀的易洛魁和毛利人村莊並無二致，也跟七千多年前肥沃月彎和安地斯山脈大同小異。[38]

只有在中東、歐洲和亞洲部分地區才出現不斷升級的攻城戰場面，在這些地方，堡壘規模最大、最複雜。[39]我們在拉吉城看到的突出塔樓和陽臺，是破牆技術出現後才發展出來。到了希臘化時代，希臘人將炮彈加入攻城軍備之中。[40]石弩、裝有彈簧吊帶或木質投擲器的輪式裝置會將石塊投擲到幾百碼之外。多人操作的巨型彈弓能夠發射帶有鐵尖的長矛及一般石頭大小的炮彈。巨石會在牆壁上打出孔洞，毀壞城垛。若是能命中塔樓是最棒的，因為邊邊角角的部位比其他地方更脆弱。要是剛好打到合適的角，還會讓塔樓大塊崩落，牆壁往往還會隨之倒塌。[41]

炮彈的破壞性又反過來促進種種阻礙發射器的技術發展，使飛石無法擊中城牆。於是，在原有圍牆之外又造了新城牆。外牆造價高昂，要包圍的區域比內牆大很多，有許多城牆甚至綿延好幾公里。光是簡單阻礙還不夠，畢竟牆壁是會被打碎或破壞的。所以外牆還得配備全套的防禦裝置，包括鋸齒形稜堡、突出至半空的陽臺以及每隔固定距離便設一個塔樓。有一段時間，新城牆確實發揮作用。但不讓攻城武器靠近的防禦措施只讓大型炮彈的發射速度變得更快。等到羅馬時代降臨，石弩已能夠將幾百磅石塊拋擲到幾千碼的遠方。[42]

與此同時，城牆變得更厚、更高，而攻城塔和攻城槌也日益增大。早期亞述攻城塔僅有兩層或三層，攻城錘則由十幾個人來推。後來模型的長度寬度都增大，全盛時期攻城塔可達十幾層樓高，要超過二千人才推得動。用來撞擊的攻城錘也達到四十五公尺長，要配一千人才推得動。[43]

在這場攻城競爭中，城牆、塔樓、攻城錘和投石器不斷增大。到了中世紀，人們發明一種新型彈射器，稱之為配重投石機（counterweight trebuchet）。投石機利用重力和槓桿原理，以彈性吊帶來投擲石塊，威力超越當時所有炮彈武器。比石弩更精準更強大，投石機能夠拋出三百五十磅重的巨石，擊中城堡內部的塔樓。再次證明方角結構不堪一擊，到最後方角結構塔樓全都消失。圓柱塔只要不是直接擊中，就比較不容易坍塌。更棒的是，圓塔幾乎不曾被直接擊中，因為塔的弧度會使飛射而來的巨石偏轉。[44]

到十三世紀時，所有擁兵自重的中東和歐洲貴族全都建起一座座城堡，三萬多座城堡點綴在大地上。[45]城堡迅速演化成今日大多數人所熟悉的奢華樣貌與結構。城堡都圍繞著同心圓外牆與內牆，其上每隔一段固定距離還豎立有粗壯圓塔，布滿城垛和箭孔，有延伸至空中的陽臺，地板上鑿有孔洞，用以投擲燃燒彈好攻擊入侵者。並排的巨大門樓，將出入口限制在狹窄而戒備森嚴的通道，還有巨大鐵柵門，會適時降下阻止通行。城堡的搭蓋位置也講究策略，幾乎都盤據在鄉村附近的高處，路上愈多阻礙愈好。經常是在岩石峭壁上，或是以水隔絕。要是周遭既沒有懸崖，也沒有湖泊，就會挖護城河。在這個時代，城堡絕對是人類打造過最輝煌且最昂貴的結構。

但一切都因為火藥而改變。即使是鬼斧神工的城牆，在面對大炮的破壞時，都黯然失色，而到十五世紀末時，堡壘建築的優勢所剩無幾，沒有人願意再花高昂成本建造城堡。這場軍備競賽就此結束。大炮贏了，數千座散落在英國、法國、西班牙、德國和比利時的城堡就此荒廢。[46]

不過在這場軍備競賽的灰燼中，長出了「星形堡」（star fort）。新一代堡壘徹底從舊日城堡脫胎換骨，專門設計來防禦炮火。不再採用高聳圍牆和巨塔，這些堡壘低低的蹲踞在地面，周圍環繞著減震的土堤，圍牆沿著一定角度向外延長交會，就像是星形的頂點。[47]這種新設計的邏輯，是為了減少讓炮彈擊中的牆面

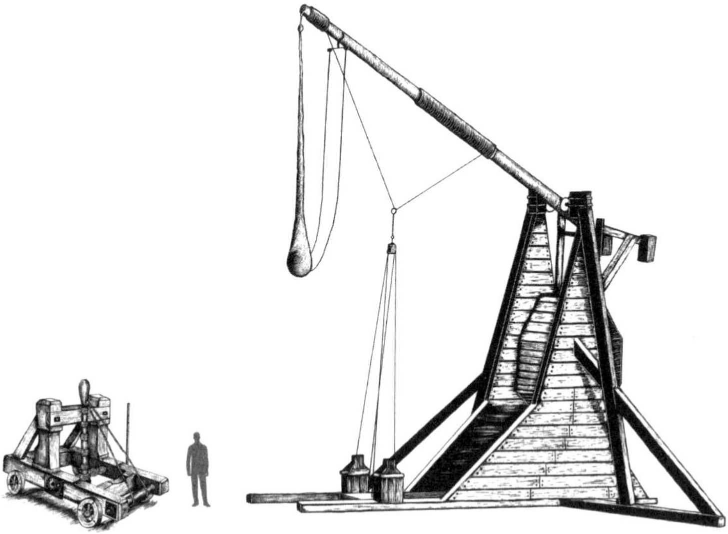

發射器具隨著堡壘要塞的尺寸和設計而演化，能夠投擲更重的石塊到更遠的距離。希臘的石弩（左）與羅馬的投石機（右）。

面積，而且傾斜的交角「堡壘」可以偏離任何方向發射出來的炮彈。以荷蘭的星形堡壘布爾坦赫（Bourtange）來說，是以小角度城牆、土塚與護城河交替構成的迷宮。從地面上看，沒有一樣東西高到會被大炮擊中，從空中鳥瞰，這座要塞看起來就像是一片雪花。

星形堡壘在歐洲和諸多新世界殖民地風行起來。這可是典型的成本收益平衡，以英國和荷蘭殖民地來看，統治者僅在可能遭遇大炮襲擊的地方才興建星形堡壘。以皇冠堡（Forts Crown Point）、利戈尼爾（Ligonier）、安大略（Ontario）和弗雷德里克（Frederick）為例，全都建在能夠俯視港口或內河航道處，位於一般戰艦開不進來的狹窄地帶。[48]蓋在內陸的堡壘則用來保護殖民者免於原住民的攻擊，而不是為了抵禦海軍，因此偶爾又回歸過去廉價、簡單的木柵傳統，偶爾還會伸出塔樓或陽臺。[49]

即使是星形堡壘，等到能夠發射炸彈的大炮流行起來後，也變得過時。就像大炮結束了風力推動的軍艦時代一樣，具有膛線的大炮能夠發射穿透力強的彈藥，深入敵境之後爆炸，完全突破星形堡壘的防守。過不了多久，就出現從飛機上投擲的炸彈，等到二次世界大戰開始採取轟炸戰略時，沒有一個地面建物是安全的。因此，維安系統開始往地底深入，分散的隧道和暗堡網絡是新趨勢。[50]

在一九四〇年英國反入侵戰爭時期，最安全的庇護所都深埋地底，由於一位難求，高達十五萬倫敦人每天晚上只能蜷縮在迷宮般的地鐵隧道中。法國重金打造的馬奇諾防線（Maginot Line），是一綿延幾千公里長的堡壘建築，用以阻止和分散不斷挺進的德軍，其結構幾乎完全在地下。日本人則精心打造隧道、炮門與兵營的地下網絡，直抵太平洋島嶼的火山岩層。[51]有了堅硬石塊屏蔽，這些地方得以撐過戰艦和飛機的反覆炮擊，最終，人類還是得靠殘酷的徒手肉搏戰來收拾殘局。而盟軍入侵北非時，連直布羅陀的艾森豪統領指揮所，也埋在山底深處。

地面堡壘的時代一去不返。時至今日，蓋達和塔利班這類非法武裝組織，也都將基地隱藏在迷宮般的山底下[52]，而美國政府也在科羅拉多州的夏延山（Cheyenne Mountain）等地保留自冷戰時耗資數十億美元興建的地下城，它潛伏在距地表數百公尺下，上方有數百萬噸的堅硬岩石作掩護。

槍炮和堡壘建築是人造結構，但它們的演化就跟動物武器一樣。槍炮效能的進展會促使人們設計更好的新型堡壘，反過來也是，如此往復循環，形成軍備競賽的迴圈。由於城堡是固定在一地，使競爭對手會有明確的攻擊者和捍衛者角色，與動物中的掠食者和獵物關係很相近。在本書最後的例子中，將會討論旗鼓相當攻擊者之間的對抗，會讓人聯想到甲蟲或麋鹿之間的戰鬥。

第十三章　戰艦、飛機和國家

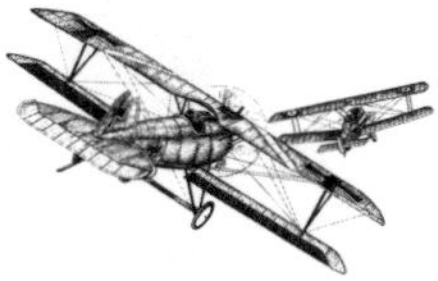

明知不應這樣做，但我三不五時我就會扛起獨木舟，橫越加通湖，進入巴拿馬運河的主要航道。入夜時，我會划船到貨船集結地附近。這是我年少輕狂時做的蠢事，想要知道自己能與多少水上摩天大樓擦身而過。這是挑戰自己能夠與船身多接近。要是我靠得很近，比方說，一百八十公分左右，我就可以用槳奮力一敲貨船船側，順勢乘上船頭湧來的大浪。

船上的人不會發現我，因為我以夜幕作掩護，另一個原因則是開船的人離我非常遙遠，超過一個街口距離。這些都是大貨輪。要是上面沒有堆滿數千個卡車一半大小的貨櫃，和那些頂部飾有一環環發光窗戶、三十公尺高的「小屋」，光甲板就能容納三個足球場。從船首切入水中的地方算起，船員離我將近四五百公尺遠。

我潛伏在運河邊緣，隨著水面漲起而輕輕搖晃，等待每艘貨輪接近。隨著船上渦輪機聲音愈來愈響，船身投射在水面的黑色陰影也逐漸擴大，直到船赫然在我面前聳立。黑暗中，白色泡沫輕輕濺起的水花，標示船頭確切位置，我以此為基準，向前貼近船身，貼近到九公尺距離，讓船往我的方向滑過來。然後，任船體前緣滑過。我隱約感覺到，滑過身旁的船壁約莫五層樓高，在我頭上十五公尺處有拖拉機大小的錨劃過，這時我卯足全力以最快速度划向貨船側翼。快到船身時，我會滑過它，以槳拍向鋼質船身，轉個彎然後往外離去，直入一點五公尺的浪頭。船絲毫不受影響繼續前行，無視我愚蠢的衝浪行為，當船隻消失在遠處時，後方還留下一抹殘存泡沫。

在獨木舟上度過的無數刺激夜晚，讓我見識到前所未有，或說是有史以來最令人震驚的船體尺寸演變。我挑來玩試膽遊戲的貨輪比獨木舟重很多，超過兩百萬倍吧！它們的排水量約莫有一點三億磅。船隻設計的歷史已經走過一段漫長的道路，最後選汰出來的是眼前運輸效率極高的龐大貨船。

載具跟動物在許多方面都很類似。行動會消耗能量，而且跟動物一樣，得在體積、重量、敏捷度和速度之間求取平衡。長時間下來，載具造型會因應特定地形或任務需求而修改。有的專事運輸，有的以速度見長，還有的適合戰鬥。當機動載具之間開始相互競爭，有助改善性能的特點便會得到選汰力的支持。在爭奪競賽或直接追逐的情況下，速度和靈活就是關鍵，這時會捨棄複雜的盔甲或是笨重槍枝。然而，有時候，當條件搭配得宜，配備有大型武器的機動載具反而會勝出。大即是好，這讓機動載具也捲入軍備競賽。

機動載具的軍備競賽所需要的三個要素就跟動物軍備競賽相同，只是更難察覺。在動物中，前兩項因素是競爭和經濟防禦價值，這兩點是必要的，畢竟要是這兩項條件不存在，雄性根本沒有打鬥的理由。這兩者才是激烈戰鬥的誘因，使雄性投資武器。在強大誘因下，由第三項要素決定武器尺寸是否增加。決鬥的結果若顯示大武器表現比小武器好，便推動武器演化走向極致。

對船舶或飛機這類載具而言，前兩項發展因素是由製造和使用的國家提供。各國政府之間的爭鬥讓戰爭一觸即發，使船隻相互攻擊，並加裝槍炮。但真正觸發尺寸競賽的，也就是決定大型載具會優於小型的最終因素，在這裡，就跟動物一樣，是因為戰鬥型態趨向兩兩對決。

經過幾個世紀的停滯，一項技術變革徹底改變了古地中海軍艦的對戰行為。在公元前七百年左右，有人裝了一根簡單的銅鑄桿子在船頭水線之上，將運輸用的載具轉化成武器。[1] 主要以人力拉槳來驅動的軍艦，開始衝撞其他軍艦的船側，企圖撞破船體，使敵船沉沒。兩船會近距離一對一對戰，這達成軍備競賽的最後一項條件。速度快的船隻會占上風。而船速快意味著需要大量的槳，而要有大量的槳又意味著需要更大的船。[2]

造船匠增加槳的數量，並且增加划槳手，甚至還增加了好幾排的槳。在短短幾個世紀之間，原本由五十人驅動的船，體積從三公尺寬，不到三十公尺長急遽擴張成雙層船身，長達一百二十幾公尺，由四千人來划槳。[3] 大船非常壯觀威武，但因為過於龐大，重量會抵消掉增加槳數的速度優勢。而且船身太大，船速也快不起來，根本難以靠近敵方軍艦。那時船隻演化的鐘擺，已經擺得太遠，完全悖離原先目的。有一段時間，船隻獲得新功能。最大型的船採用雙體船身，雙層船殼，甲板面積寬敞平穩，能夠用來運送大炮和其他軍備。[4]但就這點來看，打造大船所費不貲，其優點和高昂的造價相比，根本不划算。於是軍備競賽停滯下來，演化的鐘擺又擺向較小的船隻，最後停在「五型船」。四十幾公尺長的船身，搭載三百位槳手，五型船噸位夠大，而且能發動致命攻擊，不會過重或是行動笨拙。在第一次海軍軍備競賽結束後，這款基本設計至少延用了一千多年。[5]

一直到十六世紀，技術和一對一海戰形式經重新調整，才又觸發另一場軍備競賽。這次是由帆船戰艦，即大型帆船所引發。靠風力推動的船，比人力划槳的船堅固，更能承受暴風雨的襲擊，而且所需船員也少得多，船上存糧足以使水手長時間在海域上航行。[6]以風帆為動力的戰船改變了以往船隻海上探索與商業航運的模式，讓擁有大型海軍的國家得以在世界各地開拓殖民地。

早期大帆船在船首安裝一對大炮，相當於撞擊用的攻城錘（第一代大帆船確實有裝攻城錘，即便這些戰艦根本不適合撞擊攻擊）。[7]但由於船身狹長，只能在前方安裝幾座大炮，本來也可沿著上層甲板再加裝大炮，但它們太容易傾斜，而且在甲板上增加重量會讓整艘船變得很不穩定。所幸，後來發明出可開關的木質擋板，在暴風雨來襲時能夠關緊，避免水進入船身，如此便能將大炮裝在船舷兩側，接近水線的位置，這樣它們還有穩定重心的功能。[8]

帆船現在可以從側舷發射大炮，但必須要轉向才能瞄準。換言之，船必須在對手面前暴露自己的側舷，而且短距離之內才能開火。但即使是在最有利情況下，沒有膛線的滑膛炮準度也不夠，而到了海上，隨著船身前後搖擺，最好的水手頂多也只能擊中幾百碼外的幾個目標。大多數的時候，他們都需要更接近其他船隻，才有機會擊中敵船。需靠到非常近，差不多手臂搆得到的距離時，兩船才會開火，展開船對船的決鬥，在這裡，情況再次有利於軍備競賽。[9]

大型的大炮殺傷力比小型炮來得強大，而且大炮數量愈多愈好，也因此需要更大的船來容納，帆船尺寸開始增長。大炮從一排變成兩排，然後再變成三排。在十五世紀時，一艘戰艦最多可擠六十門大炮，但很快就可以裝到七十四門，然後是一百門，甚至一百二十門，到了十八世紀末，有些船隻甚至可以搭載一百四十門大炮。[10]帆船戰艦的大小、裝備和成本不斷攀升，直到出現一種新型、配有炸彈的步槍長筒大炮，頓時讓木質船殼的軍艦成為落伍的廢物。[11]就跟之前人力划槳戰船一樣，這次換大型帆船失去價值。

在兩次海軍軍備競賽中，光是船型變化，就足以生出新的對戰模式，使得情勢有利於大船。就跟看守洞穴的甲蟲或是以鹿角正面對決的馴鹿一樣，大船開始比小船更有優勢。大小確實有關係，而從這一刻起，打造大船總是能帶來回報。就跟動物一樣，表現最好的船，就是相對較大的船，而在這個例子中，「大」真的比其他船都大。戰場也隨著船的演化而演化，一邊有所精進，另一邊就迎頭趕上，就這樣往復循環，助長競爭。最後，打造大船的成本過高，卻沒有足夠回報，於是成長的螺旋倒塌。細節可能有所不同，比方說速度可能比大小更重要，但是一對一競爭的基本動態模式，在各種載具的軍備演化競賽中放眼皆準，從大帆船、無畏戰艦到坦克和飛機都是如此。

萊特兄弟（Orville and Wilbur Wright）在北卡羅來納州小鷹沙丘成功起飛十年後，飛機開始參與戰鬥，並不斷擊落其他飛機。第一次世界大戰開始時，飛機執行的是偵察任務，掠過戰場上方，記錄部隊調兵和部署主要武器的地點。[12]一架由布料和木頭打造的雙翼飛機，配上單螺旋槳發動機，時速可達一百六十幾公里，而飛行員獲得的情報對隱藏在壕溝中的作戰指揮官來說非常寶貴。問題是，交戰雙方都體認到空中偵察的好處，兩邊都試圖阻止另一方在空中蒐集情報。要不了多久，飛機就開始與敵方飛機在空中相遇，而飛行員也嘗試用種種精明的手段，逼迫對手離開自己領空。有人會朝敵機座艙投擲磚塊，也有人會垂下繩子或鏈條到對方螺旋槳裡。[13]許多飛行員開始攜帶手槍，在敵機飛過時射擊飛行員。

第一次在飛機上嘗試安裝機關槍的結果很慘。子彈咻地一聲直接穿過旋轉中的螺旋槳，打裂自己的槳片。法國率先嘗試改善，安裝鋼楔到每扇槳片內來偏轉子彈，但最終是德國人解決了這個問題，他們利用機械原理使螺旋槳和機槍能夠同步連動，讓射出的子彈能順利穿過槳片之間的空隙。[14]幾週內，法國人便如法炮製，並且改善設計，之後的戰爭，雙方的座機都配備朝前發射的機關槍。

現在，飛行員可以直接向其他飛行員挑戰，空中相互追逐的「狗鬥」（dogfighting）誕生了。空中對決促使人人爭相開發飛機的性能極限，飛行員很快就掌握到本國和敵軍飛機的性能，試圖利用彼此間的細微差異來求勝，不管是速度、爬升率或迴轉半徑。[15]這時，大並不見得比較好，重要的是速度和機

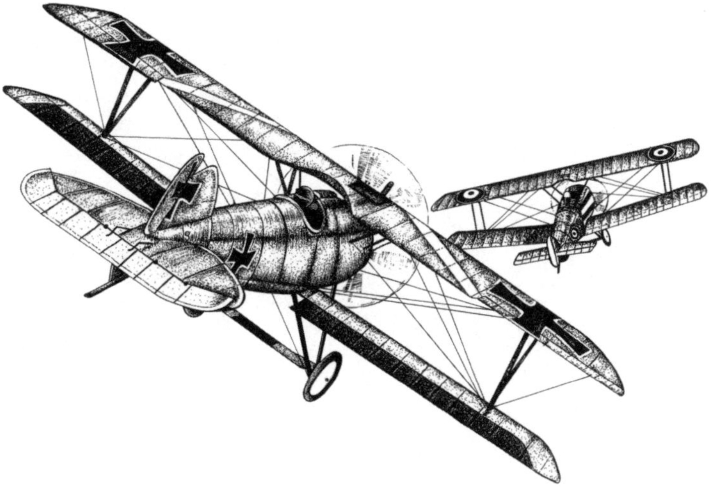

第一代戰鬥機在空中決鬥，攻擊對手，引發飛機軍備競賽。

動性，飛機就此進入軍備競賽。飛行員可能偶爾會利用巧妙戰術、技巧或騙術，解決他們飛機的局限，但事實很明顯，優勢屬於駕駛性能優越飛機的飛行員，而各國都競相開發更好的飛機。優勢從德國轉向法國和英國，然後又回到德國人這一邊。天空中出現一型又一型的新飛機，每一臺都比之前的更快更好。[16]

從二次世界大戰開始，軍機開始執行特定任務，造型也日趨多元，分工愈來愈細。運輸機和偵察機不同，戰鬥機也和輕型轟炸機有差異；而上述這些又和重型轟炸機不一樣。但戰鬥機還是要爭取天空的控制權，必須在戰鬥中向敵機挑戰，因此，對飛機而言，很快就進入了速度和敏捷度的競賽。

到大戰結束時，螺旋槳戰鬥機如美國的**P-51D**野馬（**P-51D Mustang**）可以達到時速七百公里，而德國的梅塞施密特「飛燕」（Me 262），是史上第一架投入空戰的噴射機，飛行時速超過八百公里。[17] 等到朝鮮戰爭爆發，美軍的F-86軍刀戰鬥機（F-86 Sabre）能夠以近超音速俯衝，和俄羅斯製的中國米格十五（MiG15）系列進行高速決鬥。[18] 不久之後，馬赫二號（Mach II）噴射引擎的補燃裝置技術和空對空的飛彈又是一次革新。現在，飛機的速度快到在轉彎時會產生「G力」（G-force，來自於重力的英文gravation，即產生一個重力加速度的力），這是飛行員體能的極限，再快下去飛行員會在飛行時昏迷失去神智，把造價數百萬美元的飛機摔下來。[19] 像F-16戰隼（Fighting Falcon）這類現代戰鬥機一樣，飛行員的操作都和先進的電腦軟體結合，好在飛行過程中控制飛機（也就是「線傳飛控」〔fly-by-wire〕系統），以此避免飛機產生飛行員無法承受的G力臨界點。[20]

諷刺的是，沒過多久戰鬥機又要挑戰慢速飛行的極限。儘管可以超音速飛行，但在很多空中追逐戰中，特別是時速低於七百公里的近距離攻擊中，只能改以人為操作。飛機又再度陷入難關，最後催生出「超機動」（supermaneuverable）戰鬥機型，如俄羅斯的蘇-30戰鬥機（Su-30 Flanker）和美國的F-22猛禽戰鬥機（F-22 Raptor），這兩款都配有可旋轉噴嘴，讓噴射器在飛行時可以朝不同方向推進。[21]

二〇一三年八月二十八日，是航空史上第一場空戰纏鬥的一百週年紀念日，當時英國飛行員諾曼·斯普拉特（Norman Spratt），駕駛一架沒有武裝配備的索普威思（Sopwith Tabloid）雙翼機，逼使德國的雙人座的信天翁（Albatros C.I）迫降。[22] 此後，戰鬥機成為軍備競賽中進展速度最快的，它迅速轉變成一架超音速、超機動的野獸，還搭載隱形能力、先進的電子飛行系統、導航和鎖定裝置、空對空和空對

轟炸機和戰鬥機不同，它會直接飛到目標上方，這一點也讓它們特別容易受到敵軍炮火的攻擊。轟炸機的演化過程和城堡類似，飛機不斷加裝炮塔來強化防禦力，以應付各個角度的攻擊 。

地飛彈以及反導防禦措施。不過這場競賽也逐漸到了極限。

現代戰鬥機所面臨的最大限制，其實是在飛行員身上。最新型飛機的性能被迫降級。事實上，電腦增強控制的主要功能是要飛機減速，免得飛行員因為飛速過快而昏倒。[23]無人駕駛飛行器（Unmanned aeriel vehicle）或無人飛機則沒有這些限制，而且已經取代傳統飛機，執行過無數軍事任務。無人飛機每臺造價成本比F-16或F-22還省了數千萬美元，現在甚至出現更輕巧、更便宜的飛機：「微型空氣機」（micro-air-vehicle），雙翼展開僅有十五公分，目前已經開始服役。[24]在不久的將來，有人駕駛的戰鬥機可能也會失去價值。

二次大戰也連帶引發了轟炸機的快速演化，但這些機種面臨的挑戰和戰鬥機截然不同。它們不需要像戰鬥機，戰鬥機在和敵機短兵相接時，要躲閃、翻滾或攀爬。轟炸機必須排成一嚴謹陣列，直直飛行。當轟炸機接近目標時，必須維持固定速度和高度，炮彈手，也就是真正按下拋擲鍵的人，才能瞄準目標。穩定性是關鍵，所以飛行員在轟炸任務的最後階段，會將飛機的控制權移交給投彈手。這樣一來，驚慌失措的飛行員就無法改變航線，即使他們很想這麼做。[25]

飛行速度穩定，讓轟炸機成為可預測的攻擊目標，這跟坐以待斃的城鎮差不到哪裡去，因此許多方面，轟炸機和堡壘的演化現象十分相似。[26]和戰鬥機不一樣，轟炸機不會攻擊敵軍轟炸機。相反的，生存之道在於防守，阻擋敵方戰機進攻為上。在對戰時，毫無防禦的飛機必死無疑，所以飛機頂部和底部都加裝了可旋轉的突出式炮塔機槍，並且在機頭、機尾以及側翼加上槍。就跟城堡一樣，當時想法是處處都要設防，很快地轟炸機就配有槍枝和足夠人員來提供火力掩護飛機。轟炸機連名字都反映出防守邏輯，比方說B-17「空中堡壘」或B-29「超級堡壘」。但這對機組員的保護有限，飛機要維持在一定重量以內才有利飛行，能夠配備的盔甲重量有限，打造空中堡壘的努力很快就走到終點。

軍備競賽最壯觀的場面，是在國與國之間展開。比起載具，國家更類似於動物，會吞噬資源，互相爭奪資源控制權。在古代世界，最重要的資源除了人力、耕地、水和生活空間之外，就是銅礦和錫礦了。[27]金屬難以取得，幾乎全都用在武器上。今天，我們仍然活在一樣的必要物質條件下，而且還多了能源開採這一項，主要是石油。國家生存也依賴自然資源。要是不敷使用，自然而然便會競爭。但各國競爭的方式，從哪兩國之間會出現戰事，對決是否會演變成軍備競賽，甚至是嚴重到直接開戰爭的種種，其實比大多數人所想像的更容易預測。

在國與國競爭中，對峙「個體」就是相互為敵的政府，以及兩方軍隊所配備的武器。歷史不時會有新的國家誕生，也會有國家消亡，不過本書重點不是國家的興亡交替，國家之間的軍備競賽發生得很快，在一國政治壽命結束前，軍備競賽往往就快速展開並結束了。每個國家內部軍事設備發展或倒退的情形才是重點。兩軍對峙時，若具備引發軍備競賽的條件，突然之間，大型軍隊會占上優勢，武器數量多或效能好的一方會占上風，同時刺激對方追趕，展開雙邊軍事預算不斷增加的循環。國家不斷投資在軍事國防，投入愈來愈多的資源到武器和軍事擴張，最後達到軍事競賽的巔峰，不是直接開戰，就是其中一國的花費超出了可負擔範圍，造成財政崩潰。

政治上的軍備競賽，與動物最相似之處，並不是族群內部的逐漸汰換轉變，而比較接近兩個敵對雄性之間的關係，好比說兩隻在沙地上對決的招潮蟹。誰會先退縮呢？國家之間軍備競賽爆發的方式，跟招潮蟹較量一樣，會不斷升高緊張關係，要是僵持不下，就會從互相試探，進展到爭奪和戳刺、夾擊到碾碎，然後是衝撞，最後就是卯足全力亂打一通。一旦開戰，國家的行為就像海灘上的招潮蟹一樣。

隨便挑一段歷史時期，看看當時政治版圖，你會看到大國和小國林立，各種大小都有。有些國家天生富饒，境內有豐富自然資源，氣候良好還有天然可供防禦的地形。其他國家幾乎一無所有。富裕國家總資源也比貧窮國家大，或是說國內生產毛額（GDP）比較高，能夠負擔得起較高的武器花費。為了清楚起見，可以看看現實中的國家，二〇一一年美國國內生產總值大約是十五兆美元。[28]是同年中國的兩倍，俄羅斯的八倍，伊朗的三十倍，是蒙特塞拉特和圖瓦盧的四十萬倍，從這點就可以看出，各國之間能夠動用的預算有多麼大差異。

就跟招潮蟹一樣，國家有基本開銷，在這之後才能將資源挪用到武器製造上。招潮蟹是由數百萬個細胞構成的，都需要好好餵養和照護。要是細胞死了，招潮蟹也會跟著死，因此招潮蟹大部分基本開銷都用在維持細胞活性。國家是由人民組成，必要開銷就用在保護和栽培人民身上，諸如教育和福利、警力和高速公路等。只有在支付完基本開銷後，國家才能將多餘資金投資在軍隊、武器和其他建設。[29]最富有的幾個國家，擁有大量可自由支配資源，可以投入武器發展、科技發展、船舶、飛機、彈藥和人力訓練。但大多數國家能夠自由支配的資金都很有限，許多國家甚至沒有資金，任何用於軍事的開銷都可能嚴重壓縮到國家正常運作所需的資本額。[30]各國依能力投資軍隊，各國軍隊規模差異很大。這跟甲蟲的角、馴鹿的鹿角和招潮蟹的螯一樣，國家軍隊的相對大小也是戰鬥力的忠實訊號，是有效嚇阻敵人的理想工具。

跟動物相似之處還不只這樣，還有更深一層的關係。國家的姿態就跟招潮蟹一樣，也會耀武揚威，向全世界炫耀軍事實力。各國不斷相互較量，以一些小動作和衝突來刺探虛實。而且，就跟招潮蟹一樣，多數對峙場面在演變成戰爭前就會結束。當一方比另一方還要強時，弱國不是解除戒備乖乖就範，就是棄械投降。無論是哪一種，都會在衝突擴大前結束。

規模龐大的軍隊也具有嚇阻效用，小國不會向超級強國發動攻擊，小招潮蟹也不會和龐然大物一較高下。小國會去挑戰其他小國。中型國家則找上同樣也是中等規模的，只有大國才會與大國為敵。儘管在政治版圖上散落著大大小小的國家，競爭往往出現在勢均力敵的對手之間。偶爾，當對峙場面成為旗鼓相當的真正決鬥，雙方都要有足夠資源好維持敵對狀態，國與國之間的較量，才可能升級成軍備競賽。

當美國在廣島和長崎投下原子彈的那一刻，很明顯地可以看出，改變遊戲規則的新武器出現了。投在廣島的原子彈裡有一百四十磅的鈾235，爆炸威力相當於一萬六千噸的TNT（三硝基甲苯）。在一道閃光後，整座城市消失於無形，十五萬條人命也隨之葬送。[31]

戰後，各國爭相發展核武，但對於大多數國家來說，技術和成本都過高。隨著成本不斷提高，能夠繼續參加比賽的國家日益減少。二戰後世界開始以兩個對立超級大國為中心，並分成兩大陣營。強國透過華沙條約（Warsaw Pact）和北約組織（NATO）各自拉攏會員國，世界舞臺頓時成了美蘇之間一對一的對決場面，這正是展開軍備競賽的先決條件。此後將近四十年，兩大國把預算大量投注在武器技術研發上，最後打造出不可思議的超級軍火庫。

在這場軍備競賽中，隨著蘇聯和美國在各戰線上同時逐步提升技術，各種武器競相加入戰局。在冷戰初期，蘇聯累積了龐大的潛艇艦隊，總數超過四百五十艘。他們當時艦隊數量超過美軍好幾倍，但在一九五五年，美軍加大賭注，推出第一臺核子動力潛艇。鸚鵡螺號（USS *Nautilus*）的終極目標是隱形。它可以在海面下潛行好幾個月，不用浮到海面上。走到這一步，美軍就有機會贏過蘇聯艦隊，但蘇聯也開始發展自己全新的核子潛艇艦隊。[32]

韓戰爆發時，美軍戰鬥機首次對上速度更快、機動性更高的蘇聯米格十五，結果表現不佳[33]，所以美國急著發展新型飛機。技術革新之後，美國催生了一系列超音速戰鬥機，也就是包括F-100和F-106在內的「世紀系列」戰機。但美軍的飛機，又反過來促使蘇聯開發他們的超音速戰鬥機，最後出現了米格二十一、米格二十三和蘇十五。[34]

就這樣一來一往，雙方坦克也因為加厚盔甲、加裝速度快的引擎和更大的槍炮而變得愈來愈大，威力也日益增強，不過到一九六〇年代時，美國推出一臺更厲害的戰車到戰局中。謝里登（Sheridan）輕型坦克可以用降落傘從飛機上拋下，而且是水陸兩用戰車。最棒的是，它可以從主炮發射制導反坦克飛彈，而不是一般炮彈。[35]雖然謝里登坦克表現沒有如預期的好，但這是一項足以改變遊戲規則的技術革新，促使蘇聯立即展開新的研究計畫，想要自己設計類似的坦克。蘇聯坦克研究技術頓時大躍進，從T-34變成T-54、T-55，然後是T-62、T-64、T-72和T-80。他們製造出裝有反坦克飛彈的坦克、配有防空飛彈的坦克以及各種防地雷裝置和架橋車。到一九八〇年時，蘇聯裝甲部隊超過十二萬臺。[36]

海軍艦隊不斷擴大，轟炸機艦隊的數量和性能也突飛猛進，戰鬥機速度增快，殺傷力提升，雙方都不斷打造武器。不過到這個階段為止，演化最快的武器要屬核彈頭，以及運送核彈所需的載具。在早期，核彈頭是由轟炸機從空中拋擲，但是到一九五〇年代時，雙方都開始將彈頭放入飛彈頂錐，洲際彈道飛彈（intercontinental ballistic missile）就此誕生。[37]

一九五七年，蘇聯發射了一顆人造衛星上太空，引發兩大超級強權之間的「太空競賽」。表面上，太空競賽是民間自由發展而非軍事活動。但實質上，就是另一層面的軍備競賽。史普尼克一號（Sputnik）人造衛星發射成功，證明蘇聯擁有將核彈頭發射到世界任何角落的飛彈技術，促使美國急起直追，加速飛彈技術研發。[38]隨著雙方不斷試驗推進力、燃料和引導系統，火箭技術推陳出新。與此同時，彈頭也大有進展，殺傷力更強、體積更小，而且全都能裝進火箭前端。

到了一九六〇年代，兩國對不斷攀升的軍事成本都有些吃不消，但仍繼續奮力比拼，彈頭和飛彈的數量還在攀升。[39]這兩個國家開始思考，要如何防禦而不要遭受攻擊，於是軍事發展的重點從先發制人轉移到反擊。增加更多飛彈顯然是當時最佳解決方案，而最好的方法是確保在競爭中能夠保留比對方更多的飛彈。[40]若將飛彈存放在一起，很容易成為攻擊目標，所以雙方都將軍火庫分散藏在地下導彈發射井。

更高明的招數是能夠輕易移動飛彈。蘇聯為發射臺鋪設軌道，便能夠活動自如，在不同地方移動來去。另外，兩國都開始將飛彈裝在潛艇裡。來無影去無蹤的潛艇難以鎖定，不易攻擊，堪稱是反擊能力最強的武器。轟炸機可以輪班飛行，能夠隨時執勤，而到七〇年代末期，美國開發出「隱形」轟炸機，就跟潛艇一樣，能夠來去於無形。軌道車、隱藏的地下導彈發射井、潛艇和轟炸機，全部組合起來形成一個宛如旋轉迷宮的飛彈平臺，讓敵人難以下手攻擊。[41]

更好的新型火箭取代舊型火箭。單彈頭飛彈被「分導式多彈頭」（ＭＩＲＶ）所取代，這種火箭配備具有三個或更多獨立彈頭，導航系統開始納入地形配對定位系統，提高準確度；雙方都廣設電子設備和雷達探測系統，以監測對方飛彈動向，只要一有發射就能在幾秒鐘內偵測到。到了八〇年代，兩國擁有的火箭彈頭超過一萬枚，而爆破力從幾千噸擴大到幾億噸，體積愈來愈小，能夠安裝在各種發射平臺上。[42]這場軍備競賽所發明出的終極武器現在已經可以毀滅掉行星上整個文明。原則上，可以毀滅好幾千次。

一九八三年，美國再次提高賭注，研發出固態燃料火箭技術，還配備有最先進的制導系統，內建地圖系統，能夠配合雷達影像訊號，大幅提升準確度。[43]潘興二號輕巧又方便攜帶，含有一個可調整彈頭，引爆威力可以視需求從五億噸增加到五十億噸，這些飛彈都部署在更接近蘇聯的歐洲，而不是美國本土，大幅降低預警時間。潘興二號的最後一項設計特點是它可以是鑽地，成為「碉堡剋星」。

蘇聯視這種新飛彈技術是要癱瘓他們的控制網，因為它可能在短短六分鐘內，就到達蘇聯領空上方，穿透強化的地下碉堡。不甘示弱的蘇聯也逕自打造新武器，這是一套自動化發射系統，即便在指揮中心遭到摧毀後，依舊可以發射反制飛彈。正如其名，「死手系統」（Dead Hand System）是由衛星感應器控制，一旦啟動，可以自動發射蘇聯洲際飛彈，不須按鈕，就能攻擊預先設定的座標。[44]

冷戰規模超越了史上所有軍備競賽。隨著雙方日益增加軍事預算，每種武器的費用都大幅攀升，每一項重要武器都捲入這場競賽。一九六〇年代一架潛艇耗資一千一百萬美元，到了一九八〇年代要耗資十五億美元，成長超過十倍，在同時期，轟炸機也從八百萬美元增加到兩億五千萬美元的預算。[45]所有武器的成本都呈現爆炸性成長，從制導炸彈系統、飛彈、戰機、坦克、巡洋艦、航空母艦、核彈等不勝

潘興二號飛彈（Pershing II）使用固態燃料與主動雷達導航。在八〇年代中期部署在歐洲，這些「碉堡剋星」為冷戰時期加碼，讓美蘇之間的緊張關係升高到臨界點。

枚舉。冷戰時期軍火庫成本上升程度如此之高，讓這兩個超級強權一年的軍事開銷超過數十個國家的國內生產毛額。[46]

只有美國和前蘇聯才玩得起這個遊戲，在這段期間，核武發揮了極致嚇阻作用。冷戰期間的嚇阻就跟動物行為一樣，雙方在早期低風險階段相互較勁。世界舞臺上的政治混戰最後整合成兩大勢力，一是華沙公約簽署國，一個是簡稱「北約」的北大西洋公約組織。就跟招潮蟹會推對手的螯一樣，在韓國、越南、阿富汗和中東的戰事，也就是所謂的代理人戰爭（proxy war），為超級強國提供了低風險展現軍力的方式。[47]一方侵略會使另一方與之抗衡，每一次衝突都在升級為一場全面爆發的核戰前退散。對於在代理戰爭中幾十萬失去親朋好友的人來說，沒有什麼可以聊慰，但和美蘇任一方的核武威脅相比，冷戰期間的文攻武嚇實際上為地球帶來了相對和平。

許多學者都曾試圖估算冷戰期間軍備競賽的經濟成本，結果發現無比困難。[48]大家都同意付出的代價十分驚人。以美國為例，在此期間國防經費高達上兆美元，占每年國內生產總值百分之十，而當中有七成都分配給軍隊自由裁量。[49]經費必定挪用自其他領域的預算。在冷戰期間社會福利計畫、教育、醫療、住房全都受到影響，這是增加軍事預算的直接後果。[50]蘇聯付出得更多，軍事預算動輒高達國內生產總值的百分之十五到十七，甚至有人估計高達百分之四十，為國內經濟帶來毀滅性傷害。[51]為了要繼續競賽，蘇聯超支了可自由運用的資源。就跟大角鹿從骨骼中析出鈣和磷來打造龐大鹿角一樣，蘇聯也動用了他們的基礎建設預算，其程度之嚴重，已耗盡社會資源，弄得蘇聯民不聊生。[52]這種支出模式難以為繼，到一九九一年十二月，蘇聯解體。拉脫維亞、愛沙尼亞、白俄羅斯和烏克蘭宣布從俄羅斯獨立，蘇維埃社會主義共和國聯盟正式解散，戈巴契夫辭去總統，宣布總統府不復存在。世界史上最致命的一場軍備競賽，結束時並沒有爆發核武戰爭。

一觸即發的戰局就此化解。

第十四章　大規模毀滅

一九八三年十一月八日，蘇聯最高指揮部陷入一片恐慌。幾週以來，美蘇之間緊張程度不斷攀升，蘇聯現在處於自一九六二年古巴飛彈危機以來最高警戒狀態。五月時，他們啟動歐洲情報網，監視北約組織重要人物的日常活動，試圖從他們日常行為的些微變化來研判北約發動襲擊的可能。現在，情資從四面八方湧入。北約基地正全面戒備，聯席參謀長和各國元首都在與外界隔離的戰情室中開會。蘇聯所能攔截到的北約情資全被轉換成不熟悉的格式，有可能是假情資，現在他們全都進入「停止發報時期」（radio silent）狀態。更令蘇聯戒慎恐懼的是，北約部隊似乎進入了最高等級的一級戒備（DEFCON 1）狀態，也就是蘇聯最擔心的核戒備。蘇聯最害怕的事情看似迫在眉睫：第一次核武戰爭即將爆發。[1]

儘管令人害怕，但局勢發展並不在意料之外。過去一年來，美國不斷調度軍力，暗地將潛艇開往靠近蘇聯的海岸線，監聽和測試他們所能達到的最近距離。航空母艦上的戰鬥機一架架直入蘇聯領空，在感應器間往返自如，讓當地軍事基地陷入一片恐慌，繃緊神經，直到快要引發蘇聯反擊的最後一刻才掉頭離去。北約部隊應當再過不久就會具備從歐洲發射潘興二號飛彈的能力；第一枚飛彈應該是在一九八三年年底運到，不過也有可能之前已經暗地運送一些過去。這些地堡炸彈只要一發就足以癱瘓整個蘇聯

領導階層，所以從那時候起，每次衝突都必須考量發射第一枚核彈的可能。

美國一次又一次挑釁，有時是派遣戰鬥機，有時則是轟炸機，總是選擇能夠直入蘇聯領空的飛行路徑，而且飛到足以引發警報，讓蘇聯軍隊高度警備，但始終在爆發衝突前的最後一刻離開。

同年四月六日，六架美國海軍的飛機終於衝過封鎖線，飛過由蘇聯管轄下千島群島中的澤勒尼島上空。蘇聯人勃然大怒，為了挽回面子，他們立即派戰鬥機前往阿留申群島。每次假警報都讓蘇聯最高指揮部的緊張氣氛加溫，而基地裡的指揮官也變得愈來愈焦躁不安，神經緊繃，快要達到臨界點了。

九月一日，一架飛機直入蘇聯領空，這次沒有回頭，而是直接進入堪察加半島上空，越過洲際彈道飛彈的測試範圍，朝向北約在符拉迪沃斯托克的太平洋艦隊總部前進。已經處在爆發邊緣的蘇聯終於按耐不住，把它射了下來，此舉顯然是個錯誤決定。這架飛機其實是韓國航空的〇〇七號民航班機，就這樣跌入寒冷大海，造成機上兩百六十九名乘客全數罹難，這起意外激怒了全世界，無異是在一場難以控制的政治火災上火上加油。

接著，在九月二十六日，彈道飛彈警報響起。蘇聯最先進的預警探測系統發出訊號，顯示有一顆洲際彈道飛彈從美國內陸發射。基地所有系統立即進入備戰狀態，但當時值班中校斯坦尼斯拉夫·彼得羅夫（Stanislav Petrov）做了按兵不動的裁示。地面雷達還沒有證實美軍真的發射飛彈，而且光是因為一顆飛彈就開戰也沒有什麼意義（後來證實這次警報是一次電腦判讀錯誤）。

一個月後，美軍在西印度群島的格林納達部署了六千名作戰部隊，再加上一萬四千名後援部隊。在全世界眾目睽睽之下，美國出兵短短九天，就瓦解了當地支持共產的力量，蘇聯政府顏面盡失，讓人想起之前的古巴飛彈危機。這次入侵高舉「反共」旗幟，蘇聯擔心這可能是北約組織攻擊華沙會員國的第一步行動，接下來恐怕會發動一連串的攻擊，下一個目標可能是尼加拉瓜或古巴。

後來，在十一月四日，攻擊格林納達兩天後，蘇聯核子潛艇 **K-324** 被困在美國海軍護衛艦麥克洛伊（McCloy）的聲納陣列中。潛艦被迫浮出海面，就在美國南卡羅來納州外海，當著美國海軍的面。蘇聯花了四天時間將潛艦拖往古巴，又是一項讓蘇聯領導人震驚的恥辱。更重要的是，**K-324** 原本是在跟蹤幾艘美國彈道飛彈潛艇的活動。因為這起意外，他們失去了這些美國潛艇的蹤影。四天過去後，仍然掌握不到行蹤。經過這麼多時間，它們現在可以到達任何地方，比方進入俄羅斯本土射程距離內。到十一月八日時，大量情報湧入：北約基地處於警戒，各國負責人都隔離在戰情室中，軍事通訊全都消失。要開戰了嗎？這一刻每個人都感到十分害怕，真的要發生了嗎？

蘇聯軍隊傾巢而出，做好充分準備，在波蘭和東德集結空中部隊，隨時準備起飛。有些人認為這是攻擊的開始，其他人則認為這只是一次軍事演練，還有人推測這只是伎倆，故意設計成軍事演習，以便掩護第一次真正襲擊。蘇聯當時曾計畫以軍事「演習」來偽裝第一次實際攻擊的策略，若是美軍也使用這樣的戰略也不足為奇吧？問題在於蘇聯的「死手系統」還無法正式上場，所以蘇聯能夠報復性反擊的唯一辦法，就是先發制人，搶先一步發射飛彈，但如果他們要選擇這條路，就不能拖延下去，現在就必須發射。他們應該這麼做嗎？北約還沒發射飛彈，要是這不是一場真正的攻擊呢？更糟糕的是，蘇聯那時處於領導真空危機，總書記安德羅波夫（Yuri Andropov）病危在床，過去兩個月來，他都沒有出席政治局會議。現在，在這個危機時刻，政治爭鬥和領導不確定性更增加了混亂。在蘇聯指揮部討論是否該按下按鈕的這一刻，全世界命運都掌握在他們手中。

在同年十一月，當我們這顆星球上的全體生命處於危急存亡時，我正在紐約州伊薩卡讀高中，專心解決一個行不通的生物實驗，還有背誦幾行我在學校話劇中的角色臺詞。我那時要去扮演音樂劇《油脂》（*Grease*）中那個致告別辭的書呆子畢業生。完全無視於這場可能將一切化為烏有的局勢。我們所有的人都是如此。

我未來的岳父當時剛剛從戴維斯－蒙森空軍基地（Davis-Monthan Air Force Base）退休，那裡部署了泰坦二號核子洲際彈道飛彈。你以為至少他會意識到這場危機。但就連他都對此一無所知。事實上，一直到兩年後蘇聯國家安全委員會特工奧列格．戈迪維斯基（Oleg Gordievsky）叛逃，才將整起故事透露給英國情報單位，讓蘇聯以外的人明白我們曾經有多麼接近核戰。現在，隨著冷戰時期文件解密，完整故事逐漸浮現[2]，當中的教訓著實讓人心驚膽戰。這是人類第二次處於毀滅邊緣——第一次是發生在古巴飛彈危機。

若說我們都欠蘇聯戰情室裡的那幾個人一份救命之恩，其實也不算太誇張。當天領導階層，不知怎的，做出了正確決定。儘管有一連串擦槍走火的事件、美軍反覆挑釁、缺乏領導人而造成政治動盪以及不正確的情報，他們並沒有發射飛彈，而是選擇屏息以待，等著這場地球史上最致命的遊戲展開。

一如其開始的突然，結束時也很突兀。各國軍事領導人從碉堡中出來，基地恢復正常活動。北約實際上並沒有進入最高等級的一級戒備狀態。他們一直在大規模軍事演習，模擬遭遇核武攻擊的狀態，這項演習稱為「一九八三優秀射手演習」（Operation Able Archer 83），是由美國發起的一場大規模協調性軍事「預演」，模擬第一次遭到核武攻擊的場面。[3]他們當然不會費心去知會蘇聯，而那時也沒有人意識到這差一點釀成世界末日。「一九八三優秀射手演習」最可怕的一面是，北約組織甚至沒有意識到世界末日存在。

我不是地理政治或國家安全專家。這點沒什麼好說的，畢竟我研究的是甲蟲。但既然我都花了一番工夫比較動物和人類之間的軍備競賽，所以現在思考一下冷戰及其遺產似乎也沒什麼不可以。關於今日我們所生活的世界，動物的武器能教導我們什麼呢？

很多人都認為我們能從冷戰中活下來，是因為嚇阻效應，我在為了寫這本書而進行多方研究後，也傾向同意這樣的觀點。我們有驚無險地躲過兩次極其危險的戰爭，最終靠的便是嚇阻。世界徹底毀滅的威脅阻止兩大超級強國發動攻擊，也讓其他國家在過程中只能隔岸觀火，不敢越雷池一步。

冷戰結束已經超過二十年。這段期間，美國成為唯一超級大國。美國有大型兵工廠，還有規模更為龐大的海軍，以及比其他國家都強大的空中力量，這是每年花費數十億美元來維持的。美國是海灘上最大的招潮蟹，配備了夢幻武器。但美國是否變得更安全？

就某方面來看，可能是如此。現代化的武器就跟動物武器一樣。先進的超音速超機動戰鬥機、全新的傑拉爾德·R·福特級的超級航空母艦（預計在二〇一五年服役），再加上前所未有的衛星偵察系統和蒐集情報的超級電腦，凡此種種全都需要花大錢來設計、建造和維護。只有最富有國家才負擔得起，而它們在戰鬥中帶來明顯優勢。就跟擁有最大、最昂貴的動物武器一樣，我們的常備軍力無疑會遏阻敵對國家任意發起戰爭。

正如過去羅馬軍隊和英國海軍不可挑戰的霸主地位創造出相對承平時期（分別打造出羅馬和平和不列顛和平），一些人認為，美國的軍事優勢為世人迎來「美國和平」。[4] 除非有另一個國家能在軍事和經濟與之相抗衡，不然一般軍隊對美軍發動攻擊的機率很低。由於發動全面戰爭的可能性不再，美國留給對手的唯一選項，便是不要依循規則，採取不對稱戰術，也就是旁門左道的鬼祟伎倆。

永遠無法直接攻擊美國的國家，無法正面迎擊美軍以對抗美軍游擊戰術，便改以自殺炸彈客、汽車炸彈、簡易爆炸裝置來破壞美軍常規武器的效能。這些攻擊非常擾人，會造成少數傷亡，但還不至於直接威脅到美國主權，或絕大多數居民安全。從表面上來看，武器似乎發揮良好的嚇阻作用，而且和動物武器相比，我們為現代化軍火庫所付出的終極成本算是合理的。

問題是出在大規模毀滅性武器。

悲慘事實在於，冷戰軍備競賽留下的武器和過往曾經存在過的任何一種都不一樣，硬生生地將我們置於充滿未知和危險的境地。現代核武和生化武器具有不可思議的破壞力。很難想像數十億人突然死亡是怎樣的情境，這顆災難過後的星球又會變成什麼樣子？氣候、農作物、森林和食物都將出現不可逆變化，對人類來說無疑災難一場。生物多樣性崩毀，生態系破碎，基本上，我們生活的每一層面，包括我們所認識和關心的人，以及所有從來不曾聽聞的人，都將化成灰燼和塵土。

這聽起來像是好萊塢電影情節，但可不是杜撰的。[5]大規模毀滅性武器的連帶損害可能非常驚人，這一點改變了衝突利害關係。由於大規模毀滅性武器殺傷力極強大，一旦使用即可能威脅人類生存。不管你喜歡與否，這讓我們進入一個只能選擇嚇阻的時代，其他選擇都等於自殺。但嚇阻也有限制，我們可能現在正面臨到這些限制。

在蟹、甲蟲、蠅類和北美馴鹿身上——事實上是所有具備終極武器的動物——之所以會出現嚇阻作用，是基於很好的理由，且只有在滿足特定條件時嚇阻才會在戰鬥中發揮作用——它使動物能明智地選擇是否戰鬥。在贏面很大時臨陣脫逃，可能要為此付出代價，但是可能失敗的話，掉頭離去未嘗不是一件好事。訣竅在於事先預測結果。要做到這一點，必須有一套評估彼此戰鬥能力的可靠方法。

若武器是一忠實可靠的訊號，長有小武器的雄性通常會走開。因為肉眼就可以從每隻雄性武器大小看出健康、體型、營養儲備狀態，這些都是預測戰爭結局的要素，能力差異顯而易見。因此對這些動物來說，揮舞武器是有用的。

另一方面，要是缺乏真實訊號，就沒有事先預測獲勝者的安全方式。現在雄性一走了之，會錯過原先可能取勝的戰鬥，錯失交配機會。一旦失去忠實的訊號，競爭就會變得突然而危險，而且往往致命，至少在動物之間是如此。如果說我們能從蟹和馴鹿身上學到什麼經驗教訓，那就是和平的前提來自於武器能夠作為戰鬥能力的忠實訊號。真是如此嗎？

對動物武器來說，要能反映忠實訊號必須造價高昂，而且要付出極高代價。事實上要昂貴到只有處於最佳狀態的雄性才供應得起。就是因為有高昂成本，才能維持訊號忠實度。要是隨便一個個體都能支應大型武器，所有雄性都長得出來，如此一來，武器尺寸差異就沒有意義。唯有當大多數雄性無法負荷大型武器，它才會成為戰鬥力的可靠訊號。也只有到那個時候，配備小武器的雄性不戰而退才是划算的。

早在冷戰初期，大規模毀滅性武器就已經符合這項要求。它們造價高昂，只有最富有的兩大超級強國才擁有核武。但隨著競賽持續，彈頭價錢開始走低。常備武器如潛艇、戰鬥機和航空母艦的成本飆升，但核彈頭尺寸卻愈來愈小，而且價格日趨便宜。很快地，英國和法國紛紛跟進，測試各自的核彈，接下來是中國和南非。到了一九七〇年代，印度也成功試射核彈頭，而在一九九〇年代時，巴基斯坦也有了核武。現在，以色列和北韓也擁有核武。嚇阻作用最重要的前提消失了。

生化武器更是便宜。在二戰期間這方面研究大有進展，往後幾十年，美蘇雙方都積極研發將致命病原轉變成武器的生化技術。[6]在一九七二年「生物和毒素武器公約」（Biological and Toxin Weapons Convention）禁止生化武器研究前，美國每年花費三億美元在發展各種針對人類、家畜和農作物的病原體，甚至展開以昆蟲散播病原體至目標物的試驗。[7]即使在頒布禁令後，蘇聯仍繼續這方面研究，改善或儲存數百噸耐熱和耐寒等各種致命傳染病的病毒（菌）株，包括炭疽菌、鼠疫病毒、兔熱病毒、肉毒桿菌、天花和馬爾堡病毒等。[8]

要發展生化武器並不需要投入大量成本，而且近年來價格更是不斷下滑。今日，要做出全世界最危險疾病的病原體，如一九一八年造成大約一億人死亡的禽流感病株，只要一間簡單的地下實驗室，花幾千美元就可以完成。倘若任何人都可以製造生化武器，隨便一個人都可以使用它們，這就不符合嚇阻的基本邏輯。

我們正朝向一個多數國家都擁有大規模毀滅性武器的世界邁進，這無關乎大小或是常規作戰部隊的強弱。核武和生化武器打破了規則，這可視為一種作弊行徑，資源少的國家有了打倒富裕國家的能力。如果在這一點上，歷史可以提供給我們任何教訓，那就是大規模毀滅性武器可能削弱昂貴常規軍隊的成本效益。正如長弓和火槍預示中世紀鎧甲的結束，炸彈宣告帆船戰艦和城堡的過時，我們現在有可能正朝向用低成本核武和生化武器取代昂貴常規軍事力量的狀態前進。

不過，在我個人看來，更大的問題是武器本身以及它們造成的連帶損害。即使還具備嚇阻作用——儘管我不相信這一點——但這並不意味著永遠不會使用。具有嚇阻作用，只是意味著使用機會不大。也許在一百次對峙中，只會使用一次，或者是拿馴鹿來說，在一萬一千六百次中只有六次會動用到鹿角，但如果說，我們真的能從動物身上學到什麼，那就是衝突最終還是會升級成全面性戰爭。在冷戰之前，這些細節其實並不特別重要。現在，由於大規模毀滅性武器的緣故，一切都不可同日而語。我想僅存的一線希望，是在升級成毫無節制的全面衝突前，預測戰爭爆發的可能性。這涉及到勢均力敵的對決。

冷戰時期軍備競賽的競爭模式，是海灘上兩隻最大招潮蟹之間的比賽。但不見得一定要大招潮蟹才會展開競賽。每個海灘上，都有很多很多招潮蟹在揮舞大螯，相互推打較量，任何一場衝突都有可能爆發成難以收拾的局面。面對體型更大的對手時，招潮蟹可能會選擇一走了之，但牠可不只是消失在夕陽餘暉中。牠會去尋求更好的戰鬥機會，挑選一個旗鼓相當的對手，打一場贏面較大的戰爭。一隻中型蟹找上另一隻中型的，當初期無法立見高下，雙方會開始互推，試圖穩住陣腳，攻勢會加劇，轉變成擊打和擠壓。最後，要是雙方都不認輸，下一步無可避免的就會進入你死我活全面對戰。

海灘上，若是有兩隻中型招潮蟹展開全面爭戰，不大可能影響到其他生物。但現在我們不在那片海灘上，如今大規模毀滅性武器便宜到大多數中型國家都可以擁有，還沒有配備核武的國家，遲早也都會購置，但核武破壞力極大，一經使用，哪怕只有一次，不論是在哪個地方引爆，都有可能毀滅全球文明。若是大規模毀滅性武器是這場競賽等式的一部分，那麼，我們就不能讓這場對抗升級。一次都不行。但阻止這場競爭是項艱鉅任務。就算只是稍微看一下眼前政治版圖，都能看出具有致命威脅的多處熱點，這些地方的軍事布局早已準備好，隨時都能爆發全面戰爭。從南北韓、印度與巴基斯坦到以色列與伊朗，這些國家全都是軍備上旗鼓相當的對手，而且不是已經擁有大規模毀滅性武器，就是即將配備完成。

這場面讓世人還有什麼選擇餘地呢？在本書的十四個章節裡，我一直強調人類武器和動物武器十分類似，但是只有某種程度上是如此。今天，人類打造出前所未有的致命武器。過去地球上從未有過一種動物揮舞過足以摧毀整顆行星生命的強力武器，也從來沒有武器危險到根本不該使用的地步。

當今世界已陷入競爭、派別、民族糾紛和宗教戰爭的泥沼中，我們最不想要見到的場面，就是在這場軍備競賽中，許多我們毫無知悉的地方出現大規模毀滅性武器。即使世界安全僅操之在兩個國家手上時，兩大超級強國也敏銳地意識到自己手上的武器具有毀滅性後果，因此雙方設下層層關卡，確保不會誤發核彈，但還是至少出現兩次差點升級為核戰的危機。現在，引發攸關世界存亡的決定掌握在許多政府手中，甚至是由幾個橫行霸道的個人操控。他們能否每次都做出正確決定呢？

當恐怖組織加入戰場時，畫面頓時變得可怕。到目前為止，恐怖分子都只配備常規武器。他們也許不會照「規矩」作戰，但他們所用的武器仍是標準軍火庫中的一部分，而且他們能夠造成的損害相對較小。要是有一天大規模毀滅性武器落入到隨便一個恐怖組織，會發生什麼事？

寫這本書，讓我從雨林、甲蟲、泥漿、雨水和麋鹿一路遠行。我的冒險是從講述最壯觀的動物世界開始，一路上我大膽深入人類歷史，瞭解到我們的過去，為此著迷不已，有時也深感震驚。人類世界和動物界的相似之處讓我心生敬畏和震撼，但同時也對前景憂心忡忡。對我來說，這一切所傳達的最終訊息非常明確。大規模毀滅性武器改變了戰鬥的利害關係和運作邏輯。我們不可能活過下一場軍備競賽。

謝詞

這樣大規模的寫作計畫，要是少了同事、家人和朋友的支持，我絕無法完成。首先也是最重要的，要感謝我的家人：我的妻子凱莉（Kerry），和我的孩子柯里（Cory）和妮可（Nicole），忍受我在寫書過程中，埋頭苦幹而忽略了他們。我也感謝我的同事、夥伴和學生，當我躲在圖書館寫作時，幫我收拾善後，特別要感謝賽瑞斯・艾倫（Cerisse Allen）、蘿拉・寇利—李文（Laura Corley-Lavine）、安妮卡・杜克（Annika Duke）、伊恩・德沃金（Ian Dworkin）、後藤弘樹（Hiroki Gotoh）、艾琳・麥卡洛（Erin McCullough）、德文・歐布萊恩（Devin O'Brien）、潔瑪・茹許（Jema Rushe）、珍妮弗・史密斯（Jennifer Smith）、伊恩・沃倫（Ian Warren）、羅比・季納（Robbie Zinna）。我要感謝美國國家科學基金會（National Science Foundation），尤其是佐伊・普利（Zoe Eppley）、厄文・佛賽斯（Irwin Forseth）、黛安娜・帕迪拉（Dianna Padilla）、亞當・薩默斯（Adam Summers）、金柏林・威廉姆斯（Kimberlyn Williams）、和威廉・季默（William Zamer）資助我的研究計畫。美國國家科學基金會對基礎科學研究的支持功不可沒，並扮演關鍵角色。他們是美國研究獎助金的主要來源，少了他們，我的研究計畫全都不可能完成。

寫這樣一本書，需要進行大量的「程式移除」（deprogramming）。我必須揚棄所有以往苦口婆心的教學原則。二十多年來，撰寫研究計畫和在專業期刊發表學術文章的經驗，如今反而成了一種阻力，而不是助力。我得重新開始，學習重新寫作。這是一段令人耳目一新（也是耗盡心力）的經歷，要是沒有我耐心並且不斷提供重要意見的編輯，吉蘭·布萊克（Gillian Blake）還有她的助理，卡洛琳·贊肯（Caroline Zancan）以及我的同事兼朋友卡爾·齊默（Carl Zimmer）的協助，我絕不可能獨自完成，他們全都在各種不同的地方嚴厲要求我修改書中內容。

這本書也得益於許多人所提供的意見，他們以各種形式對我全部的或部分草稿提出種種批判，為此我要感謝布雷特·亞迪斯（Brett Addis）、哈里森·安伯斯三世（Harrison Ambrose III）、哈里森·安伯思四世（Harrison Ambrose IV）、凱瑟琳·安伯思（Katharine Ambrose）、蒂娜·班奈特（Tina Bennett）、亞歷克西斯·比林斯（Alexis Billings）、凱利·布萊特（Kelly Bright）、凱瑞·布萊特（Kerry Bright）、雷·布萊特（Ray Bright）、克里斯汀·克蘭德爾（Kristen Crandell）、安妮卡·杜克（Annika Duke）、科瑞·艾姆蘭（Cory Emlen）、納塔利婭·德蒙·艾姆蘭（Natalia Demong Emlen）、史蒂芬·艾姆蘭（Stephen Emlen）、達芙妮·費爾貝恩（Daphne Fairbairn）、哈利·格林（Harry Greene）、梅麗莎·哈姆雷（Melissa Hamre）、馬修·赫倫（Matthew Herron）、艾琳柯·伊伯（Erin Kuiper）、塔拉·馬金尼斯（Tara Maginnis）、克里斯汀·米勒（Christine Miller）、德文·歐布萊恩（Devin O’Brien）、艾莉森·帕金斯（Alison Perkins）、邁克·瑞恩（Mike Ryan）、大衛·塔斯（David Tuss）和卡爾·齊默（Carl Zimmer）。特別要感謝凱瑟琳·安伯思（Katharine Ambrose）、凱瑞·布萊特

（Kerry Bright）、史蒂芬・艾姆蘭（Stephen Emlen）、艾琳・麥克考羅夫（Erin McCullough）、艾莉森・帕金斯（Alison Perkins）和大衛・塔斯（David Tuss），他們不只一次閱讀全書稿，提供意見，並大幅修改，才有如今的最終版本。

和大衛・塔斯（David Tuss）合作很愉快，他很有耐心地和我反覆討論和修改插圖，有時甚至完全重繪，直到我們兩個都對成品感到滿意。我要感謝約翰・克里斯提（John Christy）、傑拉爾德・威爾金森（Gerald Wilkinson）、和大衛・季以（David Zeh）分享他們研究的細節及經驗，還要感謝艾莉森・卡雷特（Alison Kalett）是她首先建議我深入人類武器的文獻。

沒想到軍事史世界浩瀚無邊，當中有幾位作家特別吸引我，尤其是羅伯特・歐康納（Robert O'Connell）的著作讓我徹底改觀，一腳踏入就欲罷不能，讓我從生物學的世界進入軍事史領域。就許多方面來看，歐康納在他的著作中所做的，跟我試圖在本書做的事一樣，只是剛好相反過來。他的專長是軍事史，但他擴展到生物學。我寫的則是生物學，但是漸漸往軍事學移去，兩者恰巧基於同樣觀點。對生物和歷史的交錯參照感興趣的讀者，我強烈推薦他的書：《武器與人：戰爭、武器和侵略史》（*Of Arms and Men: A History of War, Weapons, and Aggression,* Oxford: Oxford University Press, 1989）和《劍魂：圖解武器和戰爭史，從史前到現在》（*Soul of the Sword: An Illustrated History of Weapons and Warfare from Prehistory to the Present*, New York: Free Press, 2002）。我也感謝他願意花時間閱讀本書草稿，糾正我很多軍事史的知識細節，特別是冷戰相關的材料。

我也強烈推薦特雷弗・杜佩（Trevor Dupuy）的《武器和戰爭的演化》（*The Evolution of Weapons and Warfare*, New York: Da Capo Press, 1984），這有助我釐清並建立重大軍事技術轉變的觀點：約翰・基根（John Keegan）的《戰鬥的面貌：阿金庫爾、滑鐵盧和索姆河戰役》（*The Face of Battle: A Study of Agincourt, Waterloo, and the Somme,*London: Penguin Books, 1983）以驚人的生動手法，鮮活呈現古老戰役；大衛・霍夫曼（David Hoffman）的《死亡之手：超級大國冷戰軍備競賽及蘇聯解體後的核生化武器失控危局》（*The Dead Hand: The Untold Story of the Cold War Arms Race and Its Dangerous Legacy*, New York: Doubleday, 2009）是本精采絕倫卻又令人感到悲哀與恐怖的書，描繪出史上一場最致命軍備競賽的後果。

我要感謝門克勒咖啡店（*Caffé Docle*）以及他們優秀的工作人員，讓我有一個完美環境可以思考和寫作，還提供密蘇拉最棒的咖啡。我在亨利・侯特（Henry Holt）出版社的製作團隊：茉莉・布隆（Molly Bloom）、米歇爾・丹尼爾（Michelle Daniel）以及梅莉・勒瓦米（Meryl Levavi）全都認真有耐心，正是我所需要的。最後，我要感謝我的經紀人蒂娜・班奈特（Tina Bennett）和她的助理斯韋特蘭娜・卡茨（Svetlana Katz），感謝他們在寫作過程各階段對我的堅定支持和指導。要是沒有他們，我無法完成這本書。

參考資料

第一章

1. Oliver Pearson and Anita Person, "Owl Predation in Pennsylvania, with Notes on the Small Mammals of Delaware County," *Journal of Mammology* 28 (1947): 137– 47; Charles Kirkpatrick and Clinton Conway, "The Winter Foods of Some Indiana Owls," *American Midland Naturalist* 38 (1947): 755– 66.
2. 同上。
3. F. B. Sumner, "An Analysis of Geographic Variation in Mice of the *Peromyscus polionotus* Group from Florida and Alabama," *Journal of Mammology* 7 (1926): 149– 84; Sumner, "TheAnalysis of a Concrete Case of Intergradation Between Two Subspecies," *Proceedings of the National Academy of Sciences of the U.S.A*. 15 (1929): 110– 20; Sumner, "The Analysis of a Concrete Case of Intergradation Between Two Subspecies. II. Additional Data and Interpretations," Proceedings of the National Academy of Sciences of the U.S.A. 15 (1929): 481– 93; Sumner, "Genetic and Distributional Studies of Three Subspecies of *Peromyscus*," *Journal of Genetics* 23 (1930): 275– 376.
4. Lynne Mullen and Hopi Hoekstra, "Natural Selection Along an Environmental Gradient: A Classic Cline in Mouse Pigmentation," *Evolution* 62 (2008): 1555– 70.
5. F. B. Sumner and J. J. Karol, "Notes on the Burrowing Habits of *Peromyscus polionotus*," *Journal of Mammology* 10 (1929): 213– 15; Jesse Weber and Hopi Hoekstra, "The Evolution of Burrowing Behavior in Deer Mice (genus *Peromyscus*)," Animal Behavior 77 (2009): 603– 9.
6. Donald W. Kaufman, "Adaptive Coloration in *Peromyscus* polionotus: Experimental Selection by owls," Journal of Mammology 55 (1974): 271– 83.
7. 霍皮．胡克斯特拉（Hopi Hoekstra）和同僚的研究顯示出，在沙灘動物族群中，兩個基因突變造成區域內的動物長出白色皮毛，並且經繁殖散布開來。白足鼠和其他哺乳動物的毛皮顏色是透過調控色素而生成。其中一個和調控過程有關的分子是一種受體（*melanocortin-1 receptor*, *Mc1r*），這個蛋白質的功能類似開瓶器，像海蛇一樣蜷曲，能夠進出色素生成細胞的細胞膜。因為這個折疊的蛋白質一路延伸出細胞膜，細胞外部的變化可以透過*Mc1r*影響細胞內部。

*Mc1r*就像開關，它可以在兩個彎曲狀態之間轉換，形狀變化會生成不同的色素。當*Mc1r*扭曲成其中一種形狀時，比較不活躍，這時色素細胞便會產生淺黃色色素，稱為「棕黑素」（phaeomelanin）。當轉換成另一種活性較大的形狀，細胞便開始產生另一種色素，稱為黑色素（melanin）。黑色素呈深褐色，產生黑色素的毛皮就會長成棕色白足鼠。

*Mc1r*是否會觸發棕黑素或黑色素的生成，部分原因取決於細胞外的分子。比方說，當細胞外部與一個活化性蛋白結合時，*Mc1r*可以切換形狀，使細胞開始產生黑色素，而要是和抑制性蛋質結合，則可阻斷黑色素合成，讓細胞回復到生產淺色棕黑素的狀態。色素細胞中有上千個*Mc1r*的基因副本，充滿整個細胞外膜，全都會引發細胞生產淺色或深色的色素。結果便是細胞內會混合兩種色素，產生一連續性毛皮深淺變化。當細胞外活化因子的濃度高時，大部分*Mc1r*的基因便很活躍，並大量生成黑色素。當抑制因子的濃度偏高時，黑色素濃度便直線下降。按照這個基本模式，活化因子和抑制因子的濃度便會導致毛皮顏色出現變化，也造成白足鼠產生不同的毛色。

在內陸老舊田中的鼠群，就跟多數親緣關係相近的白足鼠物種一樣，大多數的*Mc1r*基因副本在白足鼠發育期間活躍，而這些白足鼠背部的皮毛都是棕色的。但是，當胡克斯特拉團隊觀察墨西哥灣沿岸的鼠群時，他們發現牠們的*Mc1r*不太活躍。沿海區幼鼠在發育時，黑色素製造較少，背部皮毛大多是白色的。胡克斯特拉團隊逐一比較內陸和沙灘白足鼠的*Mc1r*以及其活化因子和抑制因子（該抑制因子稱為*Agouti*）基因中編碼DNA序列的鹼基對，結果發現有兩處差異。沿海地區族群的樣本中，*Mc1r*和*Agouti*基因和內陸鼠群所攜帶的，僅具有些許差異。在過去的某個時間點，突變改變了這兩個基因的序列，而這些變化造成沙灘上的白足鼠長出淺色皮毛。Hopi E. Hoekstra, Rachel J. Hirschmann, Richard A. Bundey, Paul A. Insel, and Janet P. Crossland, "A Single Amino Acid Mutation Contributes to Adaptive Beach Mouse Color Pattern," *Science* 313 (2006): 101–4; Cynthia C. Steiner, Jesse N. Weber, and

Hopi E. Hoekstra, "Adaptive Variation in Beach Mice Produced by Two Interacting Pigmentation genes," *Public Library of Science (PLoS) Biology* 5 (2007): e219; Cynthia C. Steiner, Holger Rompler, Linda M. Boettger, Torsten Schonenberg, and Hopi E. Hoekstra, "The Genetic Basis of Phenotypic Convergence in Beach Mice: Similar Pigment Patterns but Different

Genes," *Molecular Biology and Evolution* 26 (2008): 35–45.

沙灘白足鼠的*Mc1r*基因突變，使受體活化的時間更少，微妙促發淺色毛。沙灘白足鼠的*Agouti*基因突變則增加*Mc1r*活性，造成*Agouti*蛋白濃度變高。由於*Agouti*抑制*Mc1r*的活性，帶有沙灘鼠群這種*Agouti*對偶基因的，都展現出*Mc1r*活性較低的情況，而帶有這類突變的幼鼠都會長淺色的皮毛。這兩種突變都造成小鼠皮毛顏色變淺，一起作用的結果便是產生了毛色非常白的白足鼠。

8. Task Force Devil Combined Arms Assessment Team (Devil-CAAT), "The Modern Warrior's Combat Load, Dismounted Operations in Af ghanistan, April– May 2003," U.S. Army Center for Army Lessons Learned (2013).
9. A. Dugas, K. J. Zupkofska, A. DiChiara, and F. M. Kramer, "Universal Camoufl age for the Future Warrior," U.S. Army Research, Development, and Engineering Command, Natick Soldier Center, Natick, MA 01760 (2004); K. Rock, L. Lesher, C. Stewardson, K. Isherwood, and L. Hepfinger, "Photosimulation Camoufl age Detection Test," U.S. Army Natick Soldier Research, Development and Engineering Center, Natick, MA (2009), NATICK / TR-09/021L.
10. 同上。
11. Eric Coulson, "New Army Uniform Doesn't Measure Up," Military .com, April 5, 2007; Matthew Cox, "UCP Fares Poorly in Army Camo Test," *Army Times*, September 15, 2009.
12. U.S. Government Accountability Office, "Warfighter Support: DOD Should Improve Development of Camouflage Uniforms and Enhance Collaboration Among the Services," Report to Congressional Requesters, September 2012.
13. 同上。亦可參見 L. Hepfinger, C. Stewardson, K. Rock, L. L. Lesher, F. M. Kramer, S. McIntosh, J. Patterson, K. Isherwood, G. Rogers, and H. Nguyen, "Soldier Camoufl age for Operation Enduring Freedom (OEF): Pattern-in-Picture (PIP) Technique for Expedient Human-in the-Loop Camoufl age Assessment," report presented at the 27ThArmy Science Conference, JW Marriott Grande Lakes, Orlando, FL, November 29– December 2, 2010; Joseph Venezia and Adam Peloquin, "Using a Constructive Simulation to Select a Camouflage Pattern for Use in OEF," Proceedings of the 2011 Military Modeling and Simulation Symposium, Society for Computer Simulation International (2011).
14. A. Bartczak, K. Fortuniak, E. Maklewska, E. Obersztyn, M. Olejnik, and G. Redlich, "Camouflage as the Additional Form of Protection During Special Operations," *Techniczne Wyroby WłoÅLkiennicze* 17 (2009): 15– 22; M. A. Hogervorst, A. Toet, and P. Jacobs, "Design and Evaluation of (urban) Camoufl age," *Proc. SPIE 7662*, Infrared Imaging Systems: Design, Analysis, Modeling, and Testing XXI, 766205 (April 22, 2010).
15. 本書著重在動物武器的型態，並沒有涵蓋到動物界豐富的化學武器。對此有興趣的讀者，我推薦 Thomas Eisner, *For Love of Insects* (Cambridge, MA: Belknap Press of Harvard University Press, 2005), and Thomas Eisner, Maria Eisner, and Melody Siegler, *Secret Weapons: Defenses of Insects, Spiders, and Other Many-Legged Creatures* (Cambridge, MA: Belknap Press of Harvard University Press, 2007).

16. P. F. Colosimo, C. L. Peichel, K. Nereng, B. K. Blackman, M. D. Shapiro, D. Schluter, "The Genetic Architecture of Parallel Armor Plate Reduction in Threespine Sticklebacks," *PloS Biology* 2 (2004): E109; M. D. Shapiro, M. E. Marks, C. L. Peichel, B. K. Blackman, K. S. Nereng, B. J.nsson, D. Schluter, and D. M. Kingsley, "Genetic and Developmental Basis of Evolutionary Pelvic Reduction in Threespine Sticklebacks," *Nature* 428 (2004): 717– 23.
17. T. E. Reimchen, "Injuries on Stickleback from Attacks by a Toothed Predator (*Oncorhynchus*) and Implications for the *Evolution* of Lateral Plates," Evolution 46 (1992): 1224– 30.
18. Michael Bell, Matthew P. Travis, and D. Max Blouw, "Inferring Natural Selection in a Fossil Threespine Stickleback," *Paleobiology* 32 (2006): 562–77.
19. Pamela F. Colosimo, Kim E. Hosemann, Sarita Balabhadra, Guadalupe Villarreal Jr., Mark Dickson, Jane Grimwood, Jeremy Schmutz, Richard M. Myers, Dolph Schluter, and David Kingsley, "Widespread Parallel Evolution in Sticklebacks by Repeated Fixation of *Ectodysplasin* Alleles," *Science* 307 (2005): 1928– 33; Rowan D. H. Barrett, Sean M. Rogers, and Dolph Schluter, "Natural Selection on a Major Armor Gene in Threespine Stickleback," *Science* 322 (2008): 255– 57.
20. Jun Kitano, Daniel I. Bolnick, David A. Beauchamp, Michael Mazur, Seiichi Mori, Takanori Nakano, and Catherine Peichel, "Reverse Evolution of Armor Plates in the Threespine Stickleback," *Current Biology* 18 (2008): 768– 74.
21. F. Wilkinson, "Arms and Armor," *Journal of the Royal Society of Arts* 117 (1969): 361– 64; Trevor N. Dupuy, *The Evolution of Weapons and Warfare* (New York: Da Capo Press, 1984).
22. 同上。
23. 同上。
24. F. Kottenkamp, *History of Chivalry and Ancient Armour* (London: Willis and Sotheran, 1857); Wilkinson, "Arms and Armor," 361– 64; Dupuy, Evolution of Weapons and Warfare; R. L. O'Connell, *Of Arms and Men: A History of War, Weapons, and Aggression* (Oxford: Oxford University Press, 1989).

25. Wilkinson, "Arms and Armor," 361– 64; Dupuy, *Evolution of Weapons and Warfare*; Dave Grossman and Loren W. Christensen, *The Evolution of Weaponry: A Brief Look at Man's Ingenious Methods of Overcoming His Physical Limitations to Kill* (Seattle: Amazon Publishing, 2012).
26. Dupuy, *Evolution of Weapons and Warfare*.
27. John Keegan, *The Face of Battle: A Study of Agincourt, Waterloo, and the Somme* (London: Penguin Books, 1983); Dupuy, *Evolution of Weapons and Warfare*.
28. Dupuy, *The Evolution of Weapons and Warfare*; Grossman and Christensen, *Evolution of Weaponry*.
29. Dupuy, *Evolution of Weapons and Warfare*.
30. Grossman and Christensen, *Evolution of Weaponry*.

第二章

1. S. B. Williams, R. C. Payne, and A. M. Wilson, "Functional Specialization of the Pelvic Limb of the Hare (*Lepus europaeus*)," *Journal of Anatomy* 210 (2007): 472– 90.
2. Benjamin T. Maletzke, Gary M. Koehler, Robert B. Wielgus, KeithB. Aubry, Marc A. Evans, "Habitat Conditions Associated withLynx Hunting Behavior During Winter in Northern Washington," *Journal of Wildlife Management* 72 (2007): 1473– 78; John R. Squires and Leonard F. Ruggiero, "Winter Prey Selection of Canada Lynx in Northwestern Montana," *Journal of Wildlife Management* 71 (2007): 310– 15.
3. Christopher J. Brand, Lloyd B. Keith, Charles A. Fischer, "Lynx Responses to Changing Snowshoe Hare Densities in Central Alberta," Journal of Wildlife Management 40 (1976): 416– 28; Kim G. Poole, "Characteristics of an Unharvested Lynx Population During a Snowshoe Hare Decline," Journal of Wildlife Management 58 (1994): 608– 18; Brian G. Slough and GarthMowat, "Lynx Population Dynamics in an Untrapped Refugium," Journal of Wildlife Management 60 (1996): 946– 61.
4. Ronald E. Heinrich and KenneThD. Rose, "Postcranial Morphology and Locomotor Behaviour of Two Early Eocene Miacoid Carnivorans, *Vulpavus* and *Didymictis*," *Palaeontology* 40 (1997): 279– 305; Blaire Van Valkenburgh, "*Déjà vu*: The Evolution of Feeding Morphologies in the Carnivora," *Integrative and Comparative Biology* 47 (2007): 147– 63.
5. L. D. Martin, "Fossil History of the Terrestrial Carnivora," in *Carnivore*

Behavior, Ecology, and Evolution, ed. J. L. Gittleman (Ithaca N.Y: Cornell University Press, 1989), 335– 54; VanValkenburgh, "*Déjà vu*," 147– 63; Julie Meachen-Samuels and Blaire Van Valkenburgh, "Craniodental Indicators of Prey Size Preference in the Felidae," *Biological Journal of the Linnean Society* 96 (2009): 784– 99.

6. Van Valkenburgh, "*Déjà vu*," 147– 63.

7. Blaire Van Valkenburgh, "Skeletal Indicators of Locomotor Behavior in Living and Extinct Carnivores," *Journal of Vertebrate Paleontology* 7 (1987): 162– 82; Van Valkenburgh, "*Déjà vu*, 147– 63; Julie Meachen-Samuels and Blaire Van Valkenburgh, "Forelimb Indicators of Prey-Size Preference in the Felidae," *Journal of Morphology* 270 (2009): 729– 44.

8. Van Valkenburgh, "*Déjàvu*," 147– 63.

9. 同上。

10. 高中時我和我爸到肯亞桑布魯國家自然保護區露營。我們想在河邊一塊空地的大樹下搭帳篷。當我們搭帳蓬時，管理員前來勸阻。他告訴我們，三個星期前，有兩名女性被要去河邊的河馬踩死。但已經沒有其他地方可以搭帳篷（那個小空地是園區所設的露營區），所以我們最後還是照原定計畫走。

    日落時，我們離開營地約一小時，當我們回來時，發現營區一片混亂。一群狒狒襲擊了帳篷，破壞了裡面的一切。牠們撕毀了帳篷的其中一面，留下一個大洞，搜刮一切物品，甚至還在睡袋上尿尿。但當時天已經很黑，我們沒有其他地方可去，所以我們盡可能修補帳蓬，勉強睡覺。

    在這樣的情況下，要入睡何其容易。現代帳篷靠的是一長而彎曲的桿子來支撐，一旦這些配件被搶走，帳篷真的搭不起來。我們最後是用發臭的布料以及繩子湊合著用，並不牢靠。另外，我可以用親身經驗告訴你，帳篷帶來的安全感是尼龍布所造成的視覺障礙。外面動物可以聽得到也聞得到你，知道你躲在這層尼龍之內。牠們只是看不到你。一個獵捕者並不知道你豎起的這道屏障其實不到一毫米厚，就是因為這個原因，帳篷才能夠保護你，讓多數夜間行走的動物選擇避開（當然，除非像大象或是河馬等龐然大物，意外經過）。然而，這一夜，我們的屏障被打破了。我們可以看得到外面，外面也可以看進來。後來，在看到長頸鹿的身影飄過我們的新「窗戶」之後，我們在星空下睡著了。

    半夜，我們聽到尖叫聲而醒來，緊接著是上方樹枝裡，傳來響亮的狒狒叫聲，牠們又回到我們頭頂上十五英尺處的地方休息，而此時一隻豹襲擊了他們！後來我們才知道，這經常發生。豹喜歡在晚上趁狒狒在樹上休息沒有防備時，拉走狒狒群中的個體，當時我們就坐在樹的正下方，而且帳篷還破了一個大洞。於是我慌了，抓起睡袋跑向車子，現在回想起來，這是當時最糟糕的事，因為我一跑，便完全暴露蹤跡，讓上方的豹看得一清二楚。

11. Sharon B. Emerson and Leonard Radinsky, "Functional Analysis of Sabertoth Cranial Morphology," *Paleobiology* 6 (1980): 295– 312; Martin, "Fossil History of the terrestrial Carnivora," 335– 54; Van Valkenburgh, "*Déjà vu*," 147– 63; Graham J. Slater and Blaire Van Valkenburgh, "Long in the Tooth: Evolution of SabertooThCat Cranial Shape," *Paleobiology* 34 (2008): 403–19.
12. Van Valkenburgh, "Skeletal Indicators of Locomotor Behavior," 162– 82; Blaire Van Valkenburgh and Fritz Hertel, "Tough Times at La Brea: TooThBreakage in Large Carnivores of the Late Pleistocene," *Science* 261 (1993): 456– 59.
13. 同上。
14. Martin, "Fossil History of the Terrestrial Carnivora," 335– 54.
15. P. W. Freeman and C. A. Lemen, "The Trade-Off Between Tooth Strength and Tooth Penetration: Predicting Optimal Shape of Canine Teeth," *Journal of Zoology* 273 (2007):273– 80.
16. Blaire Van Valkenburgh and Ralph E. Molnar, "Dinosaurian and Mammalian Predators Compared," *Paleobiology* 28 (2002): 527– 43.
17. Van Valkenburgh and Hertel, "Tough Times at La Brea," 456– 59; Van Valkenburgh, "Feeding Behavior in Free-Ranging, Large African Carnivores," *Journal of Mammology* 77 (1996): 240– 54; Van Valkenburgh, "Costs of Carnivory: TooThFracture in Pleistocene and Recent Carnivores," *Biological Journal of the Linnean Society* 96 (2009): 68– 81.
18. Francis Juanes, Jeff rey A. Buckel, and Frederick S. Scharf, "Feeding Ecology of Piscivorous Fishes," chapter 12 in *Handbook of Fish Biology and Fisheries*, vol. 1, *Fish Biology*, ed. Paul J. B. Hart and John D. Reynolds (Malden, MA: Blackwell Publishing, 2002), 267– 83.
19. P. W. Webb, "The Swimming Energetics of Trout. I. Thrust and Power Output at Cruising Speeds," *Journal of Experimental Biology* 55 (1971): 489– 20; Webb, "Fast-Start Per for mance and Body Form in Seven Species of Teleost Fish," *Journal of Experimental Biology* 74 (1978): 211– 26; Patrice Boily and Pierre Magnan, "Relationship Between Individual Variation in Morphological Characters and Swimming Costs in Brook Charr (*Salvelinus fontinalis*) and Yellow Perch (*Perca flavescens*)," *Journal of Experimental Biology* 205

(2002): 1031– 36.

20. Bent Christensen, "Predator Foraging Capabilities and Prey Antipredator Behaviours:Pre-Versus Postcapture Constraints," *Oikos* 76 (1996): 368– 80; Frederick S. Scharf, Francis Juanes, and Rodney A. Rountree, "Predator Size-Prey Relationships of Marine Fish Predators: Interspecific Variation and Effects of Ontogeny and Body Size on Trophic-Niche Breadth," *Marine Ecology Progress Series* 208 (2000): 229– 48.
21. Susan S. Hughes, "Getting to the Point: Evolutionary Change in Prehistoric Weaponry," *Journal of Archaeological Method and Theory* 5 (1998): 345– 408.
22. Michael J. O'Brien, John Darwent, and R. Lee Lyman, "Cladistics Is Useful for Reconstructing Archaeological Phylogenies: Palaeoindian Points from the Southeastern United States," *Journal of Archaeological Science* 28 (1991): 1115– 36; Briggs Buchanan and Mark Collard, "Investigating the Peopling of NorthAmerica Through Cladistics Analyses of Early Paleoindian Projectile Points," *Journal of Anthropological Archaeology* 26 (2007): 366– 93; R. Lee Lyman, Todd L. VanPool, and Michael J. O'Brien, "The Diversity of orthAmerican Projectile-Point Types Before and After the Bow and Arrow," *Journal of Anthropological Archaeology* 28 (2009): 1– 13.
23. George C. Frison, "NorthAmerican High Plains Paleo-Indian Hunting Strategies and Weaponry Assemblages," in *From Kostenki to Clovis: Upper Paleolithic–Paleo-Indian Adaptations*, ed. O. Soffer and N. D. Praslov (New York: Plenum Press, 1993), 237– 49; Susan S. Hughes, "Getting to the Point: Evolutionary Change in Prehistoric Weaponry," *Journal of Archaeological Method and Theory* 5 (1998): 345– 408; Briggs Buchanan, Mark Collard, Marcus J. Hamilton, and Michael J. O'Brien, "Points and Prey: A Quantitative Test of the Hypothesis That Prey Size Infl uences Early Paleoindian Projectile Point Form," Journal of Archaeological Science 38 (2011): 852– 64.
24. Susan S. Hughes, "Getting to the Point: Evolutionary Change in Prehistoric Weaponry," Journal of Archaeological Method and Theory 5 (1998): 345– 408.
25. G. H. Odell and F. Cowan, "Experiments withSpears and Arrows on Animal Targets," Journal of Field Archaeology 13 (1986): 195– 212; George C. Frison, "Experimental Use of Clovis Weaponry and Tools in African Elephants," *American Antiquity* 54 (1989): 766– 84; J. Cheshier and R. L. Kelly, "Projectile Point Shape and Durability: The Effect of Thickness: Length," *American Antiquity* 71 (2006): 353– 63; M. L. Sisk and J. J. Shea,

"Experimental Use and Quantitative Performance Analysis of Triangular Flakes (Levallois Points) Used as Arrowheads," *Journal of Archaeological Science* 36 (2009): 2039– 47.

26. D. C. Waldorf, *The Art of Flint Knapping* (Cassville, MO: Litho, 1979); Susan S. Hughes, "Getting to the Point: Evolutionary Change in Prehistoric Weaponry," *Journal of Archaeological Method and Theory* 5 (1998): 345–408.
27. Stuart J. Feidel, *Prehistory of the Americas* (Cambridge, MA: Cambridge University Press, 1992).
28. Briggs Buchanan, Mark Collard, Marcus J. Hamilton, and Michael J. O'Brien, "Points and Prey: A Quantitative Test of the Hypothesis That Prey Size Influences Early Paleoindian Projectile Point Form," *Journal of Archaeological Science* 38 (2011): 852– 64.
29. 同上。
30. R. Lee Lyman, Todd L. VanPool, and Michael J. O'Brien, "The Diversity of north American Projectile-Point Types Before and Afterthe Bow and Arrow," *Journal of Anthropological Archaeology* 28 (2009): 1– 13; Douglas H. MacDonald, *Montana Before History: 11,000 Yearsof Hunter-Gatherers in the Rockies and Plains* (Missoula, MT: Mountain Press Publishing Company, 2012).
31. Susan S. Hughes, "Getting to the Point: Evolutionary Change in Prehistoric Weaponry," *Journal of Archaeological Method and Theory* 5 (1998): 345–408.
32. 同上。
33. 同上。
34. 同上。

第三章

1. 不幸的是，我們的旅程很快就告終。第三天我就蕁麻疹發作，全身發癢。我從來沒有發生過這麼嚴重的過敏反應。過敏竟然在這裡發作，真想不出還有比這更糟的事。以往出門旅行，我都有做好遇上大災難的準備。我準備了抗生素、止痛藥、縫合線、燒傷包紮組，還有毒蛇急救組，但是我沒有預料到過敏。我身上並沒有任何腎上腺素注射器 Epipen 或抗組織胺藥物。要是我的生理反應是即時的，我早就往生了，幸好症狀是逐步出現。眼皮和手指開始腫脹，我的喉嚨開始變得很緊。幾個小時內，因為腫脹，我的聲音變得很小，變得呼吸困難。那時是轉折點。

我們趕緊拆下帳篷，在夕陽下往上游去，回到柯卡。

那個晚上，克萊摩和賽爾福過來看我。他們都嚇壞了，以為我會在他們的看顧下死去，毀了他們正要發展的事業，但他們還是冒著生命危險去幫我找藥。那時，納波因為要掃蕩毒品政策，入夜後便有「格殺勿論」宵禁。水上濃霧幫助我們隱藏船身，但在沒有光線的情況下，航行在沙洲和斷枝之間非常冒險。大部分時候，我都神智不清，不過我記得黑暗中有一大根浮木朝我們衝來。

2. L. G. Nico and D. C. Taphorn, "Food Habits of Piranhas in the Low Llanos of Venezuela,"*Biotropica* 20 (1988): 311– 21; V. L. de Almeida, N. S. Hahn, and C. S. Agostinho, "Stomach Content of Juvenile and Adult Piranhas (*Serrasalmus marginatus*) in the Paran. Floodplains, Brazil," *Studies on Neotropical Fauna and Environment* 33 (1998): 100– 105.
3. J. H. Mol, "Attacks on Humans by the Piranha *Serrasalmus rhombeus* in Suriname," *Studies on Neotropical Fauna and Environment* 41 (2006): 189– 195.
4. F. Juanes, J. A. Buckel, and F. S. Scharf, "Feeding Ecology of Piscivorous Fishes," in *Handbook of Fish Biology and Fisheries*, ed. P. J. B. Hart and J. D. Reynolds (Malden, MA: Blackwell Publishing, 2002); J. R. Grubich, A. N. Rice, M. W. Westneat, "Functional Morphology of Bite Mechanics in the Great Barracuda (*Sphyraena barracuda*)," *Zoology* 111 (2008): 16– 29.
5. H. B. Owre and F. M. Bayer, "The Deep-Sea Gulper *Eurypharynx pelecanoides* Vaillant 1882(Order Lyomeri) from the Hispaniola Basin," *Bulletin of Marine Science* 20 (1970): 186– 92; J. G. Nielsen, E. Bertelsen, and A. Jespersen, "The Biology of *Eurypharynx pelecanoides* (Pisces, Eurypharyngidae)," *Acta Zoologica* 70 (1989): 187– 97.
6. Gavin J. Svenson and Michael F. Whiting, "Phylogeny of Mantodea Based on MolecularData: Evolution of a Charismatic Predator," *Systematic Entomology* 29 (2004): 359– 70.
7. H. Maldonado, L. Levin, and J. C. Barros Pita, "Hit Distance and the Predatory Strike of the Praying Mantis," *Zeitschrift Für Vergleichende Physiologie* 56 (1967): 237– 57; TakuIwasaki, "Predatory Behavior of the Praying Mantis, *Tenodera aridifolia* II. CombinedEffect of Prey Size and Predator Size in the Prey Recognition," *Journal of Ethology* 9(1991): 77– 81; R. G. Loxton and I. Nicholls, "The Functional Morphology of the Praying Mantis Forelimb (Dictyoptera: Mantodea)," *Zoological Journal of the Linnean Society* 66(2008): 185– 203.
8. Sheila N. Patek, W. L. Korff, and Roy L. Caldwell, "Deadly Strike

Mechanism of a Mantis Shrimp," *Nature* 428 (2004): 819– 20.

9. D. Lohse, B. Schmitz, and M. Versluis, "Snapping Shrimp Make Flashing Bubbles," *Nature* 413 (2001): 477– 78.
10. 有幾個精采的階級發展遺傳學研究，揭示化學信號如何和發育時期的荷爾蒙交互作用，以此來調節基因表現的方式，如何產生不同階級的個體，並且協助調整牠們成長的生理細節。例如，Ehab Abouheif and Greg A. Wray, "Evolution of the Genetic Network Underlying Wing Polyphenism in Ants,"*Science* 297 (2002): 249– 52; Julia H. Bowsher, Gregory A. Wray, and Ehab Abouheif,"GrowThand Patterning Are Evolutionarily Dissociated in the Vestigial Wing Discs of Workers of the Red Imported Fire Ant, *Solenopsis invicta*," *Journal of Experimental Zoology, Part B: Molecular and Developmental Evolution* 308 (2007): 769– 76.也有一些傑出的研究，探討營養和荷爾蒙的效應，如Diana E. Wheeler, "The Developmental Basis of Worker Caste Polymorphism in Ants," *American Naturalist* (1991):1218– 38
11. Sheila N. Patek, J. E. Baio, B. L. Fisher, and A. V. Suarez, Multifunctionality and Mechanical Origins: Ballistic Jaw Propulsion in Trap-Jaw Ants, *Proceedings of the National Academy of Sciences* 103 (2006): 12787– 92.
12. Olivia I. Scholtz, Norman Macleod, and Paul Eggleton, "Termite Soldier Defence Strategies: A Reassessment of Prestwich's Classification and an Examination of the Evolution of Defence Morphology Using Extended Eigenshape Analyses of Head Morphology," *Zoological Journal of the Linnean Society* 153 (2008): 631– 50.
13. Dupuy, *Evolution of Weapons and Warfare*; R. L. O'Connell, *Of Arms and Men: A History of War, Weapons, and Aggression* (Oxford: Oxford University Press, 1989); M. van Creveld, *Technology and War: From 2000 B.C. to the Present* (New York: Free Press, 1989); O'Connell, *Soul of the Sword: An Illustrated History of Weaponry and Warfare from Prehistory to the Present* (New York: Free Press, 2002).
14. R. L. O'Connell, *Sacred Vessels: The Cult of the Battleship and the Rise of the US Navy* (Oxford: Oxford University Press, 1991); Robert Jackson, *Sea Warfare: From World War I to the Present* (San Diego: Thunder Bay Press, 2008).

第四章

1. 前一週，我算是測試了我們父子間感情有多深。當我父親進城時，我將獨木舟從樹下草堆拖出來，自己划到水雉地盤內，觀察牠們。那天早上風很大，我低跪在船中間，抵抗一旁的風，保持船的路線。當時我藏身在一個水雉地盤旁邊，我划到對岸一棵高大的樹下，這時風停了。我拋下錨，組裝三角架和望遠鏡，準備開始工作，我將光溜溜的腳卡在座椅下，膝蓋張開，以便用體重穩定船底。那一週，到處都是黑蠅，要不了多久，我就感覺到小腿非常癢。到現在我還是想不透為什麼我會想看，要打蒼蠅根本不需把眼睛離開望遠鏡。但我看了，嚇了一大跳。爬上我光溜溜的腿的是一隻狼蛛，而不是蒼蠅。將近十五公分大的蜘蛛！我得承認我的反應不佳。我跳了起來，獨木舟開始搖晃，上千美元的三腳架和望遠鏡被甩了出去，永遠消失在泥潭深處。

2. C. Yeung, M. Anapolski, M. Depenbusch, M. Zitzmann, and T. Cooper, "Human Sperm Volume Regulation: Response to Physiological Changes in Osmolality, Channel Blockers, and Potential Sperm Osmolytes," *Human Reproduction* 18 (2003): 1029.
3. J. Rutkowska and M. Cichon, "Egg Size, Offspring Sex, and Hatching Asynchrony in Zebra Finches, *Taeniopygia guttata*," *Journal of Avian Biology* 36 (2005): 12– 17.
4. W. A. Calder, C. R. Pan, and D. P. Karl, "Energy Content of Eggs of the Brown Kiwi, *Apteryx australis*; an Extreme in Avian Evolution," *Comparative Biochemistry and Physiology PartA: Physiology* 60 (1978): 177– 79.
5. L. W. Simmons, R. C. Firman, G. Rhodes, and M. Peters, "Human Sperm Competition: Testis Size, Sperm Production and Rates of Extrapair Copulations," *Animal Behaviour* 68 (2004): 297– 302.
6. 由雌性提供親代照護的另一個原因是為了確定血統。在許多動物物種中，雌性都將卵保存在體內，一直到受精。照顧卵的雌性可以肯定這些是自己的後代，而不是另一隻雌性的，投入的精力和時間都將值得。但是雄性不能，原因相同：受精是發生在雌性體內，雄性無法確定精子是否有可能來自其他競爭對手。耗費資源來照顧對手後代不具效益。因此，由於雌性已經投資很多，而且一般都比配偶更能確定後代血統，天擇會偏向母親照顧的演化，而不是父方。
7. 其實蟑螂展現出各式各樣的親代養育形式。有篇精采的回顧文獻，請參見 Christine Nalepa and William Bell, "Postovulation Parental Investment and Parental Care in Cockroaches," in *The Evolution of Social Behavior in Insects and Arachnids*, ed. Jae Choe and Bernard Crespi (Cambridge: Cambridge University Press, 1997).
8. T. G. Benton, "Reproduction and Parental care in the Scorpion, *Euscorpius fl avicaudis*," *Behaviour* 117 (1991): 20– 29.
9. G. Halffterand W. D. Edmonds, *The Nesting Behavior of Dung Beetles*

(Scarabaeinae): An Ecological and Evolutive Approach (Mexico, D.F.: Instituto de Ecologia, 1982).

10. 這裡所描述的概念稱為「最適性比」(operational sex ratio, OSR)。性別比例只是族群中的雌雄數量比(而且,在幾乎所有的物種中,僅有極少數例外,比例都很接近1:1),而操作性別比則反映了在任何一個時間點上,不是所有個體都能夠交配的事實。它的定義是可生殖雌性對可生殖雌性的比例。OSR可以往雌性方向傾斜,比方說水雉,但在一般情況下,是朝雄性這一邊偏斜。偏斜程度是一個良好的觀察指標。說明這個概念的文章是由我父親所撰寫,請見:Stephen Emlen, and Lewis Oring "Ecology, Sexual Selection, and the Evolution of Mating Systems," *Science* 197 (1977): 215– 23。最近深入探討這些概念的,請見:H. Kokko and P. Monaghan, "Predicting the Direction of Sexual Selection," *Ecology Letters* 4 (2001): 159– 65.
11. C. Darwin, *The Descent of Man and Selection in Relation to Sex* (London: John Murray, 1871).
12. S. T. Emlen and P. H. Wrege, "Size Dimorphism, Intrasexual Competition, and Sexual Selection in Wattled Jacana (*Jacana jacana*), a Sex-Role-Reversed Shorebird in Panama," *Auk* 121 (2004): 391– 403; Emlen and Wrege, "Division of Labor in Parental Care Behavior of a Sex-Role-Reversed Shorebird, the Wattled Jacana," *Animal Behaviour* 68 (2004): 847– 55.
13. 要是你想知道為何水雉是由雄性來育幼,這是我爸花了好幾年的時間企圖解答的,完全可用來寫另一本書。不過我可以建議你讀讀他的報告:Emlen and Wrege, "Division of Labor in Parental Care Behavior," 847– 55.
14. J. H. Poole, "Mate Guarding, Reproductive Success, and Female Choice in African Elephants," *Animal Behaviour* 37 (1989): 842– 49.
15. 同上。
16. J. A. Hollister-Smith, J. H. Poole, E. A. Archie, E. A. Vance, N. J. Georgiadis, C. J. Moss, and S. C. Alberts, "Age, Musth, and Paternity Success in Wild Male African Elephants, *Loxodonta Africana*," *Animal Behaviour* 74 (2006): 287– 96.
17. H. F. Osborn, "The Ancestral Tree of the Proboscidea: Discovery, Evolution, Migration, and Extinction Over a 50,000,000 Year Period," *Proceedings of the National Academy of Sciences* 21 (1935): 404– 12; J. Shoshani and T. Pascal, eds., *The Proboscidea: Evolution and PaleoEcology of Elephants and Their Relatives* (Oxford: Oxford University Press, 1993); W. J. Sanders, "Proboscidea," in *Paleontology and Geology of Laetoli: Human Evolution in Context,* vol. 2, *Fossil Hominins and the Associated Fauna*, ed. T. Harrison (New York: Springer, 2011).

18. F. Kottenkamp, *History of Chivalry and Ancient Armour* (London: Willis and Sotheran, 1857); G. Duby, *The Chivalrous Society*, trans. Cynthia Poston (Berkeley: University of California Press, 1977); O'Connell, *Of Arms and Men*; J. France, *Western Warfare in the Age of the Crusades, 1000– 1300* (Ithaca, NY: Cornell University Press, 1999).
19. Duby, *Chivalrous Society*.
20. 同上。
21. 同上。
22. 同上。
23. 同上。
24. 同上。
25. 同上。
26. 同上。
27. 同上。
28. Duby, *Chivalrous Society*; O'Connell, *Of Arms and Men*.
29. O'Connell, *Of Arms and Men*.
30. Duby, *Chivalrous Society*; O'Connell, *Of Arms and Men*.
31. Kottenkamp, *History of Chivalry and Ancient Armour*; O'Connell, *Of Arms and Men*.
32. 私生子女也和追求階級和財富有關。有權勢的領主，將年輕女性隔離在城堡城牆內的數量之多，已超出正常範圍的程度，從傭人到隨侍都有。有大量證據顯示，領主和這些女性產下許多子嗣，往往留下幾十個私生子。在某些情況下，他們會阻止這些女性嫁給他人。在另一些狀況，他們會扣押處女，等到和城主生下一個孩子後，才將她們嫁出去 。關於這議題的詳盡探討，我推薦Laura Betzig, "Medieval Monogamy," *Journal of Family History* 20 (1995): 181– 216; and *Despotism and Differential Reproduction: A Darwinian View of History* (Hawthorne, NY: Aldine, 1986).
33. Michael Bell, Jeffrey Baumgartner, and Everett Olson, "Patterns of Temporal Change in Single Morphological Characters of a Miocene Stickleback Fish," *Paleobiology* 11 (1985): 258– 71.
34. 關於這點，有一個很棒的例證，來自對加拉巴哥群島鶯類鳥喙演化的長期研究，是由彼得和羅斯瑪麗．格蘭特（Peter and Rosemary Grant）所執行的研究計畫。四十多年來，他們持續測量大達芙妮島（Daphne Major）這座小島上吃種子的鶯鳥族群鳥喙形狀受到天擇影響的演化。鳥喙厚的鳥容易敲開大型硬殼種子，而鳥喙比較薄的，吃小種子的速度比較快。格蘭特夫婦的研究顯示出每年降雨量的波動會強烈影響種子種類和數量，導致有些年天擇有利於厚喙，有些年則是薄喙。雖然天擇多數時候，都是定向的，而且十分強大，但天擇的模式還是呈現上下振盪，所以淨效應是平衡的。儘管中間出現多次快速變化，在採樣期結束時，鳥喙形狀基本上和開始採樣時大致相同。該研究，前三十年的結果，請見 Peter Grant and Rosemary Grant, "Unpredictable Evolution in a 30-Year Study of Darwin's Finches," *Science* 296 (2002): 707– 11.

35. 達爾文在他的《人類原始及性擇》（*The Descent of Man and Selection in Relation to Sex,* London: John Murray, 1871）首次描述性擇這項特別特徵，不過在另外兩篇文章中對其無休無止的變化邏輯做出最佳（和最精采）闡釋的是：Mary Jane West Eberhard, "Sexual Selection, Social Competition, and Evolution," *Proceedings of the American Philosophical Society* 123 (1979): 222– 34; and "Sexual Selection, Social Competition, and Speciation," *Quarterly Review of Biology* 58 (1983): 155– 83.

36. 我應該要加註這是針對「成熟」動物，因為在許多物種中，青少年的死亡率非常高，而選汰能夠選出使該物種足以活到生殖年齡的性狀，甚至強過和生殖有關的性狀。其中一個例子，可參見水黽的天擇和性擇研究：Daphne Fairbarin, such as R. F. Preziosi and D. J. Fairbairn, "Lifetime Selection on Adult Body Size and Components of Body Size in a Waterstrider: Opposing Selection and Maintenance of Sexual Size Dimorphism," *Evolution* 54 (2000): 558– 66.

第五章

1. 多數東加泡蟾研究是由麥可・雷恩所指導的，比方說他的書：*The Túngara Frog: A Study in Sexual Selection and Communication* (Chicago, University of Chicago Press, 1992); 或是他的文章："Female Mate Choice in a Neotropical Frog," *Science* 209 (1980): 523– 25.

2. 關於天堂鳥，有本精采的書，請見：Tim Layman and Edwin Scholes, *Birds of Paradise: Revealing the World's Most Extraordinary Birds* (Washington, DC: National Geographic, 2012). 鳥類雌性選擇的早期研究，多半是由 Stephen Pruett-Jones 及學生進行的，比方說：S. G. Pruett-Jones and M. A. Pruett-Jones, "Sexual Selection Through Female Choice in Lawes' Parotia, a Lek-Mating Bird of Paradise," *Evolution* 44 (1990): 486– 501.

3. 「雌性選擇」的概念可以回溯到達爾文《人類原始》，這方面的性擇在各種有趣物種中已經有上千篇實證，想要深入這個主題，可先從 Malte Andersson, *Sexual Selection* (Princeton, NJ: Princeton University Press, 1994) 開始。

4. 同事和我以約五十個嗡蜣螂屬物種的DNA序列，建構出這一族群的親緣關係樹。這棵樹可以用來描述這些動物的演化史，也可以用來追蹤特定性狀的演變，例如角。研究顯示，在演化史中，甲蟲曾一再失去牠們的角。D. J. Emlen, J. Marangelo, B. Ball, and C. W. Cunningham, "Diversity in the Weapons of Sexual Selection: Horn Evolution in the Beetle Genus *Onthophagus* (Coleoptera: Scarabaeidae)," *Evolution* 59 (2005): 1060– 84.
5. 關於糞金龜的地理分布以及演化史，可參見內容深入淺出、淺顯易懂的 Ilkka Hanski and Yves Cambefort, eds., *Dung Beetle Ecology* (Prince ton, NJ: Princeton University Press, 1991).
6. 以經濟學研究動物行為的主題已有深入探討，請見 John Alcock, *Animal Behavior*, 8th ed. (Sunderland, MA: Sinauer Associates, 2005) 的第八章和第十一章。我父親寫了一篇經典文章，將概念套用在性擇和動物行為演化上，見Stephen Emlen, and Lewis Oring, "Ecology, Sexual selection, and the Evolution of Mating Systems," 215– 23.
7. 關於大衛．季以和珍妮．季以（David and Jeanne Zeh）描述他們在巴拿馬尋找長臂天牛的經過，見："Tropical Liaisons on a Beetle's Back," *Natural History* (1994): 36– 43. 他們的研究成果發表在："Sexual Selection and Sexual Dimorphism in the Harlequin Beetle *Acrocinus longimanus,*" *Biotropica* 24 (1992): 86– 96.
8. 季以發表了幾篇關於擬蠍（pseudoscorpion）的研究報告，見 "Dispersal-Generated Sexual Selection in a Beetle-Riding Pseudoscorpion," *Behavioral Ecology and Sociobiology* 30 (1992): 135– 42, and "Sex Via the Substrate: Sexual Selection and Mating Systems in Pseudoscorpions," in *The Evolution of Mating Systems in Insects and Arachnids*, ed. J. C. Choe and B. J. Crespi (Cambridge: Cambridge University Press, 1997): 329– 39. 他們近來著重在這些小型的節肢動物上，現在他們在實驗室培育昆蟲，從多方面檢視雌性擬蠍和甲蟲背上優勢雄性交配的好處，以及更換甲蟲載具之際和其他不同雄性交配的好處，參見："Genetic Benefits Enhance the Reproductive Success of Polyandrous Females," *Proceedings of the National Academy of Sciences* 96 (1999): 10236– 41.
9. 關於糞金龜行為的精采報告，請見：Gonzalo Halffterand Eric G. Matthews, *The Natural History of Dung Beetles of the Subfamily Scarabaeinae (Coleoptera, Scarabaeidae)* (Palermo, Italy: Medical Books di G. Cafaro, 1966); Gonzalo Halffter and William David Edmonds, *The Nesting Behavior of Dung Beetles (Scarabaeinae): An Ecological and Evolutive Approach*. (Mexico, D.F.: Instituto de Ecologia, 1982); and Leigh W. Simmons and James T. Ridsdill-Smith, *Ecology and Evolution of Dung*

Beetles (Oxford: Blackwell Publishing, 2011). I also recommend papers by Hiroaki Sato, such as H. Sato and M. Imamori, "Nesting Behaviour of a Subsocial African Ball-Roller *Kheper platynotus* (Coleoptera, Scarabaeidae)," *Ecological Entomology* 12 (1987): 415– 25; and H. Sato, "Two Nesting Behaviours and Life History of a Subsocial African Dung Rolling Beetle, *Scarabaeus catenatus* (Coleoptera: Scarabaeidae)," *Journal of Natural History* 31 (1997): 457– 69.

10. Keith Philips 和我以親緣關係樹描繪出糞金龜物種之間的關係，以測試每個物種中雄性演化出角或是演化成沒有角和滾糞行為的關聯。我們發現挖隧道的行為可以高度準確地預測角的演化，當物種從挖隧道轉變為滾糞球，牠們之中的雄性便會失去角。D. J. Emlen and T. K. Philips, "PhyloGenetic Evidence for an Association Between Tunneling Behavior and the Evolution of Horns in Dung Beetles (Coleoptera: Scarabaeidae: Scarabaeinae)," in *Coleopterists Society Monographs* 5 (2006): 47– 56.
11. D. J. Emlen, "Alternative Reproductive Tactics and Male Dimorphism in the Horned Beetle *Onthophagus acuminatus*," *Behavioral Ecology and Sociobiology* 41 (1997): 335– 41; A. P. Moczek and D. J. Emlen, "Male Horn Dimorphism in the Scarab Beetle *Onthophagus taurus*: Do Alternative Tactics Favor Alternative Phenotypes?" *Animal Behaviour* 59 (2000): 459– 66.

第六章

1. 蘭徹斯特的傳記見 P. W. Kingsford, *F. W. Lanchester: A Life of an Engineer* (London: Edward Arnold, 1960).
2. Frederick W. Lanchester, *The Aircraft in Warfare: The Dawn of the FourthArm* (London: Constable, 1916).
3. Phillip M. Morse and George E. Kimball, *Methods of Operations Research* (New York: John Wiley and Sons, 1951); and James G. Taylor, *Lanchester Models of Warfare* (Arlington, VA: *Operations Research* Society of America, 1983).
4. 比方說：P. R. Wallis, "Recent Developments in Lanchester Theory," Operations Research 19 (1968): 191– 95, which reports on the Operational Research Conference on Recent Developments in Lanchester Theory, sponsored by the NATO Science Committee and held in Munich in July 1967.
5. 比方說：P. Morse and G. Kimball, *Methods of Operations Research* (Cambridge, MA: Technology Press of MIT, 1951), or Frederick S. Hillier and Gerald J. Lieberman, *Introduction to Operations Research*, 9thed. (Boston:

McGraw Hill, 2009). In 1956, the journal *Operations Research* dedicated an issue to the memory of Frederick Lanchester: Joseph McCloskey, "Of Horse less Carriages, Flying Machines, and Operations Research: A Tribute to Frederick Lanchester," 4 (1956): 141– 47. To this day, the Institute for Operations Research and Management Sciences (INFORMS) names its highest prize after Lanchester.

6. 蘭徹斯特模型的絕佳解釋，請見 John W. R. Lepingwell, "The Laws of Combat? Lanchester Re-examined," *International Security* 12 (1987): 89–134.
7. John Keegan, *The Face of Battle: A Study of Agincourt, Waterloo, and the Somme* (London: Penguin Books, 1983).
8. Lanchester, *Aircraft in Warfare*; Lepingwell, "Laws of Combat?": 89– 134.
9. 事實上，在阿金庫爾之役，優勢展現在不同面向。法國派出專事短距離攻擊的傳統裝甲騎士，但是英軍騎士有武力後援，搭配拿新型長弓的數千名弓箭手。英軍能夠集中火力瞄準定點放箭，而法國軍隊做不到，儘管在一開始，在數量上寡不敵眾，英國還是獲得最後勝利。我們後面章節會探討，另有與此類似的戰爭，（比方說克羅西之役）都標誌著戰爭本質的轉變，象徵騎士追求華貴鎧甲的時代結束。
10. 比方說：J. H. Engel, "A Verification of Lanchester's Law," *Operations Research* 2 (1954): 163– 71; Thomas W. Lucas and Turker Turkes, "Fitting Lanchester's Equations to the Battles of Kursk and Ardennes," *Naval Research Logistics* 54 (2003): 95– 116; and Taylor, *Lanchester Models of Warfare*.
11. Lepingwell, "Laws of Combat?," 89– 134.
12. 這套邏輯的解釋以及軍事史上的應用實例，請見 O'Connell, *Of Arms and Men*.
13. 許多社會性昆蟲確實會像軍隊一樣打仗，從巢穴中成群而出和敵群爭戰。許多研究人員都將蘭徹斯特線性法則和平方法則套用在蟲蟲戰爭上。比方說：

   N. R. Franks and L. W. Partridge, "Lanchester Battles and the Evolution of Combat in Ants," *Animal Behaviour* 45 (1993): 197 | 99; T. P. McGlynn, "Do Lanchester's Laws of Combat Describe Competition in Ants?" *Behavioral Ecology* 11 (2000): 686– 90; Martin Pfeiffer and Karl E. Linsenmair, "Territoriality in the Malaysian Giant Ant *Camponotus gigas* (Hymenoptera/Formicidae)" *Journal of Ethology* 19 (2001): 75– 85; and Nicola J. R. Plowes and Eldridge S. Adams, "An Empirical Test of Lanchester's Square Law:

Mortality During Battles of the Fire Ant *Solenopsis invicta,*" *Behavioral Ecology* 272 (2005): 1809– 14.

14. Jon M. Hastings, "The Influence of Size, Age, and Residency Status on Territory Defense in Male Western Cicada Killer Wasps (*Sphecius grandis*, Hymenoptera: Sphecidae)" *Journal of the Kansas Entomological Society* 62 (1989): 363– 73.

15. 殺蟬泥蜂（cicada-killer wasp）缺乏大型武器可能有第二個原因。對於許多在空中打鬥的昆蟲而言，敏捷性和機動性比武器尺寸更重要。大武器可能阻礙行動，就跟阻礙掠食者捕食一樣。許多胡蜂、蜻蜓、豆娘和蝴蝶都會在空中使勁戰鬥，這些物種幾乎都缺乏大型武器。部分原因，毫無疑問，是來自於纏鬥的不可預測性。其他可能則是因為在敏捷活動和戰力之間平衡的選汰作用力。關於這類昆蟲的例子，請見：Greg F. Grether, "Intrasexual Competition Alone Favors a Sexually Selected Dimorphic Ornament in the Rubyspot Damselfly *Hetaerina americana*," *Evolution* 50 (1996): 1949– 57; D. J. Kemp and C. Wiklund, "Fighting Without Weaponry: A Review of Male-Male Contest Competition in Butterflies," *Behavioral Ecology and Sociobiology* 49 (2001): 429– 42; J. Contreras-Garduno, J. Canales-Lazcana, and A. C.rdoba-Aguilar, "Wing Pigmentation, Immune Ability, Fat Reserves, and Territorial Status in Males of the Rubyspot Damselfly, *Hetaerina americana*," *Journal of Ethology* 24 (2006): 165– 73; M. A. Serrano-Meneses, A. C.rdoba-Aguilar, V. M.ndez, S. J. Layen, and T. Sz.kely, "Sexual Size Dimorphism in the American Rubyspot: Male Body Size Predicts Male Competition and Mating Success," *Animal Behaviour* 73 (2007): 987– 97.

16. 佛羅里達大學的Jane Brockmann與學生進行了鱟的交配行為與性擇研究，可參見：H. Jane Brockmann and Dustin Penn, "Male Mating Tactics in the Horse shoe Crab, *Limulus polyphemus*," *Animal Behaviour* 44 (1992): 653– 65.

17. O'Connell, *Of Arms and Men*.

18. J. H. Christy and M. Salmon, "Ecology and Evolution of Mating Systems of Fiddler Crabs (Genus *Uca*)," *Biological Reviews* 59 (1984): 483– 509; N. Knowlton and B. D. Keller, "Symmetric Fights as a Mea sure of Escalation Potential in a Symbiotic, Territorial Snapping Shrimp," *Behavioral Ecology and Sociobiology* 10 (1982): 289– 92; M. D. Jennions and P. R. Y. Backwell, "Residency and Size Affect Fight Duration and Outcome in the Fiddler Crab *Uca annulipes*," *Biological Journal of the Linnean Society* 57 (1996): 293– 306.

19. 迄今，關於怪異胡蜂最詳盡的研究是由卡爾格瑞大學(University of Calgary)的 Robert Longair 所主持的，他在象牙海岸的野外研究顯示雄性會使用長長大牙與對手爭鬥葉子下方類似泥溝的巢，那裡會有新生雌蜂鑽出來，可參見：Robert W. Longair, "Tusked Males, Male Dimorphism, and Nesting Behavior in a Subsocial Afrotropical Wasp, *Synagris cornuta*, and Weapons and Dimorphism in the Genus (Hymenoptera: Vespidae: Eumeninae)," *Journal of the Kansas Entomological Society* 77 (2004): 528– 57.
20. 一項一九三一年的早期研究顯示獨角仙 *Diloboderus* 會爭奪土下洞穴：J. B. Daguerre, "Costumbres *Nupciales* del *Diloboderus abderus* Sturm," *Rev. Soc. Entomologia Argentina*, 3 (1931): 253– 56. William Eberhard 的幾項研究檢視了在中空植物莖中打鬥的獨角仙行為，可參見他的書 *Sexual Selection and Reproductive Competition in Insects*, ed. M. S. Blum and N. A. Blum (New York: Academic Press, 1979), 231– 59 中的："The Function of Horns in *Podischnus agenor* (Dynastinae) and Other Beetles" 以及他的研究報告："Use of Horns in Fights by the Dimorphic Males of *Ageopsis nigricollis* Coleoptera Scarabeidae, Dynastinae," *Journal of the Kansas Entomological Society* 60 (1987): 504– 9.
21. 長有獠牙的蛙類在兩棲類中確實奇怪。關於牠們的生活型態與行為，我特別推薦：Sharon Emerson, "Courtship and Nest-Building Behavior of a Bornean Frog, *Rana blythi*," *Copeia* 1992 (1992): 1123– 27; Kaliope Katsikaros and Richard Shine, "Sexual Dimorphism in the Tusked Frog, *Adelotus brevis* (Anura: Myobatrachidae): the Roles of Natural and Sexual Selection," *Biological Journal of the Linnean Society* 60 (1997): 39– 51; and Hiroshi Tsuji and Masafumi Matsui, "Male-Male Combat and Head Morphology in a Fanged Frog (*Rana kuhlii*) from Taiwan," *Journal of Herpetology* 36 (2002): 520– 26.
22. S. S. B. Hopkins, "The Evolution of Fossoriality and the Adaptive Role of Horns in the Mylagaulidae (Mammalia: Rodentia)," *Proceedings of the Royal Society of London Series B, Biological Sciences* 272 (2005): 1705– 13.
23. 在我決定博士論文題目前，（在我最後選擇去巴拿馬前）我首次嘗試的題目便是厄瓜多爾和哥倫比亞南部的巨型獨角仙 *Golofa porteri* ，這些獨角仙會為了防禦高掛在森林頂端類似竹子的植物而爭鬥。很不幸，我的嘗試失敗了，因為無法找到大型族群來研究。不過這項計畫是受到一篇很棒的研究報告所啟發：William Eberhard entitled "Fighting Behavior of Male *Golofa porteri* Beetles (Scarabaeidae: Dynastinae)," *Psyche* 83 (1978): 292– 98.
24. 多數關於雄性緣蝽象後腳變大的演化是由日本琉球大學（University of

Ryukyus）的 Takahisa Miyatake 提出，比方說“Territorial Mating Aggregation in the Bamboo Bug, *Notobitus meleagris*, Fabricius (Heteroptera: Coreidae),” *Journal of Ethology*, 13 (1995): 185– 89, 或是“Functional Morphology of the Hind Legs as Weapons for Male Contests in *Leptoglossus australis* (Heteroptera: Coreidae),” *Journal of Insect Behavior* 10 (1997): 727– 35. Also see the paper by William Eberhard, “Sexual Behavior of *Acanthocephala declivis guatemalana* (Hemiptera: Coreidae) and the Allometric Scaling of their Modified Hind Legs,” *Annals of the Entomological Society of America* 91 (1998): 863– 71.

25. 有角變色龍儘管很出名，但幾乎沒有相關的野外研究。一項早期的研究可見：Stanley Rand, “A Suggested Function of the Ornamentation of East African Forest Chameleons,” *Copeia* 1961 (1961): 411– 14]. 另一項研究是：Stephen Parcher, “Observations on the Natural Histories of Six Malagasy chamaeleontidae,” *Zeitschrift für Tierpsychologie* 34 (1974): 500– 23].
26. Tadatsugu Hosoya and Kunio Araya 有篇很棒的文章：“Phylogeny of Japa nese Stag Beetles (Coleoptera: Lucanidae) Inferred from 16S mtrRNA Gene Sequences, withReference to the Evolution of Sexual Dimorphism of Mandibles,” *Zoological Science* 22 (2005): 1305– 18. 在這篇報告中，作者追尋鍬形蟲下頜骨變大的演化歷史。資料顯示這些大型武器在甲蟲譜系中至少獨立出現過兩次，一旦演化出來後，又曾在不同時期喪失過好幾次。作者也以甲蟲自然史和行為來解釋失去武器的演化。
27. 迷你的鹿角蠅相當難以研究，不過已經能夠成功地在實驗室繁殖，多數種類分布在新幾內亞偏遠地區以及周遭島嶼。有一物種進入澳洲北部熱帶。這些奇特蠅類的系統分類學研究主要可參見 David McAlpine的研究報告，包含：“A Systematic Study of *Phytalmia* (Diptera, Tephritidae) with Description of a New Genus,” *Systematic Entomology* 3 (1978): 159– 75. 我所知道的第一篇關於鹿角蠅的野外研究是：M. S. Moulds, “Field Observations on the Behavior of a NorthQueensland Species of *Phytalmia* (Diptera: Tephritidae),” *Journal of the Australian Entomological Society* 16 (1978): 347– 52. 比較晚近的行為研究，可見 Gary Dodson in, “Resource Defense Mating System in Antlered Flies, *Phytalmia spp*. (Diptera: Tephritidae),” *Annals of the Entomological Society of America*, 90 (1997): 496– 504.
28. 柄眼蠅（stalk-eyed fly）行為的經典研究報告請見：Gordon Burkhardt and Ingrid de la Motte, “Big ‘Antlers’ are Favoured: Female Choice in Stalk-Eyed Flies (Diptera, Insecta), Field Collected Harems and Laboratory Experiments,” *Journal of Comparative Physiology A* 162 (1988): 649– 52;

and "Signalling Fitness: Larger Males Sire More Off spring: Studies of the Stalk-Eyed Fly *Cyrtodiopsis whitei* (Diopsidae, Diptera)," *Journal of Comparative Physiology A* 174 (1994): 61– 4.

29. 馬里蘭大學的Gerald Wilkinson 研究柄眼蠅行為與遺傳將近二十年，他和許多博士生與博士後研究共同建立起柄眼蠅家族的親緣譜系，以實驗室的柄眼蠅進行多世代實驗，並且也以野外幾個種進行實驗。我個人最喜歡的幾篇報告是：Patrick Lorch, Gerald Wilkinson, and Paul Reillo, "Copulation Duration and Sperm Pre ce dence in the Stalk-Eyed Fly, *Cyrtodiopsis whitei* (Diptera: Diopsidae)," *Behavioral Ecology and Sociobiology* 32 (1993): 303– 11; Gerald Wilkinson and Gary Dodson, "Function and *Evolution* of Antlers and Eye Stalks in Flies," in *The Evolution of Mating Systems in Insects and Arachnids,* ed. J. Choe and B. Crespi (Cambridge: Cambridge University Press, 1997), 310– 28; and Tami Panhuis and Gerald Wilkinson, "Exaggerated Male Eye Span Infl uences Contest Outcome in Stalk-Eyed Flies," *Behavioral Ecology and Sociobiology* 46 (1999): 221– 27. 我也推薦 Rick Baker and Gerald Wilkinson, "Phylogenetic Analysis of Eye Stalk Allometry and Sexual Dimorphism in Stalk-Eyed Flies (Diopsidae)," Evolution 55 (2001): 1373– 85.

30. Kevin Fowler 和 Andrew Pomiankowski 在倫敦大學領導一個柄眼蠅研究團隊。他們將柄眼蠅類的野外性擇研究和實驗室的眼柄發展研究結合，我推薦：Patrice David, Andrew Hingle, D. Greig, A. Rutherford, Andrew Pomiankowski, and Kevin Fowler, "Male Sexual Ornament Size but not Asymmetry Refl ects Condition in Stalk-Eyed Flies," *Proceedings of the Royal Society B: Biological Sciences* 265 (1998): 2211– 16; Andrew Hingle, Kevin Fowler, and Andrew Pomiankowski, "Size-Dependent Mate Preference in the Stalk-Eyed Fly *Cyrtodiopsis dalmanni*, *Animal Behaviour* 61 (2001): 589– 95; and Jen Small, Sam Cotton, Kevin Fowler, and Andrew Pomiankowski, "Male Eyespan and Resource Ownership Affect Contest Outcome in the Stalk-Eyed Fly, *Teleopsis dalmanni*," *Animal Behaviour* 78 (2009): 1213– 20.

31. 關於這段壯觀的海戰時期，可參見一本精采的書 W. Murray, *The Age of the Titans: The Rise and Fall of the Great Hellenistic Navies* (Oxford: Oxford University Press, 2012); and John D. Grainger, *Hellenistic and Roman Naval Wars 336BC– 31BC* (South Yorkshire, UK: Pen and Sword Books, 2011). 此時期最經典的書請見 Lionel Casson's *Ships and Seamanship in the Ancient World* (Baltimore: Johns Hopkins University Press, 1995), 我也推薦他的書：*The Ancient Mariners*, 2nd ed. (Prince ton, NJ: Princeton University

Press, 1991). 有本書詳加描繪船隻，並且介紹此時期，請見 Robert Gardiner, ed., *The Age of the Galley: Mediterranean Oared Vessels Since Pre-Classical Times* London, (Book Sales Publishing, 2000).

32. John Morrison and John Coates, *Greek and Roman Oared Warships 399–30BC* (Oxford: Oxbow Books, 1997).
33. 關於此時的軍備競賽，我個人最喜歡的分析，特別是攻城槌如何改變船隻互動模式，使其轉向類似個體兩兩相鬥，因而符合蘭徹斯特線性法則的想法，是取材自 *Of Arms and Men*, and in his book *Soul of the Sword: An Illustrated History of Weaponry and Warfare from Prehistory to the Present* (New York: Free Press, 2002).
34. Morrison and Coates, *Greek and Roman Oared Warships*.
35. John Morrison and Roderick Williams, *Greek Oared Ships* (Cambridge: Cambridge University Press, 1968).
36. Gardiner, *Age of the Galley*.
37. Casson, *Ships and Seamanship in the Ancient World*; Gardiner, *Age of the Galley*; and O'Connell, *Soul of the Sword*.
38. 關於猛獁象的生物學資訊，我推薦：Adrian Lister and Paul Bahn, *Mammoths: Giants of the Ice Age* (Berkeley: University of California Press, 2009). 關於這時期特殊野獸的廣泛探討，我推薦：Ian Lange, *Ice Age Mammals of NorthAmerica : A Guide to the Big, the Hairy, and the Bizarre* (Missoula, MT: Mountain Press, 2002). 尋找冰凍猛獁象的有趣刺激探險故事，可參見 Richard Stone, *Mammoth: The Resurrection of An Ice Age Giant* (Cambridge, MA: Perseus, 2002). 象以及相關動物化石的處理與清楚介紹，我推薦 J. Shoshani and P. Tassy, eds., *The Proboscidea: Evolution and PaleoEcology of Elephants and their Relatives* (Oxford: Oxford University Press, 1996).
39. 關於鍬形蟲（stag beetle）的精采探討，我推薦 T. Mizunuma and S. Nagai, *The Lucanid Beetles of the World*, part of Mushi Sha's Iconographic Series of Insects, 1st ed., ed. H. Fijita (Tokyo: Mushi-Sha publishers, 1994). 此書是以日文寫成，但是有英文摘要，還附有極具參考價值的生動插圖。
40. Tadatsugu Hosoya and Kunio Araya, "Phylogeny of Japanese Stag Beetles (Coleoptera: Lucanidae) Inferred from 16s mtrRNA Gene Sequences, with References to the Evolution of Sexual Dimorphism of Mandibles," *Zoological Science* 22 (2005): 1305– 18.
41. David Grimaldi and Gene Fenster, "Evolution of Extreme Sexual Dimorphisms: Structural and Behavioral Convergence Among Broad-Headed

Male Drosophilidae (Diptera)," *American Museum Novitates* 2939 (1989): 1–25.

42. 有蹄類動物化石與演化，有本淺顯易懂而且文筆流暢的探討書籍：Donald Prothero and Robert Schoch, *Horns, Tusks, and Flippers: The Evolution of Hoofed Mammals* (Baltimore: Johns Hopkins University Press, 2003). 我也推薦比較晚近的一本 Donald Prothero and Scott Foss, *The Evolution of Artiodactyls* (Baltimore: Johns Hopkins University Press, 2007); and the book by ElizabethVrba and George Schaller, eds., *Antelopes, Deer, and Relatives: Fossil Record, Behavioral Ecology, Systematics, and Conservation* (New Haven, CT: Yale University Press, 2000). 這些書全都涵蓋有蹄類動物的主要演化模式（包含武器演化在內）。另外還有幾位學者以現存有蹄類的行為和型態多樣性來推測武器演化的方式和原因，例如 Valerius Geist, *Deer of the World: Their Evolution, Behaviour, and Ecology* (Mechanicsburg, PA: Stackpole Books, 1998); and these papers, T. M. Caro, C. M. Graham, C. J. Stoner, and M. M. Flores, "Correlates of Horn and Antler Shape in Bovids and Cervids," *Behavioral Ecology and Sociobiology* 55 (2003): 32– 41; G. A. Lincoln, "Teeth, Horns and Antlers: the Weapons of Sex," in *The Differences Between the Sexes*, ed. R. V. Short and E. Balaban (Cambridge: Cambridge University Press, 1994): 131– 58; J. Bro-Jorgensen, "The Intensity of Sexual Selection Predicts Weapon Size in Male Bovids," *Evolution* 61 (2007): 1316–26; and B. Lundrigan, "Morphology of Horns and Fighting Behavior in the Family Bovidae," *Journal of Mammology* 77 (1996): 462– 75.

第七章

1. 我所研究的甲蟲，是一種小型棕色糞金龜，學名為 *Onthophagus acuminatus*。牠們在清早活動力最旺盛，但白天也會活動，而且特化成只食用吼猴糞便。牠們飛行在森林落葉層上方，前後擺動，笨拙地朝著新鮮糞便飛去。一旦發現糞便，就會挖隧道，一路往下方泥土去（這就是沒人注意到牠們的原因之一）。
2. 每次進入森林都是一場冒險。我記得有一個晴朗無比的早上，那時我已經連續度過好幾天悲慘日子，沒有猴子接近我房間。我沒有聽到牠們的黎明合唱，只能進入森林，走上五六公里來尋找糞便。剛開始找到的都很小坨，不足以養活數百隻實驗室試管中嗷嗷待哺的甲蟲。每次出外採集糞便時，都會出現「錯誤」。每次發現糞便，我都會用塞在口袋裡的手術手套來蒐集，但經過幾次不足量採集後，手套快用完了。撿猴糞可不是什麼愉快工作，戴上這些拋棄式手套，至少讓我覺得乾淨一點點。起碼完成時我可以脫掉手套，把它們由內而外翻過來，讓糞便留在裡面。我的手也會比較乾淨，而且能夠將糞便與午餐、水壺和望遠鏡區隔開來。

在距實驗室五六公里處，在我用掉最後一雙手套後，終於找到需要的糞便。然而，當我再把他們裝進包包時，我擦過一棵長滿蜱的棕櫚樹。任何一位熱帶生物學家都會告訴你這些稱為「種子蜱」的生物，就是一大群聚集在大片葉子尖端的蜱的若蟲。數百隻可以堆成約莫一顆彈珠大小。碰到牠們時，牠們就會彈射到你身上，並且分散開來。基於這個原因，進入森林的標準穿著，是將長褲塞進襪子裡，然後長袖棉質襯衫塞進褲頭。這樣有很好的防禦作用，能避免有刺的螞蟻或是更小的蜱直接接觸皮膚。另一個小撇步是帶膠帶。紙膠帶（masking tape）是最好用的，為了方便起見，大多數人會直接黏幾條在褲子大腿處。當我們發現成堆的蜱時，可以拿起一條膠帶，在幾秒鐘之內黏走小蟲，免得牠們入侵。

那天早上的困境是，我已經用掉最後一對手套，而且它們已經有點破了。要是把它脫下來，就不可能再套上。我無法穿著手套撕下膠帶，也不想赤手撿猴糞，所以我暫時忽略蜱，直到把猴糞裝滿袋子為止。只用了五分鐘就裝好了，但是讓我擔心的是，這時間恐怕太長。我扯下手套，一把撕下膠帶，開始尋找身上的蜱。牠們全都不見了。在那短短幾分鐘，牠們已經四散到我的身體，一隻也找不到。在接下來五六公里跑回實驗室的路程著實痛苦無比，我可以一邊跑一邊感覺到蜱在襯衫內爬行，爬到大腿和胯下，爬進頭髮、耳背、甚至是鼻子和眼睛。我趕緊將一包糞扔進實驗室裡，衝向房間，脫下衣服，用滾燙熱水和肥皂洗澡，但徒勞無功。牠們是洗不掉的。最後花了一個多小時的時間，在強烈的光線下，用鑷子將蜱從皮膚裡挑出來，黏在膠帶上，看起來是黏了一顆顆的胡椒粒。最後，我算了算，膠帶上幾乎黏著八百隻蜱。距離我倒楣碰到那棵棕櫚樹，只經過一小時，大部分蜱都已經將牠們的抗凝血唾液注入我體內，一切發癢到讓人難以置信的地步。我抗組織胺吃了一個星期。我知道我女朋友（現在的妻子）會覺得很誇張，所以我把黏滿蜱的膠帶寄到杜克大學，她當時在那裡唸博士班。你可以想像她收到之後的反應。顯然，田野生物學家的勇敢和愛情故事敘述的並不相同。

3. D. J. Emlen, “Artificial Selection on Horn Length-Body Size Allometry in the Horned Beetle *Onthophagus acuminatus*,” *Evolution* 50 (1996): 1219– 30.
4. 在大多數昆蟲物種中，要發展各個部位的生理構造，都需要取捨，要長出複雜精良的武器，就要付出驚人成本，也就是，其他生理構造會發育不良，在甲蟲、蠅類、螞蟻和蜂類等昆蟲都有相同情況，但不適用於我所知道的昆蟲以外的任何動物，原因幾乎可以確定是跟昆蟲特別的發育過程有關。具體來說，是發育過程中，所有成體生理構造所形成的時間有關。

性擇選出的誇張武器，都是在發育過程結束時才開始生長，約莫是在雄性剛性成熟時。麋鹿和駝鹿也都是在雄鹿剛成熟時才長鹿角。大象和公豬也是成年之後才長獠牙。就是連蝦蟹，也都是在性腺成熟時，打鬥用的螯才開始變大。有些動物早在武器成長前，身體已經長好，而且器官、組織和附肢已經達到或接近成體的比例。在這些動物中，武器不妨礙其他性狀發展，因為身體構造都先長好了。相反地，甲蟲、蜂類、蠅類和螞蟻在發育中還要歷經變態過程，在發育成體部位的同時還要長武器。這些構造同時成長，產生資源取捨的負面影響。

5. 最有說服力的研究方式，都要在成長中的動物個體身上進行操作實驗。糞金龜長角時，實驗中可發現角的增長導致眼睛變小。在另一種糞金龜身上，我使用熱針殺死將來會長成角的細胞，成蟲便長出異常大的精囊。可見在武器和精囊之間有著資源分配的關係。L. W. Simmons, and D. J. Emlen, "Evolutionary Trade-Off Between Weapons and Testes," *Proceedings of the National Academy of Sciences* 103 (2006): 16346– 51]. 另一項反向操作的實驗是，在另一個物種身上破壞生殖器細胞，會造成角變大。A. P. Moczek and H. F. Nijhout, "Trade-Off s During the Development of Primary and Secondary Sexual Traits in a Horned Beetle," *American Naturalist* 163 (2004): 184– 91]. 在一個接一個的物種實驗中，當雄性產生比例偏大的武器時，就會影響到其他構造的發育，包括對生殖極重要的精囊。
6. K. Kawano, "Horn and Wing Allometry and Male Dimorphism in Giant Rhinoceros Beetles (Coleoptera: Scarabaeidae) of Tropical Asia and America," *Annals of the Entomological Society of America* 88 (1995): 92– 99.
7. K. Kawano, "Cost of Evolving Exaggerated Mandibles in Stag Beetles (Coleoptera: Lucanidae)," *Annals of the Entomological Society of America* 90 (1997): 453– 61.
8. 當時馬里蘭大學博士生凱瑟琳·弗萊（Catherine Fry）使用一種「青春荷爾蒙」（juvenile hormone）局部擾亂雄性的眼柄生長。已知這種荷爾蒙能夠調節許多昆蟲的生長機制，包括白蟻和螞蟻兵蟻的大頭和武器。當她將合成的青春荷爾蒙塗在發育中的雄性幼蟲身上後，牠們長出超長眼柄，換言之，她改變了雄性昆蟲武器的相對大小。但雄性昆蟲的睪丸也因而縮小，而且之後交配時，和沒有被擾亂荷爾蒙的雄性相比，最多只能夠輸出三分之二的精子數量。C. Fry, "Juvenile Hormone Mediates a Trade-Off Between Primary and Secondary Sexual Traits in Stalk-Eyed Flies," *Evolution and Development* 8 (2006): 191– 201。在她的博士論文中，弗萊使用兩種親緣相近的柄眼蠅來做實驗，牠們的眼柄大小有相對差異，她以此研究誇張的長眼柄是否會損害到其他身體部位的成長。在*Cyrtodiopsis dalmanni*這個物種中，雄性的雙眼跨度比雌性要寬。在另一物種*C. quinqueguttata* 身上，兩性具有相等的眼柄，沒有特別誇張。她採用各種實驗方法（包括人擇、外部青春荷爾蒙以及飲食控制）來擾亂眼柄的相對長度。最後她發現，在*C. dalmanni* 中，長出誇張眼柄時，都伴隨兩項頭部特徵變小的情況，分別是眼睛大小和眼柄寬度，並且同時損害睪丸的生長及精子的生成。

9. 澳洲隧蜂（*Lasioglossum hemichalceum*）會產生強悍的雄蜂，其頭部和下顎巨大，相形之下，身體其他部位顯得迷你（可以想像一大顆扁豆黏在米粒上的樣子，你就會明白牠們的身材比例）。這些大頭戰士翅膀很小，幾乎沒有翅肌，不能飛行。牠們出生後，就留在窩裡，兄弟彼此爭奪和新誕生的姐妹的交配機會。同一蜂種中，也有體型更小，更沒有武裝的「典型」雄性，但手無寸鐵的雄蜂能夠飛。牠們會飛出洞穴，分散開來尋找鄰近蜂巢和雌蜂。大頭蜂和所有姐妹交配後，也會從巢中離開，出外尋找其他雌性。但是，和能夠飛行的兄弟不同，這些雄蜂只能用爬的。對身體只有米粒大小，頭卻十分龐大的牠們來說，要爬行到幾十公尺之外的蜂巢，極其費力，一路上都暴露在掠食者眼下，因此常常在途中喪命。P. F. Kukuk and M. Schwarz, “Macrocephalic Male Bees as Functional Reproductives and Probable Guards,” *Pan-Pacific Entomologist* 64 (1988): 131– 37.

10. *Cardiocondyla* 螞蟻會產生兩種雄性，一種會戰鬥，一種不會。在這種物種中，雄性不是發展出可觀武器（大型的頭與顎），就是長出翅膀和翅肌，但不會兩種都有。both. J. Heinze, B. Holldobler, and K. Yamauchi, “Male Competition in *Cardiocondyla* Ants,” *Behavioral Ecology and Sociobiology* 42 (1998): 239– 46; S. Cremer and J. Heinze, “Adaptive Production of Fighter Males: Queens of the Ant *Cardiocondyla* Adjust the Sex Ratio Under Local Mate Competition,” *Proceedings of the Royal Society of London, Series B* 269 (2002): 417– 22.

11. J. Crane, *Fiddler Crabs of the World (Ocypodidae: Genus Uca)*, (Prince ton, NJ: Princeton University Press, 1975).

12. B. J. Allen and J. S. Levinton, “Costs of Bearing a Sexually Selected Ornamental Weapon in a Fiddler Crab,” *Functional Ecology* 21 (2007): 154–61.

13. 松正雅俊（Masatoshi Matsumasa）和村井實（Minoru Murai）監測血液中的葡萄糖以及乳酸（體內能量消耗的指標）來測量招潮蟹使用大螯進行各種行動所消耗的能量。他們測量動物休息時的乳酸濃度，並且和打鬥時升高的濃度作比較，結果顯示出揮動大螯會消耗大量能量。M.

Matsumasa and M. Murai, "Changes in Blood Glucose and Lactate Levels of Male Fiddler Crabs: Effects of Aggression and Claw Waving," *Animal Behaviour* 69 (2005): 569– 77.

14. Allen, and Levinton, "Costs of Bearing a Sexually Selected Ornamental Weapon," 154– 61.
15. I. Valiela, D. F. Babiec, W. Atherton, S. Seitzinger, and C. Krebs, "Some Consequences of Sexual Dimorphism: Feeding in Male and Female Fiddler Crabs, *Uca pugnax* (Smith)," *Biological Bulletin* 147 (1974): 652– 60.
16. H. E. Caravello and G. N. Cameron, "The Effects of Sexual Selection on the Foraging Behaviour of the Gulf Coast Fiddler Crab, *Uca panacea*," *Animal Behaviour* 35 (1987): 1864– 74.
17. T. Koga, P. R. Y. Backwell, J. H. Christy, M. Murai, and E. Kasuya, "Male-Biased Predation of a Fiddler Crab," *Animal Behaviour* 62 (2007): 201– 7.
18. M. E. Cummings, J. M. Jordao, T. W. Cronin, and R. F. Oliveira, "Visual Ecology of the Fiddler Crab, *Uca tangeri*: Effects of Sex, Viewer and Background on Conspicuousness," *Animal Behaviour* 75 (2008): 175– 88.
19. J. M. Jordao and R. F. Oliveira, "Sex Differences in Predator Evasion in the Fiddler Crab *Uca tangeri* (Decapoda: Ocypodidae)," *Journal of Crustacean Biology* 21 (2001): 948– 53.
20. T. Koga et al., "Male-Biased Predation of a Fiddler Crab," 201– 7. 不過掠食不見得總以雄性為主。比方說在另一項研究中發現這種鳥比較偏好捕食雌性招潮蟹，可能是因為雄蟹大螯難以吞嚥的緣故。KeithBildstein, Susan G. McDowell, and I. Lehr Brisbin, "Consequences of Sexual Dimorphism in Sand Fiddler Crabs, *Uca pugilator*: Differential Vulnerability to Avian Predation," *Animal Behaviour* 37 (1989): 133– 39.
21. A. G. McElligott and T. J. Hayden, "Lifetime Mating Success, Sexual Selection and Life History of Fallow Bucks (*Dama dama*)," *Behavioral Ecology and Sociobiology* 48 (2000): 203– 10.
22. R. Moen, J. Pastor, and Y. Cohen, "A Spatially Explicit Model of Moose Foraging and Energetics," *Ecology* 78 (1997): 505– 21.
23. R. Moen and J. Pastor, "A Model to Predict Nutritional Requirements for Antler Growthin Moose," *Alces* 34 (1998): 59– 74.
24. A. Bubenik, "Evolution, Taxonomy, and Morphophysiology," in *Ecology and Management of the NorthAmerican Moose,* ed. A. W. Franzmann and C. C. Schwartz (University Press of Colorado, 2007): 77– 123.
25. T. H. Clutton-Brock, "The Functions of Antlers," *Behaviour* 79 (1982): 108–

24.
26. R. Moen, J. Pastor, and Y. Cohen, "Antler Growthand Extinction of Irish Elk," *Evolutionary Ecology Research* 1 (1999): 235– 49.

第八章

1. 所有經過性擇而演化出來的誇張動物構造，包含雄性展示的耀眼裝飾物或是危險武器，都在動物發育期的相對晚期才發展，幾乎是在身體其他部位都完成發育之後才開始。比方說招潮蟹快速成長的螯就是在最後一次脫殼時才開始生長。參見：R. G. Hartnoll, "Variations in GrowthPattern Between Some Secondary Sexual Characters in Crabs (Decapoda, Brachyura)," *Crustaceana* 27 (1974): 131– 36; Pitchaimuthu Mariappan, Chellam Balasundaram, and Barbara Schmitz, "Decapod Crustacean Chelipeds: An Overview," *Journal of Bioscience* 25 (2000): 301– 13. Antler growthbegins at puberty, as does narwhal tusk growthand walrus tusk growth. G. A. Lincoln, "Teeth, Horns and Antlers: The Weapons of Sex," in *Differences Between the Sexes,* ed. R. V. Short and E. Balaban, (Cambridge: Cambridge University Press, 1994): 131– 58; H. B. Silverman and M. J. Dunbar, "Aggressive Tusk Use by the Narwhal (*Monodon monoceros* L.)," *Nature* 284 (1980): 57– 58;

   Edward Miller, "Walrus Ethology. I. The Social Role of Tusks and Applications of Multidimensional Scaling," *Canadian Journal of Zoology* 53 (1975): 590– 613.

2. 雖然我沒有在本書多做討論，許多甲蟲、部分蝦類、長有武器的許多恐龍、魚類和有蹄類的雌性也會製造武器。事實上，幾乎所有雌性動物武器都和雄性類似，只是相對較小而已。在少數幾個有研究的例子中，雌性都會使用角來攻擊其他雌性，通常是為了搶奪食物或是護幼。請參見：

   N. Knowlton and B. D. Keller, "Symmetric Fights as a Mea sure of Escalation Potential in a Symbiotic, Territorial Snapping Shrimp," *Behavioral Ecology and Sociobiology* 10 (1982): 289– 92; J. Berger and C. Cunningham, "Phenotypic Alterations, Evolutionarily Significant Structures, and Rhino Conservation," *Conservation Biology* 8 (1994): 833– 40; and V. O. Ezenwa and A. E. Jolles, "Horns Honestly Advertise Parasite Infection in Male and Female African Buff alo," *Animal Behaviour* 75 (2008): 2013– 12. Two comparative studies explicitly tested for a role of sexual selection in the evolution of female weapons, and concluded that these structures most likely had been shaped by natural, rather than sexual selection. Caro et al.,

"Correlates of Horn and Antler Shape in Bovids and Cervids," 32– 41; Bro-Jorgensen, "Intensity of Sexual Selection Predicts Weapon Size in Male Bovids," 1316– 26. Several reviews have focused on this topic. See, for example, C. Packer, "Sexual Dimorphism the Horns of African Antelopes," *Science* 221 (1983): 1191– 93; R. A. Kiltie, "Evolution and Function of Horns and Horn-Like Organs in Female Ungulates," *Biological Journal of the Linnaean Society* 24 (1985): 299– 320; and S. C. Roberts, "The Evolution of Hornedness in Female Ruminants," *Behaviour* 133 (1996): 399– 442. 但是還有許多物種的雌性武器尚未被研究，還有許多問題懸而未決。比方說，哪些情況會造成雌性物種演化出武器？兩性都有武器是因為天擇使然（比方說抵抗掠食者），還是說這些武器原本來自雄性物種，只有在某些特定狀況中，雌性物種才會使用？

3. 關於這個實驗，請見 Douglas J. Emlen, Ian A. Warren, Annika Johns, Ian Dworkin, and Laura Corley Lavine, "A Mechanism of Extreme Growthand Reliable Signaling in Sexually Selected Ornaments and Weapons," *Science* 337 (2012): 860–64.
4. J. L. Tomkins, "Environmental and Genetic Determinants of the Male Forceps Length Dimorphism in the Eu ro pe an Earwig *Forficula auricularia*. L.," *Behavioral Ecology and Sociobiology* 47 (1999): 1– 8.
5. P. David, A. Hingle, D. Greig, A. Rutherford, A. Pomiankowski, and K. Fowler, "Male Sexual Ornament Size but Not Asymmetry Refl ects Condition in Stalk-Eyed Flies," *Proceedings of the Royal Society of London, Series B* 265 (1998): 2211– 16; R. J. Knell, A. Fruhauf, and K. A. Norris, "Conditional Expression of a Sexually selected Trait in the Stalk-Eyed Fly *Diasemopsis aethiopica*," *Ecological Entomology* 24 (1999): 323– 28.
6. F. E. French, L. C. McEwen, N. D. Magruder, R. H. Ingram, and R. W. Swift, "Nutrient Requirements for Growthand Antler Development in the White-Tailed Deer," *Journal of Wildlife Management* 20 (1956): 221– 32; W. Leslie Robinette, C. Harold Baer, Richard E. Pillmore, and C. Edward Knittle, "Effects of Nutritional Change on Captive Mule Deer," *Journal of Wildlife Management* 37 (1974): 312– 26.
7. 多數麋鹿鹿角（基本上以歐洲麋鹿為主）已經顯示出鹿角發育機制和營養條件有關，而且這種機制和我們在甲蟲的角上所觀察到的非常相似。鹿角尖端的細胞對胰島素／類胰島素生長因子（insulin/insulin-like growth factor）的傳導路徑十分敏感，這是一種依據動物本身營養狀態調節細胞增生數量的生理機制，相關研究請參見：J. M. Suttie, I. D. Corson, P. D.

Gluckman, and P. F. Fennessy, "Insulin-Like GrowthFactor 1, Growthand Body Composition in Red Deer Stags," *Animal Production* 53 (1991): 237–42; J. L. Elliott, J. M. Oldham, G. W. Asher, P. C. Molan, and J. J. Bass, "Effect of Testosterone on Binding of Insulin-Like GrowthFactor-I (IGF-I) and IGF-II in Growing Antlers of Fallow Deer (*Dama dama*)," *GrowthRegulation* 6 (1996): 214; J. R. Webster, I. D. Corson, R. P. Littlejohn, S. K. Martin, and J. M. Suttie, "The Roles of Photoperiod and Nutrition in the Seasonal Increases in Growthand Insulin-Like Growthfactor-1 Secretion in Male Red Deer," *Animal Science* 73 (2001): 305– 11.

8. P. Fandos, "Factors Affecting Horn Growthin Male Spanish Ibex (*Capra pyrenaica*)," *Mammalia* 59 (1995): 229– 35; M. Giacometti, R. Willing, and C. Defila, "Ambient Temperature in Spring Affects Horn Growthin Male Alpine Ibexes," *Journal of Mammalogy* 83 (2002): 245–51.
9. M. Mulvey and J. M. Aho, "Parasitism and Mate Competition: Liver Flukes in White-Tailed Deer," *Oikos* 66 (1993): 187– 92. 有幾項研究也顯示寄生蟲會造成鹿角長得比較不對稱，而不光是縮短而已，請參見：Ivar Folstad, Per Arneberg, and Andrew J. Karte, "Antlers and Parasites," *Oecologia* 105 (1996): 556– 58; Eystein Markusson and Ivar Folstad, "Reindeer Antlers: Visual Indicators of Individual Quality?" *Oecologia* 110 (1997): 501– 7.
10. Vanessa O. Ezenwa and Anna E. Jolles, "Horns Honestly Advertise Parasite Infection in Male and Female African Buff alo," *Animal Behaviour* 75 (2008): 2013–21.
11. B. W. Tucker, "On the Effects of an Epicaridan Parasite, *Gyge branchialis*, on *Upogebia littoralis*," *Quarterly Journal of Microscope Science* 74 (1930): 1–118; R. G. Hartnoll, "*Entionella monensis* sp. nov., an Entoniscis Parasite of the Crab E*urynome aspera* (Pennant)," *Journal of the Marine Biology Association of the United Kingdom* 39 (1960): 101– 7; T. Yamaguchi and H. Aratake, "Morphological Modifications Caused by *Sacculina polygenea* in *Hemigrapsus sanguineus* (De Haan) (Brachyura: Grapsidae)," *Crustacean Research* 26 (1997): 125– 145; Pitchaimuthu Mariappan, Chellam Balasundaram, and Barbara Schmitz, "Decapod Crustacean Chelipeds: an Overview," *Journal of Bioscience* 25 (2000): 301– 13.
12. 有一些參考資料表示中古世紀騎士用於鎧甲的花費驚人，請見：Kottenkamp, *History of Chivalry and Ancient Armour*; Duby, *Chivalrous Society*; O'Connell, *Of Arms and Men*; France, *Western Warfare in the Age of the Crusades*; Constance Brittain Bouchard, *Knights: In History and Legend* (Lane Cove, Australia: Global Book Publishing, 2009).

13. O'Connell, *Of Arms and Men*; Bouchard, *Knights*.

14. Bouchard, *Knights*.

15. 同上。

16. Duby, *Chivalrous Society*; O'Connell, *Of Arms and Men*; J. France, *Western Warfare in the Age of the Crusades*; Bouchard, *Knights*.

17. 同上。

18. 同上。

19.「高變異度」(hypervariability ,又稱超變異性)是性擇下的誇張裝飾和武器的一項主要特徵,探討在動物外在裝飾特徵的研究,請見 R. V. Alatalo, J. Hoglund, and A. Lundberg, "Patterns of Variation in Tail Ornament Size in Birds," *Biological Journal of the Linnaean Society of London* 34 (1988): 363; S. Fitzpatrick, "Patterns of Morphometric Variation in Birds' Tails: Length, Shape and Variability," *Biological Journal of the Linnaean Society of London* 62 (1997): 145; J. J. Cuervo and A. P. Moller, "The Allometric Pattern of Sexually Size Dimorphic Feather Ornaments and Factors Affecting Allometry," *Journal of Evolutionary Biology* 22 (2009): 1503. 關於武器高變異度的研究報告,請見:H. Frederik Nijhout and Douglas J. Emlen, "The Development and Evolution of Exaggerated Morphologies in Insects," *Annual Review of Entomology* 45 (2000): 661– 708; Astrid Kodric-Brown, Richard M. Sibly, and James H. Brown, "The Allometry of Ornaments and Weapons," *Proceedings of the National Academy of Sciences* 103 (2006): 8733– 38; Douglas J. Emlen, "The Evolution of Animal Weapons," *Annual Review of Ecology, Evolution, and Systematics* 39 (2008): 387– 413.

20. 許多理論模型都在分析動物溝通訊號的特徵,特別是跟性擇有關的裝飾和武器。早期模型暗示這些特徵非比尋常的變異,能夠放大雄性個體之間些微的差異,請見:Oren Hasson, "Sexual Displays as Amplifiers: Practical Examples withan Emphasis on Feather Decorations," *Behavioral Ecology* 2 (1991): 189– 97. 有篇精采的訊息理論總回顧,以及雄性個體狀態的誠實訊號組成,請見 John Maynard Smithand David Harper, *Animal Signals* (Oxford: Oxford University Press, 2003); and William A. Searcy and Stephen Nowicki, *The Evolution of Animal Communication: Reliability and Deception in Signaling Systems* (Prince ton, NJ: Prince ton University Press, 2010); Jack W. Bradbury and Sandra L. Vehrencamp, *Principles of Animal Communication*, 2nd ed. (Sunderland, MA: Sinauer Associates, 2011).

21. 許多理論模型也顯示,體型小的弱勢雄性要為大型裝飾或武器付出更高昂機會成本,對牠們來說,把資源投資在全尺寸的武器,不符合成本效益，比方說：Astrid Kodric-Brown and Jim H. Brown, "Truthin Advertising: The Kinds of Traits Favored by Sexual Selection," *American Naturalist* 124 (1984): 309– 23; Nadav Nur and Oren Hasson, "Phenotypic Plasticity and the Handicap Principle," *Journal of Theoretical Biology* 110 (1984): 275– 98; David W. Zeh and Jeanne A. Zeh, "Condition-Dependent Sex Ornaments and Field Tests of Sexual-Selection Theory," *American Naturalist* 132 (1988): 454– 59; Russell Bonduriansky and Troy Day, "The *Evolution* of Static Allometry in Sexually Selected Traits," Evolution 57 (2003): 2450– 58; Astrid Kodric-Brown, Richard M. Sibly, and James H. Brown, "The Allometry of Ornaments and Weapons," *Proceedings of the National Academy of Sciences* 103 (2006): 8733– 38.

第九章

1. 我們健行的地點，是聖塔羅莎國家公園（Santa Rosa National Park）的 Playa Naranjo 海灘。
2. 約翰·克里斯提在魟魚礁完成的博士論文研究成果，後來衍生出兩篇研究 J. H. Christy, "Adaptive Significance of Reproductive Cycles in the Fiddler Crab *Uca pugilator*: a Hypothesis," *Science* 199 (1978): 453– 55; and J. H. Christy, "Female Choice in the Resource-Defense Mating System of the Sand Fiddler Crab, *Uca pugilator*," Behavioral Ecology and Sociobiology 12 (1983):169– 80.
3. 這類型的交互作用稱之為「階段評估」（sequential assessment），主要文獻是以賽局理論為基礎，評估演化的方式和時機，請見：J. Maynard Smith, "The Theory of Games and the Evolution of Animal Conflicts," *Journal of Theoretical Biology* 47 (1974): 209– 21; G. A. Parker, "Assessment Strategy and the Evolution of Animal Conflicts," *Journal of Theoretical Biology* 47 (1974): 223– 43; J. Maynard Smith and G. Parker, "The Logic of Asymmetric Contests," *Animal Behaviour* 24 (1976): 159– 65; M. Enquist and O. Leimar, "Evolution of Fighting Behaviour: Decision Rules and Assessment of Relative Strength," *Journal of Theoretical Biology* 102 (1983): 387– 410. 動物訊號較為晚近的總覽，包括這類型的評估，參見 Smith and Harper, *Animal Signals*; Searcy and Nowicki, *Evolution of Animal Communication*; Bradbury and Vehrencamp, *Principles of Animal Communication.*
4. 許多研究證實，爪較大的雄性會在隧道爭奪戰中獲勝，詳見：J. Crane, "Combat, Display and Ritualization in Fiddler Crabs (Ocypodidae, genus *Uca*)," *Philosophical Transactions of the Royal Society of London, Series B*

251 (1966): 459– 72; G. W. Hyatt and M. Salmon, "Combat in the Fiddler Crabs *Uca pugilator* and *U. pugnax*: A Quantitative Analysis," *Behaviour* 65 (1978): 182– 211; M. D. Jennions and P. R. Backwell, "Residency and Size Affect Fight Duration and Outcome in the Fiddler Crab *Uca annulipes*," *Biological Journal of the Linnean Society* 57 (1996): 293– 306; A. E. Pratt, D. K. McLain, and G. R. Lathrop, "The Assessment Game in Sand Fiddler Crab Contests for Breeding Burrows," *Animal Behaviour* 65 (2003): 945– 55. 在一項有趣的實驗中，利用「應變計」（strain gauge）來進行實驗，顯示具有大螯的公招潮蟹展現更強大的脅迫性：J. S. Levinton and M. L. Judge, "The Relationship of Closing Force to Body Size for the Major Claw of *Uca pugnax* (Decapoda: Ocypodidae)," *Functional Ecology* 7 (1993): 339– 45.

5. 沙灘招潮蟹行為的描述，包括爭奪隧道，請見 J. H. Christy, "Burrow Structure and use in the Sand Fiddler Crab, *Uca pugilator*," *Animal Behaviour* 30 (1982): 687– 94; Christy, "Female Choice in the Resource-Defense Mating System, M. Salmon and G. W. Hyatt, "Spatial and Temporal Aspects of Reproduction in NorthCarolina Fiddler Crabs (*Uca pugilator*)," *Journal of Experimental Marine Biology and Ecology* 70 (1983): 21– 43; Christy and Salmon, "Ecology and Evolution of Mating Systems of Fiddler Crabs," 483– 509.
6. 招潮蟹打鬥的階段描述請見：Crane, "Combat, Display and Ritualization in Fiddler Crabs," 459– 72; G. W. Hyatt and M. Salmon, "Combat in the Fiddler Crabs *Uca pugilator* and *U. pugnax*: A Quantitative Analysis," *Behaviour* 65 (1978): 182–211; M. D. Jennions and P. R. Backwell, "Residency and Size Affect Fight Duration and Outcome in the Fiddler Crab *Uca annulipes*," *Biological Journal of the Linnean Society* 57 (1996): 293– 306.
7. Hyatt and Salmon, "Combat in the Fiddler Crabs,"
8. 同上。
9. 同上。
10. Smith, "Theory of Games and the Evolution of Animal Conflicts," 209– 21; Parker, "Assessment Strategy and the Evolution of Animal Conflicts," 223– 43; Smithand Parker, "Logic of Asymmetric Contests," 159– 65; Enquist and Leimar, "Evolution of Fighting Behaviour," 387– 410.
11. Takahisa Miyatake, "Territorial Mating Aggregation in the Bamboo Bug, *Notobitus meleagris*, Fabricius (Heteroptera: Coreidae)," *Journal of Ethology* 13 (1995): 185– 89; Miyatake, "Multi-Male Mating Aggregation in *Notobitus meleagris* (Hemiptera: Coreidae)," *Annals of the Entomological Society of America* 95 (2002): 340– 44. 另一種緣蝽類似行為的描述，請見 Miyatake, "Male-Male Aggressive Behavior Is Changed by Body-Size Difference in the

Leaf-Footed Plant Bug, *Leptoglossus australis*, Fabricius (Heteroptera, Coreidae)," *Journal of Ethology* 11 (1993): 63– 65; Miyatake, "Functional Morphology of the Hind Legs as Weapons for Male Contests in *Leptoglossus australis* (Heteroptera: Coreidae)," *Journal of Insect Behavior* 10 (1997): 727– 35; W. G. Eberhard, "Sexual Behavior of *Acanthocephala declivis guatemalana* (Hemiptera: Coreidae) and the Allometric Scaling of Their Modified Hind Legs," *Annals of the Entomological Society of America* 91 (1998): 863– 71.

12. P. Bergeron, S. Grignolio, M. Apollonio, B. Shipley, and M. Festa-Bianchet, "Secondary Sexual Characters Signal Fighting Ability and Determine Social Rank in Alpine Ibex (*Capra ibex*)," *Behavioral Ecology and Sociobiology* 64 (2010): 1299– 307.

13. C. Barrette and D. Vandal, "Sparring, Relative Antler Size, and Assessment in Male Caribou," *Behavioral Ecology and Sociobiology* 26 (1990): 383– 87.

14. 「和平悖論」(paradox of peace)是從賽局理論中的評估模型預測出來的。理論上，一個完美的開端會造成完全的和平，因為所有爭執都會按照規矩解決，不會引發爭鬥。這類研究例子請見：G. Parker, "Assessment Strategy and the Evolution of Animal Conflicts," *Journal of Theoretical Biology* 47 (1974): 223– 43.

15. 我將觀察重心放在製造成本上，特別是對資源較少的個體成本劇增的觀察。我會這麼做是基於大多數動物傳訊模型的必要假設，而且這確實在大部分狀況中都適用。但也有例外。當我在寫這本書時，我實驗室的一個博士生艾琳．麥卡洛(Erin McCullough)系統性地揭露出此一概念在我們所研究的鍬形蟲上的狀況。她的研究震撼了這個領域，因為每個人，包括我自己在內，都假設這些甲蟲身上的巨型叉角是非常昂貴的。怎麼有可能不是呢？這些武器占了甲蟲三分之二的身長，就像一個巨大叉子在甲蟲的臉前張開。然而，這些角原來非常廉價，生產幾乎不需成本。對此感興趣的讀者，可參見她的研究：D. J. Emlen, "Costs of Elaborate Weapons in a Rhinoceros Beetle: How Difficult Is It to Fly with a Big Horn?" *Behavioral Ecology* 23 (2012): 1042– 48; and E. L. McCullough and B. W. Tobalske, "Elaborate Horns in a Giant Rhinoceros Beetle Incur Negligible Aerodynamic Costs," *Proceedings of the Royal Society of London, Series B* 280 (2013): 1– 5; E. L. McCullough and D. J. Emlen, "Evaluating Costs of a Sexually Selected Weapon: Big Horns at a Small Price," *Animal Behaviour* 86 (2013) 977– 85.

16. 多數科學家在觀察時，並不把這些初始階段的衝突算進數據，因為它們太難以捕捉了。Barrette 和 Vandal 在他們兩年的馴鹿觀察中，則將這些數據納入。在所觀察的11,640次雄性互動，有10,332次在初始階段就結束了。C. Barrette and D. Vandal, "Sparring, Relative Antler Size, and Assessment in Male Caribou," *Behavioral Ecology and Sociobiology* 26 (1990): 383– 87.

17. A. Berglund, A. Bisazza, and A. Pilastro, "Armaments and Ornaments: An Evolutionary Explanation of Traits of Dual Utility," *Biological Journal of the Linnean Society* 58 (1996): 385– 99.
18. D. S. Pope, "Testing Function of Fiddler Crab Claw Waving by Manipulating Social Context," *Behavioral Ecology and Sociobiology* 47 (2000): 432– 37; M. Murai and P. R. Y. Backwell, "A Conspicuous Courtship Signal in the Fiddler Crab *Uca perplexa*: Female Choice Based on Display Structure," *Behavioral Ecology and Sociobiology* 60 (2006): 736– 41; D. K. McLain and A. E. Pratt, "Approach of Females to Magnified Refl ections Indicates That Claw Size of Waving Fiddler Crabs Correlates with Signaling Effectiveness," *Journal of Experimental Marine Biology and Ecology* 343 (2007): 227– 38.
19. T. Detto, "The Fiddler Crab *Uca mjoebergi* Uses Colour Vision in Mate Choice," *Proceedings of the Royal Society, Series B* 274 (2007): 2785– 90.
20. Burkhardt and Motte, "Big 'Antlers' are Favoured," 649– 52; G. S. Wilkinson and P. R. Reillo, "Female Choice Response to Artificial Selection on an Exaggerated Male trait in a Stalk-Eyed Fly," *Proceedings of the Royal Society of London. Series B* 255 (1994): 1– 6; G. S. Wilkinson, H. Kahler, and R. H. Baker, "Evolution of Female Mating Preferences in Stalk- Eyed Flies," *Behavioral Ecology* 9 (1998): 525– 33.
21. A. J. Moore and P. Wilson, "The Evolution of Sexually Dimorphic Earwig Forceps: Social Interactions Among Adults of the Toothed Earwig, *Vostox apicedentatus*," *Behavioral Ecology* 4 (1993): 40– 48; J. L. Tomkins and L. W. Simmons, "Female Choice and Manipulations of Forceps Size and Symmetry in the Earwig *Forficula auricularia* L.," *Animal Behaviour* 56 (1998): 347– 56.
22. A. Malo, E. R. S. Roldan, J. Garde, A. J. Soler, and M. Gomendio, "Antlers Honestly Advertise Sperm Production and Quality," *Proceedings of the Royal Society of London, Series B* 272 (2005): 149– 57.
23. A. Balmford, A. M. Rosser, and S. D. Albon, "Correlates of Female Choice in Resource-Defending Antelope," *Behavioral Ecology and Sociobiology* 31 (1992): 107– 14.
24. N. A. M. Rodger, *The Command of the Ocean— A Naval History of Britain 1649– 1815,* (W. W. Norton, 2005).

25. O'Connell, *Of Arms and Men*; O'Connell, *Soul of the Sword*; R. Gardiner and B. Lavery, *The Line of Battle: The Sailing Warship 1650– 1840* (London: Conway Maritime Press, 2004).
26. Gardiner and B. Lavery, *Line of Battle*.
27. O'Connell, *Of Arms and Men*; O'Connell, *Soul of the Sword*.
28. 同上。
29. Gardiner and Lavery, *Line of Battle*.
30. 同上。
31. D. Miller and L. Peacock, *Carriers: The Men and the Machines* (New York: Salamander Press, 1991).
32. *Wikipedia*, S.V. "Boeing F/A-18E/F Super Hornet."
33. Miller and Peacock, *Carriers*.

第十章

1. D. J. Emlen, "Alternative Reproductive Tactics and Male-Dimorphism in the Horned Beetle *Onthophagus acuminatus* (Coleoptera: Scarabaeidae)," *Behavioral Ecology and Sociobiology* 41 (1997): 335– 41.
2. 同上。
3. 小型雄性「關掉」長角機制的現象，提供研究的大好機會。遺傳組成類似的雄性，在誘發或抑制角的生長條件下同時分別飼養，然後比較兩者的荷爾蒙濃度、細胞生長模式以及基因表現。角的二型性，可說是我們「踏出的成功第一步」，這個難得機會，讓人能夠一瞥昆蟲發育的細節。關於荷爾蒙如何調節角的成長的研究，參見：D. J. Emlen and H. F. Nijhout, "Hormonal Control of Male Horn Length Dimorphism in the Dung Beetle *Onthophagus taurus* (Coleoptera: Scarabaeidae)," *Journal of Insect Physiology* 45 (1999): 45– 53; D. J. Emlen and H. F. Nijhout, "Hormonal Control of Male Horn LengThDimorphism in *Onthophagus taurus* (Coleoptera: Scarabaeidae): A Second Critical Period of Sensitivity to Juvenile Hormone," *Journal of Insect Physiology* 47 (2001): 1045– 54; and A. P. Moczek and H. F. Nijhout, "Developmental Mechanisms of Threshold Evolution in a Polyphenic Beetle," *Evolution and Development* 4 (2002): 252– 64. 糞金龜角的二形性比較研究，請參見 D. J. Emlen, J. Hunt, and L. W. Simmons, "Evolution of Sexual Dimorphism and Male Dimorphism in the Expression of Beetle Horns: Phylogenetic Evidence for Modularity, Evolutionary Lability, and Constraint," *American Naturalist* 166 (2005): S42– S68; 更晚近有檢視發育中的角的基因表現模式的研究，請見 A. P.

Moczek and L. M. Nagy, "Diverse Developmental Mechanisms Contribute to Different Levels of Diversity in Horned Beetles," *Evolution and Development* 7 (2005): 175– 85; A. P. Moczek and D. J. Rose, "Differential Recruitment of Limb Patterning Genes During Development and Diversification of Beetle Horns," *Proceedings of the National Academy of Sciences* 106 (2009): 8992–97; T. Kijimoto, J. Costello, Z. Tang, A. P Moczek, and J. Andrews, "EST and Microarray Analysis of Horn Development in *Onthophagus* beetles," *BMC Genomics* 10 (2009): 504; E. C. Snell-Rood, A. Cash, M. V. Han, T. Kijimoto, J. Andrews, and A. P. Moczek, "Developmental Decoupling of Alternative Phenotypes: Insights From the Transcriptomes of Horn-Polyphenic Beetles," *Evolution* 65 (2011): 231– 45.

4. A. P. Moczek and D. J. Emlen, "Male Horn Dimorphism in the Scarab Beetle, *Onthophagus taurus*: Do Alternative Reproductive Tactics Favour Alternative Phenotypes?" *Animal Behaviour* 59 (2000): 459– 66; R. Madewell and A. P. Moczek, "Horn Possession Reduces Maneuverability in the Horn-Polyphenic Beetle, *Onthophagus nigriventris*," *Journal of Insect Science* 6 (2006): 21.
5. L. W. Simmons, J. L. Tomkins, and J. Hunt, "Sperm Competition Games Played by Dimorphic Male Beetles," *Proceedings of the Royal Society of London, Series B* 266 (1999): 145– 50.
6. 動物生殖替代策略的總覽，請見 R. F. Oliveira, M. Taborsky, and H. J. Brockmann, eds., *Alternative Reproductive Tactics: An Integrative Approach* (Cambridge: Cambridge University Press, 2008).
7. J. T. Hogg and S. H. Forbes, "Mating in Bighorn Sheep: Frequent Male Reproduction via a High-Risk 'Unconventional' Tactic," *Behavioral Ecology and Sociobiology* 41 (1997): 33– 48; D. W. Coltman, M. Festa-Bianchet, J. T. Jorgenson, and C. Strobeck, "Age-Dependent Sexual Selection in Bighorn Rams," *Proceedings of the Royal Society of London, Series B* 269 (2002): 165– 72.
8. M. R. Gross and E. L. Charnov, "Alternative Male Life Histories in Bluegill Sunfish," *Proceedings of the National Academy of Sciences* 77 (1980): 6937–40; W. J. Dominey, "Maintenance of Female Mimicry as a Reproductive Strategy in Bluegill Sunfish (*Lepomis macrochirus*)," *Environmental Biology of Fishes* 6 (1981): 59– 64; M. R. Gross, "Disruptive Selection for Alternative Life Histories in Salmon," *Nature* 313 (1985): 47– 48; C. J. Foote, G. S. Brown, and C. C. Wood, "Spawning Success of Males Using Alternative Mating Tactics in Sockeye Salmon, *Oncorhynchus nerka*," *Canadian Journal of Fisheries and Aquatic Sciences* 54 (1997): 1785– 95.

9. J. G. van Rhijn, "On the Maintenance and Origin of Alternative Strategies in the Ruff *Philomachus pugnax*," *Ibis* 125 (1983): 482– 98; D. B. Lank, C. M. Smith, O. Hanotte, T. Burke, and F. Cooke, "Genetic Polymorphism for Alternative Mating Behaviour in Lekking Male Ruff *Philomachus pugnax*," *Nature* 378 (1995): 59– 62.
10. J. Jukema and T. Piersma, "Permanent Female Mimics in a Lekking Shorebird," *Biology Letters* 2 (2006): 161– 64.
11. 同上。
12. S. M. Shuster and M. J. Wade, "Female Copying and Sexual Selection in a Marine Isopod Crustacean, *Paracerceis sculpta,*" *Animal Behaviour* 41 (1991): 1071– 78; S. M. Shuster, "The Reproductive Behaviour of α-, β-, and γ-Male Morphs in *Paracerceis sculpta*, a Marine Isopod Crustacean," *Behaviour* 121 (1992): 231– 58; S. M. Shuster and M. J. Wade, "Equal Mating Success Among Male Reproductive Strategies in a Marine Isopod," *Nature* 350 (1991): 608– 10.
13. 同上。
14. R. T. Hanlon, M.-J. Naud, P. W. Shaw, J. T. Havenhand, "Behavioural Ecology: Transient Sexual Mimicry Leads to Fertilization," *Nature* 433 (2005): 212.
15. 同上。
16. Sun Tzu, *The Art of War*, trans. Samuel B. GriffiTh(New York: Oxford University, 1963); Mark McNeilly, *Sun Tzu and the Art of Modern Warfare* (Oxford: Oxford University Press, 2001).
17. Andrew Mack, "Why Big Nations Lose Small Wars: The Politics of Asymmetric Conflict," *World Politics* 27 (1975): 175– 200; Ivan Arreguin-Toft , "How the Weak Win Wars: A Theory of Asymmetric Conflict," *International Security* 26 (2001): 93– 128.
18. 同上。
19. 同上。
20. Raphael Perl and Ronald O'Rourke, "Terrorist Attack on USS *Cole*: Background and Issues for Congress" in *Emerging Technologies: Recommendations for Counter-Terrorism*, ed. Joseph Rosen and Charles Lucey (Hanover NH: Institute for Security Technology Studies, DartmouThUniversity, 2001): 52– 58.
21. Trevor N. Dupuy, *Evolution of Weapons and Warfare* (New York: Dacapo Press, 1984).

22. Brian Mazanec, "The Art of (Cyber) War," *Journal of International Security Affairs* 16 (2009): 3– 19; Jason Fritz, "How China Will Use Cyber Warfare to Leapfrog in Military Competitiveness," *Culture Mandala: The Bulletin of the Centre for East-West Cultural and Economic Studies* 8 (2008): 28– 80.
23. 同上。
24. Mark Clayton, "Chinese Cyberattacks Hit Key US Weapons Systems: Are They Still Reliable?" *Christian Science Monitor*, May 28, 2013; Ewen MacAskill, "Obama to Confront Chinese President Over Spate of Cyber-Attacks on US," *Guardian*, May 28, 2013; Jason Fritz, "How China Will Use Cyber Warfare to Leapfrog in Military Competitiveness," *Culture Mandala: The Bulletin of the Centre for East-West Cultural and Economic Studies* 8 (2008): 28– 80.
25. 同上。
26. Leyla Bilge and Tudor Dumitras, "Before We Knew it: An Empirical Study of Zero-Day Attacks in the Real World," *Proceedings of the 2012 ACM Conference on Computer and Communications Security*, 2012 833– 44.

第十一章

1. Kottenkamp, *History of Chivalry and Ancient Armour*; Duby, *Chivalrous Society*; O'Connell, *Of Arms and Men*; France, *Western Warfare in the Age of the Crusades*.
2. Trevor N. Dupuy, *Evolution of Weapons and Warfare* (New York: Dacapo Press, 1984).
3. 同上。
4. 同上。
5. Dupuy, *Evolution of Weapons and Warfare*; O'Connell, *Of Arms and Men*; O'Connell, *Soul of the Sword*.
6. 同上。
7. 同上。
8. 同上。
9. 同上。
10. Trevor Dupuy提出關於克雷西（Crécy）戰役的精采總覽，請見：*The Evolution of Weapons and Warfare*. 關於這場戰役其他詳盡探討，請見Henri de Wailly, *CreÅLcy 1346: Anatomy of a Battle* (Poole, NY: Blandford Press, 1987); and A. Ayton, P. Preston, F. Autrand, and B. Schnerb, *The Battle of Crécy, 1346* (Woodbridge, Suffolk, UK: Boydell Press, 2005).

11. 同上。

12. 同上。

13. 阿金庫爾（Agincourt）之役關於士兵觀點的生動描述，請見 John Keegan, *The Face of Battle*. 關於這場戰役的詳盡描述請見：J. Barker, *Agincourt: The King, the Campaign, the Battle* (London: Little Brown, 2005); and A. Curry, *Agincourt: A New History* (London: Tempus Publishing, 2005).

14. Dupuy, *Evolution of Weapons and Warfare*; O'Connell, *Of Arms and Men*; O'Connell, *Soul of the Sword.*

15. 令人意外的是，很少有研究真正測量，作用於終極武器的選汰力量的強度和性質，當然這是相當曠日費時的工作。不過在這研究中，經常發現，雄性繁殖成功率隨著武器增大而上升，但出現了臨界點，超過那一點之後，成功率便開始下降。具有超大武器的雄性往往表現得比武器略小的雄性差。要是擁有最大武器的雄性表現最好，那麼天擇將是「開放式」的，而且具有方向性。武器超大的雄性表現略差，這事實告訴我們，天擇使這生物族群趨於穩定，並且暗示這些族群可能已達到或接近平衡點。這類型的天擇實例可以在天牛、端足類甲殼動物和紅鹿中找到。D. W. Zeh, J. A. Zeh, and G. Tavakilian, "Sexual Selection and Sexual Dimorphism in the Harlequin Beetle *Acrocinus longimanus*," *Biotropica* (2002): 86– 96; G. A. Wellborn, "Selection on a Sexually Dimorphic Trait in Ecotypes Within the *Hyalella azteca* Species Complex (Amphipoda: Hyalellidae)," *American Midland Naturalist* 143 (2000): 212– 25; L. E. B. Kruuk, J. Slate, J. M. Pemberton, S. Brotherstone, F. Guinness, and T. Clutton-Brock, "Antler Size in Red Deer: Heritability and Selection but no Evolution," *Evolution* 56 (2002):1683– 95.

16. 我在本文中所用的基本方程式，具有極大武器的好處（B）是以雄性所守護的雌性所生的子代來表示，而成本（C）則是生產、維護和戰鬥上的消耗。當B - C> 0，那就表示天擇會促使武器愈來愈大。這裡沒有顯示出來的是，假設雄性能夠使牠們所捍衛的雌性100%受精（1 * B）- C> 0。而作弊雄性會瓜分掉優勢雄性的獎勵（受精），子代中就只有一部分是牠們的，而不是全部。假設潛入的雄性甲蟲，平均來說，能夠偷偷使雌性受精，產下四分之一的子代，那麼新方程式將是：(0.75 * B）- C> 0。優勢雄性的好處因為潛入的欺騙者成功交配而減少（1 - 0.25 = 0.75）。到了某個時候，要是騙子偷偷交配的比例提高到某個程度，實際獲得的好處可能過低，不再高於成本，即使在最成功的優勢雄性身上也是如此。

17. R. Moen, J. Pastor, and Y. Cohen, "Antler Growth and Extinction of Irish Elk," *Evolutionary Ecology Research* 1 (1999): 235– 49.

18. 同上。

19. R. Baker and G. Wilkinson, "PhyloGenetic Analysis of Sexual Dimorphism and Eye Stalk Allometry in Stalk-Eyed Flies (Diopsidae)," *Evolution* 55 (2001): 1373– 85; M. Kotrba, "Baltic Amber Fossils Reveal Early Evolution of Sexual Dimorphism in Stalk-Eyed Flies (Diptera: Diopsidae)," *Organisms, Diversity and Evolution* 2004 (2004): 265– 75.

20. T. Hosoya and K. Araya, "Phylogeny of Japanese Stag Beetles (Coleoptera: Lucanidae) Inferred from 16s mtrRNA Gene Sequences, with References to the Evolution of Sexual Dimorphism of Mandibles," *Zoological Science* 22 (2005): 1305– 18.

21. M. Tabana and N. Okuda, "Notes on *Nicagus japonicus* Nagel," *Gekkan-Mushi* 292 (1992): 17– 21; K. Katovich and N. L. Kriska, "Description of the Larva of *Nicagus obscurus* (LeConte) (Coleoptera: Lucanidae: Nicaginae), with Comments on Its Position in Lucanidae and Notes on Adult Habitat," *Coleopterists Bulletin* 56 (2002): 253– 58.

22. Emlen et al., "Diversity in the Weapons of Sexual Selection," 1060– 84.

23. T. M. Caro et al., "Correlates of Horn and Antler Shape in Bovids and Cervids," 32– 41; Bro-Jorgensen, "Intensity of Sexual Selection Predicts Weapon Size in Male Bovids," 1316– 26.

24. J. L. Coggeshall, "The Fireship and Its Role in the Royal Navy" (dissertation, Texas A&M University, 1997); P. Kirsch, *Fireship: The Terror Weapon of the Age of Sail*, trans. John Harland (Barnsley, UK: SeaforThPublishing, 2009).

25. O'Connell, *Of Arms and Men*; Coggeshall, "Fireship and Its Role in the Royal Navy"; O'Connell, *Soul of the Sword*; Gardiner and Lavery, *Line of Battle*; Kirsch, *Fireship*.

26. 同上。

27. James Coggeshall在他的論文中，提出英軍攻打西班牙戰艦時，火船無敵角色的精采描述："The Fireship and Its Role in the Royal Navy." 更多關於這場戰役的探討，請見：Michael Lewis, *The Spanish Armada* (New York: T. Y. Crowell, 1968); Colin Martin and Geoff rey Parker, *The Spanish Armada* (New York: Penguin Books, 1999).

28. O'Connell, *Of Arms and Men*; Coggeshall, "Fireship and Its Role in the Royal Navy"; O'Connell, *Soul of the Sword*; Gardiner and Lavery, *Line of Battle*. Jackson, *Sea Warfare*.

29. Gardiner and Lavery, *Line of Battle*.

30. O'Connell, *Of Arms and Men*; O'Connell, *Sacred Vessels: The Cult of the*

Battleship and the Rise of the US Navy (Oxford: Oxford University Press, 1991); O'Connell, *Soul of the Sword*; Gardiner and Lavery, *Line of Battle*; Jackson, *Sea Warfare*.
31. O'Connell, *Of Arms and Men*; O'Connell, *Sacred Vessels*; O'Connell, *Soul of the Sword*; R. K. Massie, *Dreadnought: Britain, Germany, and the Coming of the Great War* (New York: Random House, 2007); Massie, *Castles of Steel: Britain, Germany and the Winning of the Great War at Sea* (New York: Random House, 2008).
32. 同上。
33. 同上。
34. 同上。
35. 同上。
36. Massie, *Dreadnought*; Massie, *Castles of Steel*; Jackson, *Sea Warfare*.
37. 同上。
38. Jackson, *Sea Warfare*.
39. 同上。
40. 同上。
41. 同上。
42. Tony Bridgland, *Sea Killers in Disguise: The Story of the Q-Ships and Decoy Ships in the First World War* (Annapolis, MD: Naval Institute Press, 1999).
43. 同上。
44. Jackson, *Sea Warfare*.
45. 同上。

第十二章

1. 非洲軍蟻或稱行軍蟻生物學的精采探討，請見 W. H. Gotwald, Jr., *The Army Ants: The Biology of Social Predation* (Ithaca, NY: Cornell University Press, 1995); and B. Holldobler and Edward O. Wilson, *The Ants* (Cambridge, MA: Belknap Press of Harvard University Press, 1990). 關於螞蟻戰爭的描述，我推薦Mark Moffett生動有趣的著作，包含：*Adventures Among Ants: A Global Safari with A Cast of Trillions* (Berkeley, University of California Press, 2010), and "Ants & The Art of War," *Scientific American*, December 2011, 84– 9.
2. Holldobler and Wilson, *Ants*.
3. Caspar Schoning and Mark W. Moffett, "Driver Ants Invading a Termite Nest:

Why Do the Most Catholic Predators of All Seldom Take This Abundant Prey?" *Biotropica* 39 (2007): 663– 67.

4. W. H. Gotwald, Jr., "Predatory Behavior and Food Preferences of Driver Ants in Selected African Habitats," *Annals of the Entomological Society of America* 67 (1974): 877– 86; Gotwald, *Army Ants*.
5. 白蟻生物學的詳盡探討，我推薦：Takuya Abe, David Edward Bignell, and Masahiko Higashi, *Termites: Evolution, Sociality, Symbioses*, Ecology (Boston: Kluwer Academic Publishers, 2000); and David Edward Bignell, Yves Roisin, and Nathan Lo, *The Biology of Termites: A Modern Synthesis* (New York: Springer, 2011).
6. Johanna P. E. C. Darlington, "Populations in Nests of the Termite *Macrotermes subhyalinus* in Kenya," *Insectes Sociaux* 37 (1990): 158– 68.
7. Charles Noirot and Johanna P. E. C. Darlington, "Termite Nests: Architecture, Regulation, and Defence," chap. 6 in Abe, Bignell, and Higashi, *Termites*; Judith Korb, "Termite Mound Architecture, from Function to Construction," chap. 13 in Bignell, Roisin, and Lo, Biology of *Termites*.
8. 堡壘歷史的描述請見：Sidney Toy, *Castles: Their Construction and History* (New York: Dover, 1984); Martin Brice, *Stronghold: A History of Military Architecture* (New York: Schocken Books, 1985); J. E. Kaufmann and H. W. Kaufmann, *The Medieval Fortress: Castles, Forts, and Walled Cities of the Middle Ages* (Cambridge, MA: Da Capo Press, 2001); Harold Skaarup, *Siegecraft : No Fortress Impregnable* (New York: iUniverse, 2003); Charles Stephenson, *Castles: A History of Fortified Structures, Ancient, Medieval, and Modern* (New York: St. Martin's Press, 2011).
9. 同上。
10. 同上。
11. 同上。
12. 猶太古城拉吉（Lachish）的描述與圍城始末，可見：R. D. Barnett, "The Siege of Lachish," *Israel Exploration Journal* 8 (1958): 161– 64; David Ussishkin, "The 'Lachish Reliefs' and the City of Lachish," *Israel Exploration Journal* 30 (1980): 174– 95; Kelly Devries, Martin J. Dougherty, Iain Dickie, Phyllis G. Jestice, and Rob S. Rice, *Battles of the Ancient World, 1285 BC– AD 451, from Kadesh to Catalaunian Field* (New York: Metro Books, 2007); Smithsonian, *Military History: The Definitive Visual Guide to Objects of Warfare* (New York: DK Press, 2012).
13. 同上。

14. 同上。
15. 亞述軍隊與其圍城戰略之描述，請參見：Devries et al., *Battles of the Ancient World*; Smithsonian, *Military History*.
16. 同上。
17. Devries et al., *Battles of the Ancient World*.
18. Devries et al., Battles of the Ancient World; Smithsonian, *Military History*.
19. 同上。
20. Skaarup, *Siegecraft* ; Devries et al., Battles of the Ancient World; Stephenson, *Castles*; Smithsonian, *Military History*.
21. Stephenson, *Castles*.
22. 蘭徹斯特線性和平方法則的邏輯在第七章有詳細討論，而荀寧（Caspar Schöning）和莫菲特（Mark W. Moffett）是以蘭徹斯特定律來探討隧道功能，請參見他們的研究："Driver Ants Invading a Termite Nest," 663–67.
23. 荀寧和莫菲特一直不知道，那一天到底是什麼打開了白蟻的巢穴，不過土豚是最有可能的。當然，在這個區域牠們是白蟻的主要掠食者，能夠破壞蟻巢土堆外牆，而受到土豚損壞的牆，很容易遭到非洲軍蟻入侵，直到修復為止。
24. 我不是第一個做出這樣比較的人。早期比較人類和動物工具，包括武器在內的設計相似性的有趣論述Reverend J. G. Wood, *Nature's Teachings: Human Invention Anticipated by Nature*, (London: William Glaisher, High Holborn, 1903)。更多動物和人類武器嚴謹且現代的相互參照，請見Robert O'Connell in his superb books *Of Arms and Men The Soul of the Sword.*。
25. 在此我想說明的一點是，鹿角在世代之間的複製與現存麋鹿的繁殖狀況緊密相連，成功繁殖下一代的雄鹿會將牠們的對偶基因傳下去，而那些沒有後代的則無法。不過，實際上的細節更複雜，因為影響鹿角的對偶基因分別來自父母雙方，不只是雄鹿。雄鹿和雌鹿都帶有完整的基因組。對鹿角成長的重要基因，在母鹿身上可能不會表現出來（因為母鹿不會長鹿角），但仍然包含在牠的卵子之中，並傳遞給後代。因此，子代鹿角將反映出從父母雙方遺傳到的鹿角基因組合。
26. 許多學者已經討論過生物演化與文化演化的利弊得失，我會建議讀者參考下面的文獻，在我看來，當中有些是最好的。經典文獻有：Luigi Luca Cavalli-Sforza and Marcus J. Feldman, *Cultural Transmission and Evolution: A Quantitative Approach* (Prince ton, NJ: Prince ton University Press, 1981). A more recent and comprehensive textbook on this topic is Linda Stone, Paul

F. Lurquin, and Luigi Luca Cavalli-Sforza, *Genes, Culture, and Human Evolution: A Synthesis* (Malden, MA: Blackwell, 2006). One of my favorite biologists, John Tyler Bonner, examines the evolution of culture in nonhuman animals in his book *The Evolution of Culture in Animals* (Princeton, NJ: Prince ton University Press, 1983). 我也推薦：Paul C. Mundinger, "Animal Cultures and a General Theory of Cultural Evolution," *Ethology and Sociobiology* 1 (1980): 183– 223; Jelmer W. Erkins and Carl P. Lipo, "Cultural Transmission, Copying Errors, and the Generation of Variation in Material Culture and the Archaeological Record," *Journal of Anthropological Archaeology* 24 (2005): 316– 34; Ruth Mace and Claire J. Holden, "A PhyloGenetic Approach to Cultural Evolution," *Trends in Ecology and Evolution* 20 (2005): 116– 21; Ilya Temkin and Niles Eldridge, "Phylogenetics and Material Cultural Evolution," *Current Anthropology* 48 (2007): 146– 54. 最後是我個人十分喜歡的新興文化特徵演化的親緣譜系研究，我推薦：Thomas E. Currie, Simon J. Greenhill, Russell D. Gray, Toshikazu Hasegawa, and Ruth Mace, "Rise and Fall of Po liti cal Complexity in Island SouthEast Asia and the Pacific," *Nature* 467 (2010): 801– 4; Jared Diamond and Peter Bellwood, "Farmers and Their Languages: The first Expansions," *Science* 300 (2011): 597– 603; Remco Bouckaert, Philippe Lemey, Michael Dunn, Simon J. Greenhill, Alexander V. Alekseyenko, Alexei J. Drummond, Russell D. Gray, Marc A. Suchard, and Quentin D. Atkinson, "Mapping the Origins and Expansion of the Indo-European Language Family," *Science* 337 (2012): 957–60.

27. Reverend J. G. Wood 有本精采的書探討動物製造出來的結構, *Homes Without Hands: Being a Description of the Habitations of Animals, Classed According to Their Principle of Construction* (New York: D. Appleton, 1866). More recent treatises on animal structures are provided in Karl von Frisch, *Animal Architecture* (New York: Harcourt Press, 1974); Richard Dawkins, *The Extended Phenotype: The Gene as Unit of Selection* (Oxford: Oxford University Press, 1984); Richard Dawkins, *The Extended Phenotype: The Long Reach of the Gene* (Oxford: Oxford University Press, 1999); J. Scott Turner, *The Extended Organism: The Physiology of Animal-Built Structures* (Cambridge, MA: Harvard University Press, 2002); Mike Hansell, *Built by Animals: The Natural History of Animal Architecture* (Oxford: Oxford University Press, 2007).

28. 探討「水平基因轉移」（"horizontal gene transfer"）的研究報告有：Y. I.

Wolf, I. B. Rogozin, N. V. Grishin, and E. V. Kooni, "Genome Trees and the Tree of Life," *Trends in Genetics* 18 (2002): 472– 79; E. Bapteste, Y. Boucher, J. Leigh, and W. F. Doolittle, "Phylogenetic Reconstruction and Lateral Gene Transfer," *Trends in Microbiology* 12 (2004): 406– 11; J. O. Anderson, "Lateral Gene Transfer in Eukaryotes," *Cellular and Molecular Life Sciences* 62 (2005): 1182– 97; Aaron O. Richardson and Jeff rey D. Palmer, "Horizontal Gene Transfer in Plants," *Journal of Experimental Botany* 58 (2007): 1– 9; E. Bapteste and R. M. Burian, "On the Need for Integrative Phylogenomics, and Some Steps Toward Its Creation," *Biology and Philosophy* 25 (2010): 711– 36.

29. Daniel N. Frank and Norman R. Pace, "Gastrointestinal Microbiology Enters the Metagenomics Era," *Current Opinion in Gastroenterology* 24 (2008): 4–10.

30. Terrence M. Tumpey, Christopher F. Basler, Patricia V. Aguilar, Hui Zeng, Alicia Solorzano, David E. Swayne, Nancy J. Cox, Jacqueline M. Katz, Jeffery K. Taubenberger, Peter Palese, and Adolfo Garc.a-Sastre, "Characterization of the Reconstructed 1918 Spanish Influenza Pandemic Virus," *Science* 310 (2005): 77– 80; Gavin J. D. Smith, Dhanasekaran Vijaykrishna, Justin Bahl, Samantha J. Lycett, Michael Worobey, Oliver G. Pybus, Siu Kit Ma, Chung Lam Cheung, Jayna Raghwani, Samir Bhatt, J. S. Malik Peiris, Yi Guan, and Andrew Rambaut, "Origins and Evolutionary Genomics of the 2009 Swine-Origin H1N1 Infl uenza A Epidemic," *Nature* 459 (2009): 1122– 25.

31. Charles Ofria, Chris Adami, and Titus Brown開發了一個稱為「Avida」的軟體平臺，用以研究演化生物學，已被證明對研究和教育有莫大的貢獻。Avida模擬數位生物的矽片群組，是包含數位自我複製單元的「基因組」。這些基因組可依照程式碼指定來建構數位的「身體」。當中也納入隨機誤差，即數位突變，偶爾也複製它們的代碼。接著數位生物體便在模擬環境中競爭，族群也隨之演化。Charles Ofria 在密西根州立大學主持一間數位演化實驗室（http://devolab .msu .edu /），最近Ian Dworkin和他的一位學生所使用Avida平臺提出性擇測試理論關鍵要素的試驗，相當振奮人心。Christopher Chandler, Charles Ofria, and Ian Dworkin, "Runaway Sexual Selection Leads to Good Genes," *Evolution* 67 (2012)。由於Avida系統的演化獨立於DNA，它提供了一種突破演化生物學核心原則的驗證方式。Avida也打破了以往眾人認為DNA是某種「特殊」訊息傳遞方式的猜想，推動演化的改變。

32. 突變的隨機性混淆了許多人，因為它意味著演化也是隨機的。(如果演化真是隨機的，要怎麼解釋那些極致的適應？) 關鍵在於要分清楚變異來源，即演化必須的原始材料從何而來，和變異後發生的事，兩者之間有很大的差異。天擇確實是隨機的。武器表現不佳而遭到淘汰，而表現良好則被保留下來，並不斷增加，這些都不是意外。要是有足夠的時間和足夠的變異，天擇便會推動武器的演變方向，這一點完全不是隨機的。因此，生物系統中出現新的基因突變，造成遺傳變異是隨機的，但是之後在生物族群中展現出來的演化現象可不是如此。

33. 突擊步槍的歷史（與演化），包括特別成功的AK-47的故事在內，有本可讀性高，而且十分詳盡的論述：C. J. Chivers, *The Gun* (New York: Simon and Schuster, 2011).

34. 同上。

35. Vernon L. Scarborough, Matthew E. Becher, Jeff rey L. Baker, Garry Harris, and Fred Valdez, Jr., "Water and Land Use at the Ancient Maya Community of La Milpa," *Latin American Antiquity* 6 (1995): 98– 119; N. Hammond, G. Tourtellot, S. Donaghey, and A. Clarke, "Survey and Excavation at La Milpa, Belize," *Mexicon* 18 (1996): 86– 91; Gregory Zaro and Brett Houk, "The Growth and Decline of the Ancient Maya City of La Milpa, Belize: New Data and New Perspectives from the Southern Plazas," *Ancient Mesoamerica* 23 (2012): 143–159.

36. David Webster, "The Not so Peaceful Civilization: A Review of Maya War," *Journal of World Prehistory* 14 (2000): 65– 119; ElizabethArkush and Charles Stanish, "Interpreting Conflict in the Ancient Andes: Implications for the Archaeology of Warfare," *Current Anthropology* 46 (2005): 3– 28; Marisol Cortes Rincon, "A Comparative Study of Fortification Developments Throughout the Maya Region and Implications of Warfare Dissertation, University of Texas, Austin, 2007).

37. 在陡峭的安地斯山脈，許多城鎮都採用露臺設計取代傳統城牆，兩者作用相同。關於印加和馬雅堡壘的描述，請參見：David Webster, "Lowland Maya Fortifications," *Proceedings of the American Philosophical Society* 120 (1976): 361– 71; H. W. Kaufmann and J. E. Kaufmann, *Fortifications of the Incas, 1200–1531* (Oxford: Osprey Publishing, 2006); Rincon, "*Comparative Study of Fortification Developments*."

38. 我強力推薦：Lawrence H. Keeley, Marisa Fontana, and Russell Quick, "Baffles and Bastions: The Universal Features of Fortifications," *Journal of Archaeological Research* 15 (2007): 55– 95, 這提供早期堡壘特徵的整體回顧以及全世界堡壘的早期例子。關於我所提到的具體事例，可參見

James A. Tuck, *Onondaga Iroquois Prehistory: A Study in Settlement Archaeology* (Syracuse, NY: Syracuse University Press, 1971); Merrick Posnansky and Christopher R. Decorse, "*Historical Archaeology* in Sub-Saharan Africa | A Review," Historical Archaeology 20 (1986): 1– 14; G. Connah, "Contained Communities in Tropical Africa," in *City Walls*, ed. J. Tracy (Cambridge: Cambridge University Press, 2000): 19– 45.

39. 堡壘因應攻城武器的發展而出現演化，請見 Toy, *Castles*; Brice, *Stronghold*; Kaufmann and Kaufmann, *Medieval Fortress*; Skaarup, *Siegecraft* ; Stephenson Castles.
40. 同上。
41. 同上。
42. 同上。
43. Duncan B. Campbell, *Greek and Roman Siege Machinery 399 BC– AD 363* (Oxford: Osprey Publishing, 2003).
44. Toy, *Castles*; Martin Brice, *Stronghold*; Kaufmann and Kaufmann, *Medieval Fortress*; Skaarup, *Siegecraft* ; Stephenson, *Castles*.
45. Skaarup, *Siegecraft*.
46. Toy, *Castles*; Brice, *Stronghold*.
47. 同上。
48. Rene Chartrand, *The Forts of Colonial NorthAmerica: British, Dutch and Swedish Colonies* (Oxford: Osprey Publishing, 2011).
49. Ron Field, *Forts of the American Frontier 1820– 91: Central and Northern Plains* (Oxford: Osprey Publishing, 2005).
50. Brice, *Stronghold*; Skaarup, *Siegecraft*.
51. 關於二戰期間日本挖掘通往太平洋島嶼的隧道概述，請見 Gordon L. Rottman, *Japanese Pacific Island Defenses 1941– 45* (Oxford: Osprey Publishing, 2003).
52. Mir Bahmanyar, *Afghanistan Cave Complexes 1979– 2004: Mountain Strongholds of the Mujahideen, Taliban, and Al Qaeda* (Oxford: Osprey Publishing, 2004).

第十三章

1. Morrison and Coates, *Greek and Roman Oared Warships*.
2. *Of Arms and Men: A History of War, Weapons, and Aggression* (Oxford: Oxford University Press, 1989); O'Connell, *Soul of the Sword: An Illustrated*

History of Weaponry and Warfare from Prehistory to the Present (New York: Free Press, 2002).

3. Gardiner, *The Age of the Galley: Mediterranean Oared Vessels Since Pre-Classical Times* London, (Book Sales Publishing, 2000).
4. Lionel Casson, *Ships and Seamanship in the Ancient World; Gardiner, Age of the Galley*; O'Connell, *Soul of the Sword.*
5. 同上。
6. Trevor N. Dupuy, *The Evolution of Weapons and Warfare* (New York: Da Capo Press, 1984); Gardiner and Lavery*, The Line of Battle: The Sailing Warship 1650– 1840* (London: Conway Maritime Press, 2004).
7. 同上。
8. Dupuy, Evolution of Weapons and Warfare; O'Connell, *Of Arms and Men*; O'Connell, *Soul of the Sword*; Gardiner and Lavery, *Line of Battle.*
9. 同上。
10. R. Gardiner and Lavery, *Line of Battle.*
11. Dupuy, *Evolution of Weapons and Warfare*; O'Connell, *Of Arms and Men*; O'Connell, *Soul of the Sword*; Gardiner and Lavery, *Line of Battle; Robert Jackson, Sea Warfare: From World War I to the Present* (San Diego: Thunder Bay Press, 2008).
12. 關於這段時期早期空戰的論述，我推薦 Ezra Bowen, *Knights of the Air* (Alexandria, VA: Time-Life Books, 1981); Christopher Campbell, *Aces and Aircraft of World War I* (Dorset, UK: Blandford Press, 1981); Christopher Chant, *Warplanes* (London: M. Joseph, 1983); Robert *Jackson, Aerial Combat* (London: Cox and Wyman, 1976); Norman Franks, *Aircraft Versus Aircraft* (New York: Crescent Books, 1986); and John Blake, *Flight: The Five Ages of Aviation* (Leicester, UK: Magna Books, 1987). 關於空中追逐戰下的飛機機型演化，包含雙機對決模式的重要性，請見：Dupuy, *Evolution of Weapons and Warfare*; Franks, Aircraft Versus Aircraft ; O'Connell, Of Arms and Men; O'Connell, Soul of the Sword; Michael Clarke, "*The Evolution of Military Aviation,*" *Bridge* 34 (2004): 29– 35.
13. Bowen, *Knights of the Air*; Dupuy, *Evolution of Weapons and Warfare*; O'Connell, Of Arms and Men; O'Connell, Soul of the Sword.
14. 同上。
15. 同上。
16. 第一次世界大戰期間，飛機空中纏鬥和中世紀騎士之間的對決有許多相似之處。飛行員也會以獨特和多彩裝飾來標記自己的飛機，讓空中其他飛行員看到，個人鑑別度比歸屬於國家軍隊或行列更重要，他們會費心記錄飛機的擊落數，還有把飛機打下來的人是誰。最後，空戰勝利會轉化為社會認可和名望。不過武器品質，也就是飛機本身和生殖機會沒有關聯。飛機是由政府，而不是個別飛行員購買。飛機機型幾乎不會暗示個人財富或家庭狀況，而且當時在社會上也沒有阻止人和表現不佳的飛行員結婚生子。在這裡，重點在於飛機本身。比其他機型更容易操作，或是可以轉得更快或攀登更高，甚或是超越其他飛機的機型，其生產數量會高過老舊、行動緩慢或笨重的機型，而飛機種類也因戰爭不斷推陳出新，而陷入技術更新的演化競賽。戰鬥機的演化著重在飛機，而不是飛行員。最新型飛機甚至不需要駕駛員。飛行員是開始這場比賽的條件，但飛機軍備競賽似乎在沒有他們的情況下，愈演愈烈。

17. Chant, *Warplanes; Jackson, Aerial Combat*; Franks, *Aircraft*; Blake, Flight.
18. Douglas C. Dildy and Warren E. Thompson, *F-86 Sabre vs MiG-15: Korea 1950– 53* (Oxford: Osprey Publishing, 2013).
19. Clarke, "Evolution of Military Aviation," 29– 35.
20. 同上。
21. 同上；亦可參見 Benjamin Gal-Or, *Vectored Propulsion, Supermaneuverability, and Robot Aircraft* (New York: Springer-Verlag, 1990).
22. *Wikipedia*, S.V. "Dogfight."
23. Alan Epstein, "The Role of Size in the Future of Aeronautics," *Bridge* 34 (2004): 17– 23.
24. Clarke, "Evolution of Military Aviation," 29– 35.
25. 二戰期間關於歐洲的轟炸策略，有一份有趣且權威的論述，而執行過轟炸任務的飛行員還留下了深入的細節描述，請見 Donald L. Miller, *Masters of the Air: America's Bomber Boys Who Fought the Air War Against Nazi Germany* (New York: Simon and Schuster, 2007).
26. O'Connell, *Of Arms and Men*; O'Connell, *Soul of the Sword.*
27. 同上。
28. *Wikipedia*, S.V. "List of countries by GDP (nominal)"
29. Robert E. Looney and Stephen L. Mehay, "United States Defense Spending: Trends and Analysis," in *The Economics of Defense Spending: An International Survey* ed. Keith Hartley and Todd Sandler (London: Routledge, 1990); Philip D. Winters, "Discretionary Spending: Prospects and Future," Congressional Research Ser vice, report prepared for Congress (2005): RS-22128; D. Andrew Austin and Mindy R. Levit, "Trends in Discretionary Spending," Congressional Research Service, report prepared for Congress

(2010): RL-34424.

30. 多數像遊艇這種奢侈品，對窮人來說花費代價更大，蟹螯和鹿角等大型武器在狀況不佳的雄性身上也會耗費比較多的資源，同樣的貧窮國家要打造大型武器也要比富裕國家付出更多。比方說在西班牙或南韓生產一架F-5戰鬥機的成本就高於美國，而在厄瓜多就更昂貴。在美國可以大規模生產大型飛機，並且產量也大幅降低每架飛機的生產成本，美國也有能力支持大型研發計畫，讓美國在戰機技術上不斷創新，一路領先。美國也有辦法培養出更多人力，熟練種種必要技術，從飛機的飛行員到修復飛機的機師等。所有因素都顯示出富裕國家支付武器等先進設備的支出，如飛機、潛艇、導彈和運輸艦都比貧窮國家減省很多，如此一來又加劇了富國與窮國之間的差異。關於這些問題的討論，請參閱：

    Michael Brsoska, "The Impact of Arms Production in the Third World," *Armed Forces and Society* 4 (1989): 507– 30.

31. 有許多探討冷戰的書，我個人特別推薦：R. E. Powaski, *March to Armageddon: The United States and the Nuclear Arms Race, 1939 to the Present* (Oxford: Oxford University Press, 1987); P. Glynn, *Closing Pandora's Box: Arms Races, Arms Control, and the History of the Cold War* (New York: Basic Books, 1992); R. Rhodes, *Arsenals of Folly: The Making of the Nuclear Arms Race* (New York: Vintage Books, 2008); D. Hoff man, The Dead Hand: The Untold Story of the *Cold War Arms Race and Its Dangerous Legacy* (New York: Doubleday, 2009); and James R. Arnold and Roberta Wiener, eds., *Cold War: The Essential Reference Guide* (Santa Barbara, CA: ABC-CLIO, 2012). 此外，關於軍備競賽的討論，我推薦 Dupuy, Evolution of Weapons and Warfare; O'Connell, *Of Arms and Men; and O'Connell, Soul of the Sword.*

32. O'Connell, *Of Arms and Men*; O'Connell, *Soul of the Sword.*

33. 同上，亦可參見：O'Connell, *Of Arms and Men*; O'Connell, *Soul of the Sword*; Dildy and Thompson, *F-86 Sabre vs MiG-15.*

34. O'Connell, *Of Arms and Men*; O'Connell, *Soul of the Sword.*

35. 同上。; 亦可參見 KenneThMacksey, *Tank Versus Tank: The Illustrated Story of Armored Battlefield Conflict in the TwentiethCentury* (New York: Barnes and Noble Books, 1999); and Stephen Hart, ed., *Atlas of Armored Warfare from 1916 to the Present Day* (New York: Metro Books, 2012).

36. 同上。

37. Dupuy, *Evolution of Weapons and Warfare; R. E. Powaski, March to Armageddon: The United States and the Nuclear Arms Race, 1939 to the*

Present (New York: Oxford University Press, 1987); O'Connell, *Of Arms and Men; Glynn, Closing Pandora's Box*; O'Connell, *Soul of the Sword; Rhodes, Arsenals of Folly*; Hoff man, *Dead Hand*; Arnold and Wiener, *Cold War*.

38. 同上。
39. O'Connell, *Of Arms and Men*; Glynn, *Closing Pandora's Box*; O'Connell, *Soul of the Sword.*
40. Dupuy, *Evolution of Weapons and Warfare*; Powaski, March to Armageddon; O'Connell, *Of Arms and Men; Glynn, Closing Pandora's Box*; O'Connell, *Soul of the Sword; Rhodes, Arsenals of Folly*; Hoff man, *Dead Hand*; Arnold and Wiener, *Cold War*.
41. 同上。
42. 同上。
43. O'Connell, *Of Arms and Men*; Glynn, *Closing Pandora's Box*; O'Connell, *Soul of the Sword.*
44. Hoffman, *Dead Hand.*
45. O'Connell, *Of Arms and Men*; Glynn, *Closing Pandora's Box*; O'Connell, *Soul of the Sword.*
46. B. M. Russett, *What Price Vigilance? The Burdens of National Defense*. (New Haven, CT: Yale University Press, 1970).
47. O'Connell, *Of Arms and Men*; Glynn, *Closing Pandora's Box*; O'Connell, *Soul of the Sword.*
48. 諸如：Russett, *What Price Vigilance?*; and Paul G. Pierpaoli, Jr., "Consequences of the *Cold War*," in Arnold and Wiener, *Cold War*.
49. 同上。
50. 同上。
51. 同上；亦可參見 O'Connell, *Soul of the Sword.*
52. 同上。

第十四章

1. 許多關於這事件的描述，目前機密都已經公開。我推薦 Stephen J. Cimbala, "Year of Maximum Danger? The 1983 'War Scare' and US-Soviet Deterrence," *Journal of Slavic Military Studies* 13 (2000): 1– 24; Arnav Manchanda, "When TruThis Stranger Than Fiction: The Able Archer Incident," *Cold War History* 9 (2009): 111– 33; Hoff man, *Dead Hand*; and especially the Ph.D. dissertation of Andrew Russell Garland, "1983: The Most

Dangerous Year" (University of Nevada as Vegas, 2011). 我也必須指出，並非所有學者都同意這起事件已經結束，其他觀點請見：Vojtech Mastny, "How Able Was "Able Archer"?: Nuclear Trigger and Intelligence in Perspective," *Journal of Cold War Studies* 11 (2009): 108– 23.

2. 同上。
3. 同上。
4. 可參見：Charles A. Kupchan, "Life AfterPax Americana," *World Policy Journal* 16 (1999): 20– 27; Evan Feigenbaum, "China's Challenge to Pax Americana," *Washington Quarterly* 24 (2001): 31– 43.
5. 關於核子武器的毀滅性力量，以及意外自爆的風險，有篇生動而讓人警惕的論述，我推薦Eric Schlosser, *Command and Control: Nuclear Weapon, the Damascus Accident, and the Illustration of Safety* (New York: The penquin Press, 2013)
6. Jeanne Guillemin, *Biological Weapons: From the Invention of State-Sponsored Programs to Contemporary Bioterrorism* (New York: Columbia University Press, 2005); Mark Wheelis, Lajos R.zsa, and Malcolm Dando, *Deadly Cultures: Biological Weapons Since 1945* (Cambridge, MA: Harvard University Press, 2006); Hoffman, Dead Hand.
7. 同上。
8. 同上。